火炸药技术系列专著

国防科技图书出版基金

纳米金属粉在固体推进剂中的应用

Application of nano-metal powder in solid propellants

赵凤起　杨燕京　袁志锋　秦　钊　著

国防工业出版社

·北京·

图书在版编目(CIP)数据

纳米金属粉在固体推进剂中的应用/赵凤起等著．—北京:国防工业
出版社,2020.5
ISBN 978-7-118-12055-4

Ⅰ．①纳… Ⅱ．①赵… Ⅲ．①纳米材料–应用–固体推进剂
Ⅳ．①V512

中国版本图书馆 CIP 数据核字(2020)第 038020 号

※

*国防工业出版社*出版发行
(北京市海淀区紫竹院南路 23 号   邮政编码 100048)
三河市腾飞印务有限公司印刷
新华书店经售
*
开本 710×1000   1/16   印张 14   字数 228 千字
2020 年 5 月第 1 版第 1 次印刷   印数 1—2000 册   定价 85.00 元

(本书如有印装错误,我社负责调换)

国防书店:(010)88540777   发行邮购:(010)88540776
发行传真:(010)88540755   发行业务:(010)88540717

致 读 者

本书由中央军委装备发展部**国防科技图书出版基金**资助出版。

为了促进国防科技和武器装备发展,加强社会主义物质文明和精神文明建设,培养优秀科技人才,确保国防科技优秀图书的出版,原国防科工委于1988年初决定每年拨出专款,设立国防科技图书出版基金,成立评审委员会,扶持、审定出版国防科技优秀图书。这是一项具有深远意义的创举。

国防科技图书出版基金资助的对象是:

1. 在国防科学技术领域中,学术水平高,内容有创见,在学科上居领先地位的基础科学理论图书;在工程技术理论方面有突破的应用科学专著。

2. 学术思想新颖,内容具体、实用,对国防科技和武器装备发展具有较大推动作用的专著;密切结合国防现代化和武器装备现代化需要的高新技术内容的专著。

3. 有重要发展前景和有重大开拓使用价值,密切结合国防现代化和武器装备现代化需要的新工艺、新材料内容的专著。

4. 填补目前我国科技领域空白并具有军事应用前景的薄弱学科和边缘学科的科技图书。

国防科技图书出版基金评审委员会在中央军委装备发展部的领导下开展工作,负责掌握出版基金的使用方向,评审受理的图书选题,决定资助的图书选题和资助金额,以及决定中断或取消资助等。经评审给予资助的图书,由中央军委装备发展部国防工业出版社出版发行。

国防科技和武器装备发展已经取得了举世瞩目的成就,国防科技图书承担着记载和弘扬这些成就,积累和传播科技知识的使命。开展好评审工作,使有限的基金发挥出巨大的效能,需要不断摸索、认真总结和及时改进,更需要国防科技和武器装备建设战线广大科技工作者、专家、教授,以及社会各界朋友的热情支持。

让我们携起手来,为祖国昌盛、科技腾飞、出版繁荣而共同奋斗!

国防科技图书出版基金
评审委员会

序

    纳米金属粉相较于微米金属粉具有更大的比表面积、更低的点火温度和更快的能量释放速率，其正在成为固体推进剂中广泛应用的一类新型含能材料。纳米金属粉是提升固体推进剂综合性能，实现火箭与导弹长射程、大运载要求的一种关键组分。尽管航空航天化学推进系统几乎接近其化学储能极限，但纳米金属粉的加入可使固体推进剂获得某些独特的性能。

    西安近代化学研究所赵凤起教授领衔的研究团队对纳米金属粉及其在固体推进剂中的应用开展了数十年的研究。本书从纳米金属粉的制备、钝化、包覆到在不同类型(双基、改性双基和复合)推进剂中的应用都进行了详细介绍。本书内容全面、新颖且系统，部分研究工作达到国际先进水平。本书基于著者多年的研究工作并结合相关领域同行的研究成果，既对纳米金属粉在固体推进剂中应用的已有研究成果进行了论述，又对其发展趋势进行了展望。本书可为相关研究人员和专业人士提供参考，也可作为相关专业大学生和研究生的教材。

    本书的出版是对学术界的重要贡献，也将对纳米金属粉在固体推进剂中应用的相关理论与技术的发展起到重要的作用。因此，我十分赞赏中国航空航天推进学术界对本书的认可，也对本书的出版表示祝贺。

意大利米兰理工大学教授(退休)

南京理工大学客座教授

Foreword

Compared with micron-sized metal powder, nano-sized metal powder has larger specific surface area, lower ignition temperature and faster energy release rate, and for these reasons it has become a new type of energetic material widely used in solid propellant formulations. Nano-sized metal powder is a key ingredient for improving the comprehensive properties of solid propellants, which is also important for rockets and missiles to achieve longer distance and larger loading. Although aerospace propulsion systems are quickly approaching the limit of chemical energy storage, nano-sized metallic ingredients can help solid rocket propellants to attain unique properties and operating conditions.

The research team led by Prof. Fengqi Zhao at Xi'an Modern Chemistry Research Institute has been conducting research on nano-sized metal powder and its application in solid propellants for decades. Not only preparation, passivation and coating of nano-sized metal powder, but also its application in different types of propellants (double-base, composite modified double-base, and composites) are discussed in this book. The content of this publication is comprehensive, novel and systematic, and some work has reached an international advanced level. This volume constitutes a collective scientific research achieved by the whole team of authors through referring to and summarizing recent domestic as well as international research findings in the relative field. The book summarizes the research progress in nano-sized metal powder applications in solid propellants and looks forward to the foreseeable development trends. This book can provide a good reference for relevant researchers as well as professionals and can also be used as teaching material for relevant college teachers and students (both graduate and undergraduate).

The publication of this work is an important contribution to the international technical literature and will certainly play an important role in relevant theories as well as techniques development of nano-sized metal powder application in solid propellants. It is therefore with great pleasure that I endorse this new volume for the

Chinese scientific community engaged in aerospace propulsion research, with my personal congratulations and best wishes of success to the team of authors.

Luigi T. DeLuca

Retired Professor Politecnico di Milano, Milan, Italy

Visiting Professor, Nanjing University of Science and Technology, Nanjing, China

前　言

　　固体火箭发动机具有结构简单、维护方便、可靠性高和储存期长等一系列优点,是导弹武器和运载火箭不可或缺的动力装置。作为固体火箭发动机的动力源,固体推进剂利用燃烧反应释放出的能量推动导弹和运载火箭的飞行,直接影响着导弹和火箭的射程、运载能力、生存能力。基于导弹武器和运载火箭长射程、小型化、大运载等要求,固体推进剂必须向提高能量密度、改善综合性能的方向发展。高能固体推进剂已成为高性能导弹武器和运载火箭系统研制的重要技术支撑。

　　铝(Al)、镁(Mg)和硼(B)等燃烧过程中能释放出大量的能量,是高能固体推进剂必不可少的能量组分。但常规金属燃料存在释能效率偏低、燃烧性能差等问题。纳米金属粉是一种亚稳态材料,其物理和化学性质较为特殊。与常规的金属粉体相比,纳米金属粉的比表面积更大、活性更高,在固体推进剂、炸药、烟火剂等含能材料中有着重要的应用价值。纳米铝粉的点火性能和燃烧性能均优于常规铝粉,其作为燃料可提高推进剂的燃烧效率,改善推进剂的实测能量性能。纳米镍粉、纳米铜粉等过渡金属的纳米颗粒表面存在大量的活性位点,具有较高的催化活性,可在固体推进剂的燃烧催化和燃烧性能调节中扮演重要角色。本书主要针对纳米铝粉、纳米镍粉、纳米铜粉等纳米金属粉的制备、预处理、与含能组分的相互作用及在双基系和复合推进剂中的应用研究进展进行系统介绍,可为相关领域的科研人员提供有益的参考。

　　本书共分7章。第1章主要介绍了纳米金属粉的基本概念和基本特性,并简要叙述了纳米金属粉在推进剂、炸药和铝热剂中的应用概况;第2章介绍了纳米金属粉的制备技术,包括气相法制备、机械化学法制备以及化学法制备;第3章主要阐述了纳米金属粉的钝化过程和机理,并介绍了碳包覆、金属包覆、含能组分包覆以及有机酸包覆等不同纳米金属粉的包覆处理手段;第4章讨论了纳米金属粉与硝化棉、黑索今、奥克托今、高氯酸铵、二硝酰胺铵以及GAP等推进剂主要组分间的相互作用;第5章介绍了纳米金属粉在双基推进剂中的应用,讨论了其对双基推进剂工艺性能、燃烧性能、能量性能和力学性能的影响;第6章则针对纳米金属粉在改性双基推进剂中的应用展开系统讨论,介绍了纳米金属粉对改性双基推进剂工艺性能、能量性能、燃烧性能和力学性能的影响,阐述了纳米镍粉对推进剂燃烧的作用机理,并给出了纳米金属粉在改性双基推进剂中的工程化应用结果;第 7 章介绍了纳米金属粉在复合推进剂中的应用,论述了其对复合推进剂点火、燃烧性能的影响。

本书第 1 章和第 4 章由赵凤起撰写,第 2 章由杨燕京撰写,第 3 章和第 7 章由秦钊撰写,第 5 章和第 6 章由袁志锋和杨燕京撰写,张建侃和张明也参与了部分章节的撰写及整理工作,全书由赵凤起和杨燕京统稿和审校。

本书的出版得到了各方面的支持以及悉心帮助。值此书出版之际,作者在此特别感谢国防科工局专项项目的资助,感谢意大利米兰理工大学 Luigi Deluca 教授(退休)为本书作序,同时感谢国防科工局张滨刚副司长、高绿化处长对本书出版的大力支持,感谢青年千人计划专家西北工业大学严启龙教授和复旦大学郭艳辉教授对本书的宝贵意见。作者还要感谢"国防科技图书出版基金"评审专家委员会对本书热心的指导和宝贵的建议。此外,我们也要感谢国防工业出版社编辑,为本书出版付出的辛勤劳动。燃烧与爆炸技术国家级重点实验室的高红旭、仪建华、徐司雨、罗阳、轩春雷等研究员以及姚二岗、李鑫、安亭和郝宁等副研究员在本书相关科研工作的开展以及本书的撰写和整理过程中也给予了支持与帮助,在此也表示衷心感谢。

由于作者水平有限,本书不免有疏漏和错误之处,恳请读者不吝指正。

作者
2020 年 3 月

目　　录

Contents

第1章 绪 论

1.1 概述

纳米(nm)是长度单位，1nm = 10^{-9}m，大约相当于头发粗细的万分之一。

纳米材料是由大量纳米单元或全部纳米单元构成的材料。纳米单元指的是组成纳米材料的相单元，该相单元至少有一维的尺度在 $1 \sim 100$nm 范围内。纳米单元主要有纳米团簇、纳米颗粒、纳米丝、纳米膜、纳米孔等不同形态。其中，纳米团簇包括纳米原子簇和纳米分子簇，纳米颗粒包括纳米固体颗粒、纳米笼和纳米液滴，纳米丝包括纳米线、纳米管和纳米棒，纳米膜包括纳米固态膜和纳米液态膜，纳米孔包括纳米气孔和纳米气泡。纳米材料一般是根据纳米相单元的维数进行分类的，主要有零维纳米材料、一维纳米材料、二维纳米材料和三维纳米材料。纳米团簇、各种形貌的纳米颗粒、纳米笼和纳米液滴等属于零维纳米材料；纳米线、纳米管、纳米棒等属于一维纳米材料；纳米颗粒膜、纳米薄膜和纳米多层膜属于二维纳米材料的范畴；三维纳米材料又称为纳米相材料或纳米固体材料，是由大量纳米单元的聚集体构成的三维固体材料，有人也称之为块体的纳米材料[1]。

金属纳米材料是纳米材料的一个重要分支。纳米金属粉属于零维纳米材料，它具有不同于宏观物体和单个原子的磁、光、电、声、热、力及化学等方面的奇异特性。纳米金属粉在固体推进剂、炸药、烟火剂等方面有着重要的应用价值，成为军工科技领域尤为关注的新材料。

1.2 纳米金属粉的性能

当金属制备成纳米粒子后，就具有纳米材料所具有的共同特性，即量子尺寸效应、小尺寸效应、表面和界面效应、宏观量子隧道效应等，从而使纳米金属粉表现出一些全新的物理化学性能[2]。

1.2.1 物理性能

1. 热学性能

纳米金属粉与块体材料的热学性质的区别源于其表面效应或量子尺寸效应。一般来说,纳米金属粉的熔点、起始烧结温度和晶化温度都比常规粉体低得多。其原因在于纳米微粒表面原子的近邻配位不完全,所以不仅表面原子数多,且有较高的表面能和活性,而且其体积又远小于块状材料,这就使其在熔化时所需增加的内能比正常粉体小得多,因此熔点急剧下降。例如,常规 Ag 的熔点为1273K,但纳米银微粒在低于 373K 就开始熔化。常规金属铂的熔点为 600K,而20nm 球形铂微粒熔点就降到 288K。另外,纳米颗粒具有奇异的热导特性,多孔状纳米颗粒在低温或超低温下的热阻趋近于零,相应的比热容与热力学温度呈非线性关系。纳米金属粉末熔点降低的现象有其实际的应用价值。例如,在微米量级的粉末中,添加少量纳米量级的粉末,有利于在较低烧结温度下得到高密度的致密体。

2. 磁学性能

纳米粒子的小尺寸效应、表面效应、量子尺寸效应等使得其具有常规块体材料所不具备的磁特性。当纳米粒子尺寸小到一定临界值时,进入超顺磁状态,例如,α-Fe 粒径为 5nm 时变为顺磁体。

超顺磁状态的起源可归纳为以下原因:在小尺寸下,当各向异性能减小到与热运动能可相比拟时,磁化方向就不再固定在一个易磁化方向,易磁化方向作无规律的变化,结果导致超顺磁性的出现。不同种类的纳米磁性粒子显现超顺磁的临界尺寸是不相同的。当纳米粒子尺寸小于超顺磁临界尺寸而处于单畴状态时,通常呈现高的矫顽力 H_c。例如,用惰性气体蒸发冷凝的方法制备的纳米铁粒子,随着粒子变小,饱和磁化强度 M_s 有所下降,但矫顽力却显著增加,粒径为16nm 的铁粒子,矫顽力在 5.5K 时达 $1.6 \times 10^6 / 4\pi (A/m)$。室温下铁粒子的矫顽力仍保持 $1.0 \times 10^6 / 4\pi (A/m)$,而常规的铁块体矫顽力通常低于 $1000/4\pi (A/m)$。Fe-Co 合金纳米粒子的矫顽力高达 $2.0 \times 10^6 / 4\pi (A/m)$。另外,由于纳米粒子的小尺寸效应和表面效应导致纳米粒子的本征磁性发生了变化,因此纳米粒子都具有较低的居里温度。

用磁性纳米金属粉制备磁性液体是纳米金属的重要应用领域之一。磁性液体是在磁性颗粒上包覆一层表面活性剂,并使其高度弥散在基液中。要求磁性液体中的强磁性颗粒足够小,从而可以削弱磁偶极矩间的静磁作用,保证强磁性颗粒能在基液中做无规则的热运动。对纳米金属颗粒而言,要求其尺寸小于

6nm。在这样的小尺下下,强磁性颗粒已丧失了块体材料的铁磁性和亚铁磁性,呈现没有磁滞现象的超顺磁性,其磁化曲线是可逆的。目前正在研制的金属型磁性液体中,其磁性颗粒主要是 Fe、Ni、Co 及其合金的纳米颗粒,它们的饱和磁化强度是铁氧体的 3 倍以上,在旋转密封、阻尼器件、磁性分离等方面有广泛的应用前景。

3. 光学性能

纳米金属粉的表面效应和量子尺寸效应对其光学特性有很大的影响,甚至使纳米粒子具有同质的块体材料所不具备的新的光学特性。宽频带强吸收是纳米金属颗粒的重要光学性能。块体金属材料具有不同颜色的光泽,这表明它们对可见光范围内各种颜色(波长)光的反射和吸收能力不同。但是各种金属纳米粒子几乎都呈黑色,这是由于它们对光的反射率极低而吸收率极强导致的。例如,纳米铂粒子的反射率为 1%,纳米金粒子的反射率为 10%。

纳米金属粉吸收红外线的能力强,吸收率与热容量的比值大;而且表面积巨大,表面活性高,对周围环境敏感。可利用金属纳米粒子的这一特性,制成超小型、多功能、低能耗的传感器。如纳米金粒子沉积在基片上形成的膜可用作红外线传感器。大量的红外线被纳米金粒子膜吸收后转变成热量,通过测量膜与冷接点之间的温差电动势,便可测量辐射热。

某些纳米金属粉具有很强的吸收中红外波段的特性。这种材料外观呈黑色,具有强烈的表面效应,可以很好地吸收电磁波,是优良的电磁波吸收材料。纳米镍粉、Fe-Ni 合金等都是有利于电磁波吸收的材料,不仅能吸收雷达波,而且能很好地吸收可见光和红外线,具备波频带宽、兼容性好、质量小和厚度薄等特点,可用于毫米波隐身及可见光-红外隐身材料;用其制备的吸波涂料和结构吸波材料,可显著改善飞机、坦克、舰船、导弹、鱼雷等武器装备的隐身性能,避开雷达、红外线的探测。随着电子技术的飞速发展,隐身材料作为提高武器系统生存能力和突防能力的有效手段,受到世界各国的普遍重视,必将在武器装备中扮演重要角色。

4. 力学性能

纳米晶体材料因具有与常规晶体材料不同的力学性质而倍受关注。当晶粒尺寸减小至纳米尺度时,其硬度、强度、延展性均发生很大的变化。通常情况下,金属的塑性源于其中的位错运动;而界面会阻碍位错的运动,从而阻碍变形的进行,导致材料的强化。另外,金属中容易产生位错,位错也较容易移动,因而金属通常具有延展性。但当晶粒尺寸减小到其本身的应力不能再开动位错源时,金属就变得相当坚硬。这是因为打开一个 Frank-Read 位错源的应力与位错钉扎点之间的距离成反比,对于纳米晶体来说,打开这个位错源的应力变得比已知金属的屈服力大。因此,与普通钢相比,纳米钢具有较好的硬度和抗断裂能力。

1.2.2　化学性能

化学家研究纳米材料一开始就把注意力放在催化方面。近年来,国际上已将纳米粒子作为第四代催化剂进行研究开发。研究结果表明,纳米镍、铜等金属粉体及其合金作为催化材料在军民领域中已显示出优异的催化活性和选择性[3]。

实际上,人们长期应用的催化剂中,有一些其实就是由纳米颗粒组成的。但是,它们几乎都是密实的团聚体,没有发挥纳米颗粒的优点。由于尺寸小、表面所占的体积百分数大,表面的原子键态和电子态与颗粒内部不同,由于表面原子配位不饱和性、键态严重失配等原因,纳米金属颗粒表面的活性位点增加,使得其具有很高的化学活性。粒径越小,表面原子数所占比例越大;同时,比表面积越大,表面光滑程度越差,形成凹凸不平的原子台阶,增加了化学反应的接触面,这就使它具备了作为催化剂的基本条件。例如:当粒径为 100nm 时,颗粒所包含的原子总数为 10×10^6 个,表面原子所占比例为 2%;当粒径为 10nm 时,颗粒所包含的原子总数为 3×10^4 个,表面原子所占比例为 20%;当粒径为 1nm 时,颗粒所包含的原子总数为 30 个,表面原子所占比例为 100%。另外:当粒径为 10nm 时,颗粒的比表面积为 $90m^2/g$;粒径为 5nm 时,颗粒的比表面积为 $180m^2/g$;而当粒径为 2nm 时,颗粒的比表面积高达 $450m^2/g$。如此高的比表面积使纳米颗粒具有极高的吸附能力,对提高催化性能十分有利。而且纳米金属粒子活性位点多,使其不会因为反应体系的局部过热而失去活性。

纳米金属粉优异的催化性质使其在催化领域具有重要的应用价值。现代化学过程80%以上都是催化过程,催化剂在现代化学工业中扮演着重要的角色。另外,从减少污染、加强绿色化学工业的角度考虑,也需要高效催化剂。纳米粒子可以显著地增进催化效率,它在燃烧化学、催化化学中起着十分重要的作用。近年来也确实有不少人研制出了催化活性很高的纳米催化剂,尤其是一些配体稳定化的金属纳米颗粒,其稳定性很好,可用于均相催化。目前纳米金属催化剂主要有两类,一类是金属纳米粒子催化剂,另一类是负载型金属纳米粒子催化剂。

1. 纳米金属粉的化学催化作用

纳米材料在催化反应中扮演着重要的角色。化学催化的作用主要归结为三个方面:①提高反应速率,增加反应效率;②决定反应途径;③降低反应温度。

上述两类纳米金属催化剂的特点如下:①金属纳米粒子作催化剂,例如贵金属 Pt、Rh、Au、Ag、Pd 和非贵金属 Fe、Co、Ni 等的纳米粒子。贵金属纳米粒子作为催化剂已成功应用于高分子高聚物的氢化反应上,如:超细 Ag 粉可作为乙烯氧化的催化剂;超细 Fe 粉可在 QH6 气相热解(1000~1100℃)中起成核的作用而生成碳纤维;Au 纳米粒子负载在 Fe$_2$O$_3$、Co$_3$O$_4$、NiO 中,在 70℃时就具有较高的催化氧化活性;Rh 纳米粒子在烃氢化反应中显示了极高的活性和良好的选择性。②负载型金属纳米粒子作为催化剂,主要以氧化物为载体,把粒径为 1~10nm 的金属粒子分散到多孔衬底上。催化剂衬底的种类很多,如 Al$_2$O$_3$、SiO$_2$、MgO、TiO$_2$、沸石等。此类催化剂用途比较广泛,一般采用化学法制备。某些负载型纳米金属的催化活性远远高于常规催化剂。例如,n-Co-Mn/SiO$_2$,其对乙烯的氢化反应显示出高活性;n-Pt-Mo/沸石在丁烷氢化分解反应中的催化活性远远高于传统催化剂。

1984 年,Hayashi 等人采用气相沉积法制备出粒径 30nm 的金属 Ni 粒子,作为 1,3-环辛二烯加氢反应的催化剂。与传统 Ni 催化剂相比,纳米 Ni 催化剂的催化活性为其 2~7 倍,选择性比其高 5~10 倍。左东华等人用电弧等离子体法在高真空蒸发室制备纳米 Ni 催化剂,在带有振荡式搅拌器的高压釜中进行硝基苯的加氢反应。与 Raney-Ni 相比,纳米 Ni 的热稳定性增强,在 120℃时反应转化率提高,硝基苯完全转化为苯胺。

用纳米 Cu 作催化剂可制得高弹性、高弹性恢复能力、高导电性的纳米纤维(Nano-F)。纳米 Cu 粒子在催化乙炔反应时,当乙炔气流流经纳米 Cu 表面时易发生化学吸附,导致乙炔分子的价键力发生变化,π 键的键能降低,引起分子变形,并在纳米 Cu 粒子表面产生自由基,这些自由基可进一步与乙炔分子发生反应,从而达到预期的催化效果。

2. 纳米金属粉的燃烧催化作用

纳米金属粉粒子十分活泼,既可以作为助燃剂在燃料中使用,也可以掺杂到含能材料中提高其燃烧性能和爆炸威力。目前,纳米 Ag 和 Ni 粉已作为助燃剂被用在燃料中,纳米钯碳催化剂也已用于石化工业催化裂解装置上。此外,国外有报道:在固体推进剂中加入约 1%的纳米 Ni 粉,可使推进剂的实测燃烧热提高 2 倍;将纳米 Ni 粉用作火箭固体燃料的燃烧催化剂,可使燃烧效率显著提高[4]。

纳米金属粉的诸多特性决定了其对于燃烧反应具有优良的催化性能,如比表面积大、表面键态失配、表面活性中心多等。另外,与酸碱催化剂、氧化物催化剂相比,金属催化剂中原子间的凝聚态和原子族的作用加强。通常的金属催化剂 Fe、Co、Ni、Pt、Pd 制成纳米微粒可大大改善催化效果。粒径为 30nm 的 Ni 可把有机化学加氢和脱氢反应速率提高 15 倍。在环二烯的加氢反应中,纳米微粒催化剂要比一般的催化剂反应速率提高 10~15 倍。在甲醛的氢化反应中,氧化钛、氧化硅、氧化镍加上纳米微粒 Ni、Rh,反应速率大大提高,如果氧化硅等粒径达到纳米级,其选择性可提高 5 倍。用于火箭固体推进剂的纳米催化剂的应用研究也成为众多应用研究的一个重点。但是纳米金属粉体用于固体推进剂作为燃烧催化剂的作用机理和过程不同于以上所述的作用机理,有必要对纳米金属粉在推进剂中的作用规律和机理开展深入的探讨。

1.3　纳米金属粉应用的特殊性

1.3.1　纳米金属粉的低温烧结特性

由于纳米金属粉的活性很高,因此在低温下很容易发生自烧结行为。为研究纳米金属粉的烧结机理,在氩气气氛中对比了纳米金属粉和片状试样的导电性能[5]。结果表明,试样在发生烧结时其电阻会明显降低。

表 1-1 是不同金属含量 M 的片状试样和粉状试样的电阻变化测量结果。对于粉状试样,由于目前对其电阻下降时的温度 T_R 的测定还没有统一标准,因此,对于粉状试样还测定了其电阻下降结束时的温度 T_r,并以此温度作为对比。

表 1-1　电阻变化测量结果对比

金属粉（环境气氛）	a_s/nm	M/%（质量）	电阻降低时的温度		
			片状试样	粉状试样	
			T_R/℃	T_R/℃	T_r/℃
Cu(N$_2$)	66	88.5	150	100	290
Ni(Ar)	74	—	150	145	350
Al(Ar)	136	88.4	~400	30	350
Zn(Ar)	140	94.9	20	≤20	100
Sn(Ar)	120	—	30	≤40	140

从表 1-1 可以看出,低熔点金属(Al、Zn、Sn)纳米粉状试样的起始烧结温度都不超过 40℃。片状的 Zn 和 Sn 试样,其烧结温度也未超过 40℃。除片状 Al 试样外,其他金属的片状试样和粉状试样的烧结温度都基本相同。片状铝粉(Ar 气氛)的烧结温度较高,可能是由于纳米铝粉的活性较高,在扩散控制受限的条件下,其会吸附大气中的氧气,使氧化层厚度增加,而不会发生初期的裂解。

图 1-1 是气体温度为 -5~0℃ 时纳米 Zn 粒子的粒径分布图和电镜照片。在纳米 Zn 粒子接触空气前,采用液氮对其进行冷却。由 SEM 照片看,初始 Zn 粒子的粒径大于 200nm[图 1-1(a)]。将纳米 Zn 粒子的醇悬浮液经超声分散处

理后,从 SEM 照片可以看出,其为粒径约 36nm 的纳米粒子[图 1-1(b)],说明
Zn 粒子发生了团聚。另外,在相同电爆炸条件下制备,并经普通空气氧化后的
锌纳米粒子呈内部形状规则的实心球结构,而且经超声分散处理后粒径未发生
明显变化(a_n=74nm),这可能是由于表面形成了氧化层,同时,随着试样温度的
升高,样品发生自烧结现象使粉体的分散性降低,团聚更加严重。

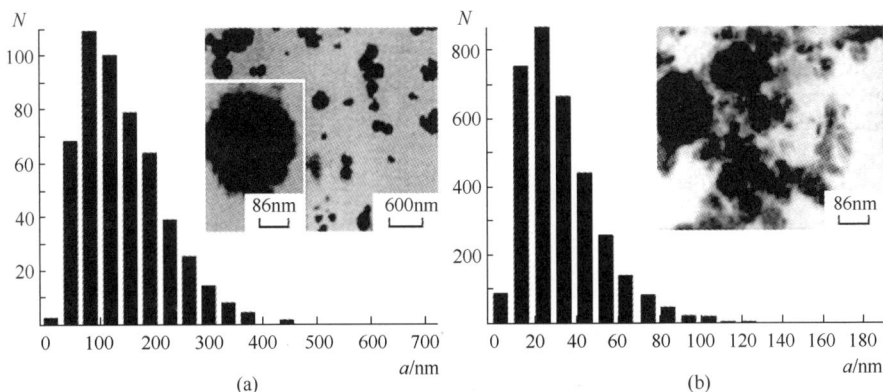

图 1-1 锌纳米粒子的粒径分布图和电镜照片

N—纳米粒子数;a—粒径。

(a)初始试样;(b)经超声分散处理后的试样。

金属丝直径:$d_0 = 0.38 \times 10^{-3}$m;氩气压力:$P = 2 \times 10^5$Pa;$E/E_c = 2.2$。

将氧化钝化处理后的纳米铜粉试样(活性金属含量约 90%)加热到 100℃
(约为金属铜熔点 T_{melt} 的 10%),再将试样缓慢冷却。在此过程中,粒子之间形
成凹槽,而且粒径小于 30nm 的粒子也很少,如图 1-2 所示。

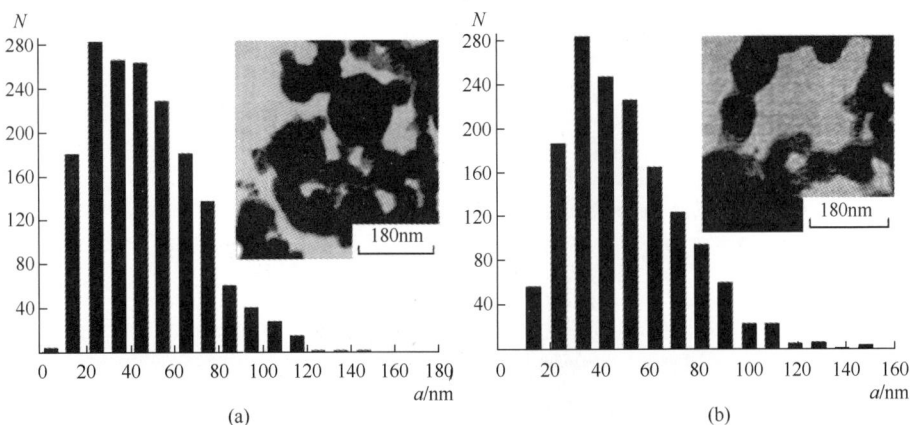

图 1-2 铜纳米粒子的粒径分布图和电镜照

(a)初始温度为 25℃时的试样;(b)经 100℃热处理后的试样。

在上述研究的金属粉中,银的化学稳定性最好。银纳米粒子与空气接触形成的氧化层对其烧结行为几乎没有影响。通过研究纳米银粉、片状试样的粒径对热膨胀温度 T_d 的影响发现:平均粒径 $a_s = 380\text{nm}$ 时,$T_d = 270℃$(约为银熔点 T_{melt} 的 28%);平均粒径 $a_s = 127\text{nm}$ 时,$T_d = 160℃$(约为银熔点 T_{melt} 的 17%);平均粒径 $a_s = 90\text{nm}$ 时,$T_d = 140℃$(约为银熔点 T_{melt} 的 15%)。

一些相关研究表明,即使是氧化的纳米金属粉,其在低于块状金属熔点 T_{melt} 的温度下也有可能发生自烧结行为。先前的相关研究也表明,采用热喷涂法制备的平均粒径为 75nm 的未氧化纳米铜粉也会出现此现象[6]。

此外,纳米粒子的自烧结行为与金属本身的熔点有关。在制备条件一定的情况下,纳米铝粉的平均粒径对其熔点的影响最大,其次为纳米铜粉,纳米铁粉的平均粒径对其熔点的影响最小。

1.3.2　纳米金属粉的团聚及分形结构

电爆炸法制备的纳米金属粉容易团聚形成大的团聚体。透射电镜(TEM)结果表明,团聚体的结构与粉体的分散度有关。当能量密度较低($E/E_c < 1.0$)、粒子的平均粒径 $a_s > 200\text{nm}$ 时,粒子的团聚现象不明显。当电爆炸能量 $E/E_c \approx 2.5$、粒子的平均粒径 $a_s \approx 100\text{nm}$ 时,小的颗粒会在大的颗粒周围形成链状的团聚结构,如图 1-3 所示。有理论认为小粒子在大粒子周围形成链状团聚是由粒子间的静电作用引起的[7]。根据这一理论,大颗粒与小颗粒应该带有相反的电荷。随着能量的增加($E/E_c \approx 2.5$)和粒子平均粒径的减小($a_s \approx 60\text{nm}$),纳米金属粉会呈明显的不规则结构,且颗粒自身的自烧结现象也会加剧,形成像凹坑一样的不规则结构。

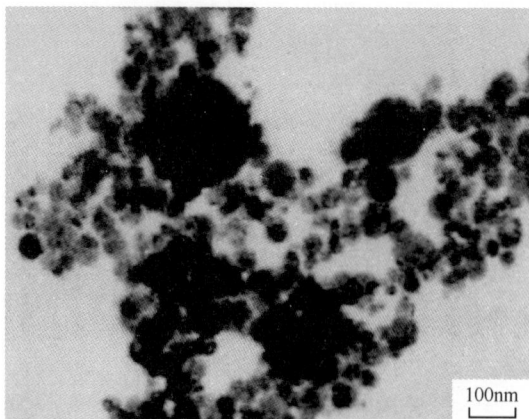

100nm

图 1-3　纳米铜粉的 TEM 照片

为获得团聚的纳米铝粉的粒径分布函数,我们采用透射电镜对电爆炸法制备的纳米铝粉的粒径进行了统计,结果如图 1-4 所示。从图 1-4 可以看出,团聚的纳米铝粉中既有粒径较小的小颗粒,也有粒径达到数毫米的大的团聚体。团聚体平均粒径 $a_{ag} = (0.67 \pm 0.0205) \times 10^{-3}$ m;团聚体表面粒子的平均粒径 $a_s = 73.4$nm。此外,如图 1-5 所示,随着 E/E_c 的增大,团聚体的孔隙率增大,结果造成纳米金属粉的松装密度降低。

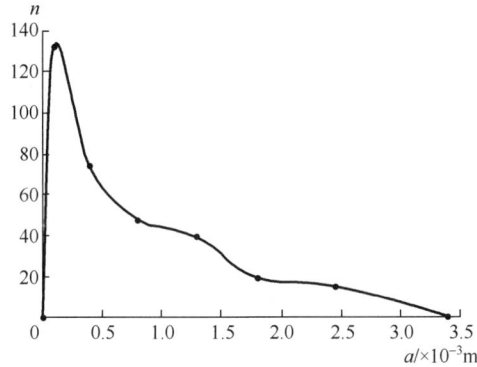

图 1-4 团聚的纳米铝粉的粒径分布函数

n-粒子数;a-粒径。

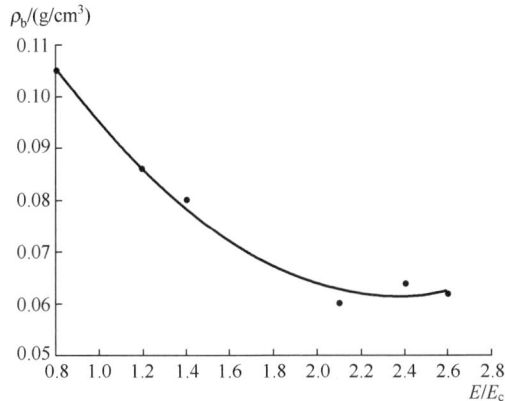

图 1-5 纳米铝粉松装密度与 E/E_c 的关系

当 E/E_c 一定时,通过对纳米铝粉分形结构的研究发现,纳米铝粉的分形维数在 2.57~2.93。分形维数可用以了解分形团簇的形成机理。纳米铝粉的分形维数是以直线运动和布朗运动的小分形团簇的分形维数的平均值。研究结果表明,大的团聚体是由单个粒子团簇团聚形成的,而不是由初期的小粒子结合形成的。

　　分形团簇的密度取决于粒子渗透到其内部的深度,在其他条件一定的情况下,该渗透能力通常取决于不同密度的工作气体的迁移率。气体密度增加,则纳米粉体的孔隙率增加,这一结论在文献[8]中得到证实。文献[8]对在氢气、氩气和氙气气氛中制备的纳米金属粉的堆积密度进行了研究。结果表明,在氢气气氛中制备的纳米金属粉的松装密度最大($\rho_b = 0.35 \mathrm{g/cm^3}$),在氙气气氛下制备的纳米金属粉的松装密度最小($\rho_b = 0.2 \mathrm{g/cm^3}$)。因此,分形维数一方面可作为纳米粉体团聚程度的指标,另一方面还可反映纳米金属粉的一些物理性能,如松装密度。由分形团簇的自相似性可知,松装金属粉的分形维数与单个分形团簇的分形维数相同。根据文献[9],可假定单个团聚体的质量密度可用如下公式计算:

$$\rho(r) = \rho_0 (r_p/r)^{3-D} \tag{1-1}$$

式中:ρ_0为金属密度;r_p为粒子的平均半径;r为边界处球体物质的半径;D为团簇的分形维数。此处物质具有明显的分形性质,即存在明显的分形尺寸。

　　在图1-4中,$r = a_{ag}/2 = 335 \times 10^{-6} \mathrm{m}$。由BET法测得的团聚体的平均粒子半径$r_p = 0.0565 \times 10^{-6} \mathrm{m}$($a_n = 0.113 \times 10^{-6} \mathrm{m}$)。由式(1-1)计算出的质量密度$\rho(r) = 0.065 \mathrm{g/cm^3}$,与直接测量的密度值$\rho_b = (0.063 \pm 0.015) \mathrm{g/cm^3}$几乎相同。

1.3.3　纳米金属粉的易燃危险性

　　纳米金属粉因其小尺寸效应和高化学活性,很容易着火而发生危险,但目前对纳米金属粉的易燃特性还没有系统研究。然而,要安全使用纳米金属粉,就必须清楚包括火灾危险在内的所有可能的危险。

　　在纳米金属粉的火灾危险特性方面,国外采用粉体材料的俄罗斯国家标准(GOST)作为纳米金属粉的初步分析鉴定方法[10]。

　　通常采用以下几个特性参数来确定纳米金属粉的易燃危险性:

　　(1)易燃性的分类(GOST 12.1.044-89);

　　(2)采用低热量点火源时的短期易燃性(GOST 19433-88);

　　(3)火焰传播速度(GOST 19433-88);

　　(4)气体与水反应时的气体生成速率(GOST 19433-88);

　　(5)静电火花感度(ESDsTM5.1:1998)。

　　将纳米金属粉在空气中钝化3天后,对其进行易燃性分类测试。当纳米金属粉加热到其熔点后,将其放入工作区温度在(900 ± 10)℃的电炉中,用秒表测定其诱导时间t_1。诱导时间即纳米金属粉从放入炉中到其点火时的时间。如果有至少1/5的样品发火,则可给予适当的升温,并记录纳米金属粉在炉内的燃烧

时间 t_2。对于可燃金属粉，可将放有可燃金属粉的坩埚从电炉中取出并记录其在空气中继续燃烧的燃烧时间 t_3，结果如表 1-2 所列。如果试样未能点燃，则在炉体中充入空气对其进行易燃性测试。

表 1-2　纳米金属粉在电炉中点火时的易燃特性

金属粉（环境气氛）	t_1/s	t_2/s	t_3/s	在空气中的燃烧性能	易燃性
Fe(Ar)	1.5	3	35	燃烧	易燃
Zn(Ar)	5.5	2	45	燃烧	易燃
Ni(Ar)	7	5	12	燃烧	易燃
Al(N_2)	7	1	2	燃烧	易燃
Al(Ar)	11	8	180	燃烧	易燃
Cu(CO_2)	不燃	不燃	不燃	燃烧	耐火
Cu(Ar)	不燃	不燃	不燃	燃烧	耐火

在现实环境中，纳米金属粉可被不同的点火源引燃。图 1-6 是采用低热点火源对试样进行点火测试时，其点火延迟时间与点火源的关系图。实验中采用的低热点火源主要有丙烷加热器、电炉和温度可达到 1000℃ 的线圈加热电炉（与电炉作为对比）。在电炉中加热的 Al(Ar) 的点火延迟时间最长。从表 1-1 中 T_R 的数据可知，在这种情况下，初始点火过程可能是纳米铝粉的表面氧化过程。图 1-7 是表 1-2 中可在空气中持续燃烧的纳米金属粉的燃烧速度和火焰燃烧时长。

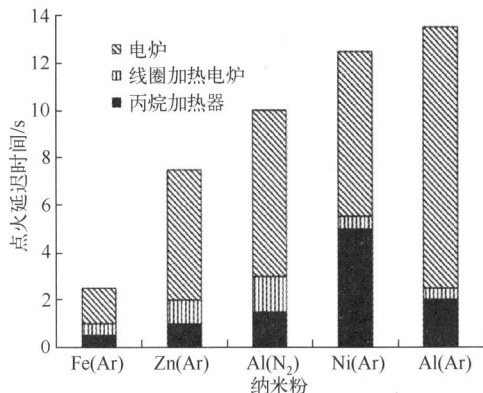

图 1-6　不同纳米金属粉在不同点火源下的点火延迟时间

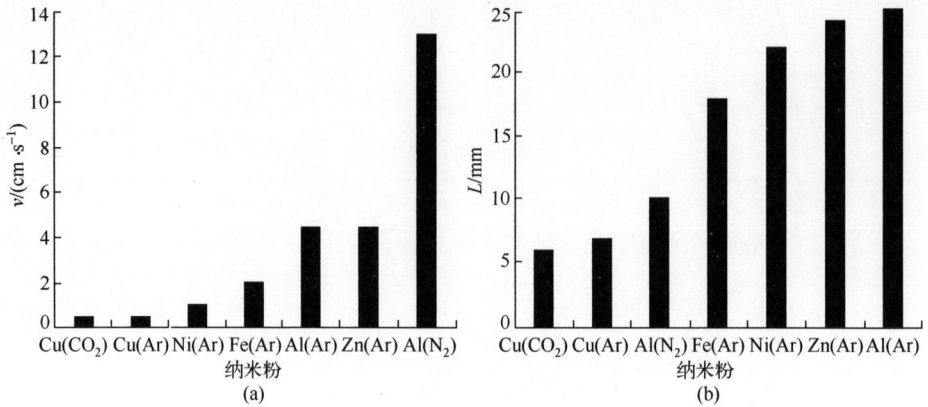

图 1-7　纳米金属粉的燃烧特性
(a) 火焰传播速度 v;(b) 火焰峰长度 L。

在氩气和氮气环境中制备的纳米铝粉 Al(Ar) 和 Al(N_2) 可与水反应生成氢气,而且 Al(N_2) 与水反应还有氨气放出。图 1-8 和图 1-9 是纳米铝粉与水在 20℃下反应的实验结果,实验用的纳米铝粉与空气的接触时间为 72h。Al(Ar) 与水反应的气体释放诱导期为 5.65h,气体释放速率 $I = V/tm = 16.9 dm^3/(kg·h)$ (V 为一定时间内所释放的气体的体积,m 为粉末质量),危险等级为“低”(根据俄罗斯国家标准 GOST 19433-88,为 3 级危险)。Al(N_2) 与水反应的气体释放诱导期为 2.0h,气体释放速率 I 为 106.6 $dm^3/(kg·h)$,危险等级为“一般”(根据俄罗斯国家标准 GOST 19433-88,为 2 级危险)。

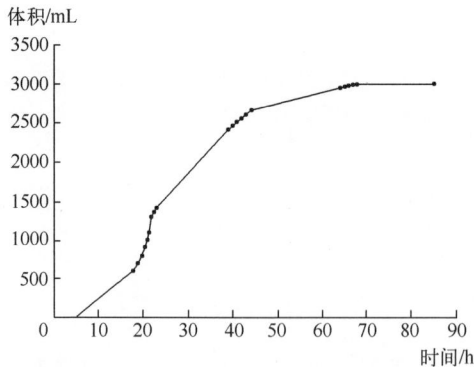

图 1-8　纳米铝粉 Al(Ar)与水在 20℃下反应时所释放出的气体体积

纳米金属粉一般对于静电较为敏感。静电积累和火花放电的形成常与所操作的设备有关。在通常条件下,人体也可产生大量静电。表 1-3 列出了 Al(Ar)

和 L-ALEX 在空气中储存不同时间后的静电火花实验结果。其中,L-ALEX 样品为在氩气中制备,表面经棕榈酸包覆处理,没有与空气发生任何接触的纳米铝粉[11]。

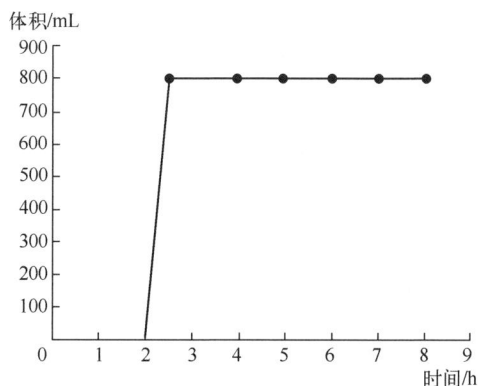

体积/mL

图 1-9　纳米铝粉 Al(N₂)与水在 20℃下反应时所释放出的气体体积

表 1-3　纳米金属粉的静电火花测试结果

纳米金属粉	$T/$天	N	$H/$mm	$C_s/$pF	$U/$kV	$W/$J	$M/\%$(质量)
Al(Ar)	5	12	1	340	4.4	3.27×10^{-3}	92
Al(Ar)	5	10	0	340	4.53	3.488×10^{-3}	
Al(Ar)	30	10	0	1100	4.83	12.83×10^{-3}	86
L-ALEX	20	21	0	227	3.13	1.11	96
注:N—测试次数;H—电极与粉体表面之间的距离;C_s—电容器电容;U—点火电压;W—点火能量;M—纳米金属粉中活性金属含量							

通常,人体暴露于静电环境下可携带$(0.2\sim4.0)\times10^{-3}$ J 的静电能(美国国家标准 MILSD-883D)。从表 1-3 可以看出,人体所带的静电足以使纳米金属粉点火燃烧。因此,对纳米金属粉进行处理时应非常小心。纳米金属粉的点火能量取决于粉体中活性金属的含量。在实验过程中发现:如果纳米金属粉在首次放电后没有点火,其表面在放电后会形成一层气溶胶结构;之后该金属粉在能量低于10^{-3} J 时即可发生点火,而且燃烧过程会更激烈。

根据俄罗斯国家标准(GOST)、国际民航组织(ICAO)和国际空运协会(IATA)对危险品的分类要求,可对电爆炸法制备的纳米金属粉的危险等级进行如下分类:

(1)可视为可燃性危险品的纳米金属粉。所有纳米金属粉。

(2)与空气接触可发生自燃的纳米金属粉。所有质量在 10g 及以上的非钝化纳米金属粉、空气钝化的 Fe(Ar)和 Ti(Ar)纳米金属粉。

（3）可与水反应释放出氢气的纳米金属粉。如 Al(Ar)、Al(N_2)、Zn(Ar)。

（4）易燃纳米金属粉。如 Fe(Ar)。

1.4　纳米金属粉的粒度、氧化层以及活性评价方法

纳米粒子的尺寸对于多相反应的速率至关重要。纳米粒子的粒径分布和相关比表面积也影响了它们的老化特性，即氧化层厚度的变化、组分间的局部反应等。对于粒径分布类似的不同粉体，其性能也随着团聚程度的不同而变化。事实上，纳米粉体的团聚是不可避免的。

由于纳米金属表面一般均存在氧化层，其中至少存在两种纳米级的材料。例如，对于纳米铝粉，其表面往往有纳米级的氧化铝(Al_2O_3)层存在，且该 Al_2O_3 层对于材料的性质有很大的影响。这就意味着，研究纳米金属离子氧化层非常重要，其对金属活性的研究也非常关键。

1.4.1　纳米金属粉粒度和氧化层表征

粒子的不同形状导致粒度分布的定量测量非常复杂。大多数的粒度测量技术均假设粒子的形状是球形的。由于制备技术的不同，对于某些纳米金属粉，这种假设可能是错误的。研究人员已提出了一种描述非球形、高度团聚的粒子尺寸和形状的方法，即基于粉体分形维数分析的方法，并且在许多团聚粉末和气溶胶中得到了广泛应用。其中，最常见的是气溶胶粒子的组织和密度（或结构）分形维数[12]，这种方法对于非球形、团聚的活性纳米粉体的表征也有一定的价值。

针对纳米金属粉，学界已开展了大量工作以表征其粒度分布。随着电子显微镜技术的发展，纳米粒子样品的成像成为一种常用的粒径表征手段。扫描电子显微镜和透射电子显微镜均可用于便捷地表征粒子的大小分类，例如文献[13]。为了反映样品的真实情况，需要观察大量的粒子，同样要求从不同方向测定粒子的形貌和粒度。除了粒度分布的直接测量之外，电子显微镜还提供了其他一些非常重要的、关于颗粒形状的信息，包括氧化层的厚度（高分辨率透射电子显微镜）以及有关的粒子表面形貌。对于基于光散射、气体吸附表面积等获得的粒子尺寸测试结果，电子显微镜的结果可用于加深认识。

颗粒尺寸最常见的表征方法是基于颗粒的比表面积，而比表面积（布鲁诺-埃米特-特勒）（Brunauer-Emmett-Teller，BET）可以采用气体吸附测量，例如，文献[14]中利用此方法获得了纳米粉体的粒径。在 BET 法测定颗粒粒径中，通常

假设测量的是单分散球形粒子的比表面积,从而引入"BET 直径"这一概念。在许多情况下,"BET 直径"是纳米粉体最重要的特征。类似地,基于宽化的 X 射线衍射峰和著名的 Scherrer 公式(Scherrer Formula),可以获得纳米粉体和完全致密的纳米复合材料的晶粒尺寸[15,16]。对于纳米粉体材料,其粒度分布的宽度、形状和任意方法测得的平均粒径一样重要。

目前,测量纳米粉体尺寸的商业化设备种类有限。利用小角激光散射等方法可以确定超微粒子的粒径,相关仪器通常是专为微米级粉体的表征而设计的,但其测量范围也可以延伸至粒径 40nm 的粒子。此类测量的主要优点是,能够表征具有较宽粒径分布的粉体。然而,若要精确测量粉体的粒径,需要掌握材料表面的光学特性。对于大多数粒子,特别是纳米粒子,表面光学性能不易确定,这是由于其与各自的块体材料的特性有很大区别。另一类仪器则是基于光子关联能谱法,该方法是通过测量流体中扩散粒子的激光散射强度的波动率来确定粒径。这一测量方法需假设一定的粒径分布函数,以便使平均粒径及粒度分布宽度量化。若要获得较为可靠的测量结果,粉末的粒径分布要比较窄;该方法的测量精度会随着颗粒尺寸分布宽度的增加而变差。

目前,研究人员正在积极开发新的高活性纳米材料的粒径表征技术,例如采用热重分析(TGA)来测定粒径分布[17]。热重分析能够测定活性金属含量,例如,纳米铝粉中未氧化的铝量。对于热重曲线,可以基于特定粒径的颗粒氧化效果,计算粉末氧化实验中起始粒子的粒度,这一方法类似于气体吸附法。为了获得粒径分布,可以通过曲线拟合来对热失重实验曲线进行处理,作为多条"基本的曲线"的叠加,来表示纳米形态的粉末组成。基本曲线的选择基于特定纳米粉体的初步信息,例如从扫描电镜照片中获得的信息。计算中要对颗粒的形状(球形的)、初始氧化层厚度和氧化物密度进行假设。需要注意的是,不同氧化铝的晶型密度显著不同,因此对于初始的(天然的)氧化铝层,使用不适当的密度值可能会使最终粒径分布结果出现明显偏差。基于热重分析的方法适用于 0.5~5mm 直径的粒子,而对于包含颗粒小于 100nm 的粉体粒径分布则是无效的[17]。与热重、比表面积以及扫描电镜测试方法不同,X 射线粉末衍射可用于获得材料的晶粒尺寸,文献[17]对 12 个不同的纳米铝样品做了该实验分析。XRD 实验发现,粗颗粒样品的晶粒尺寸并未显著大于细颗粒样品。

小角 X 射线散射(SAXS)和中子散射(SANS)对多数纳米粉体和纳米复合材料都适用。在文献[18,19]中,SAXS 和 SANS 的测试结果比电镜、热重分析、BET 法及 X 射线衍射测量的结果要好。图 1-10[18]给出了 SEM、SANS 以及 SAXS 测量结果比较的例子和对基本理论研究方法的详细讨论。结果表明,处理散射测量数据时,必须有粒子的形状和形貌的具体信息,这些信息可以通过电子显微镜、X 射线和中子散射测量获得。由于与 X 射线和中子相互作用的物质不同,故其不仅可以测定粒径分布的数量,而且可以表征复合粒子的特性。例如,基于分散强度的数据处理对氧化层厚度的评价具有良好的准确性[18]。为了将散射结果转变为粒径分布,必须假设粒径分布函数的具体模型。在许多情况下,如文献[19]中,对数正态分布的假设被证明是有效的。

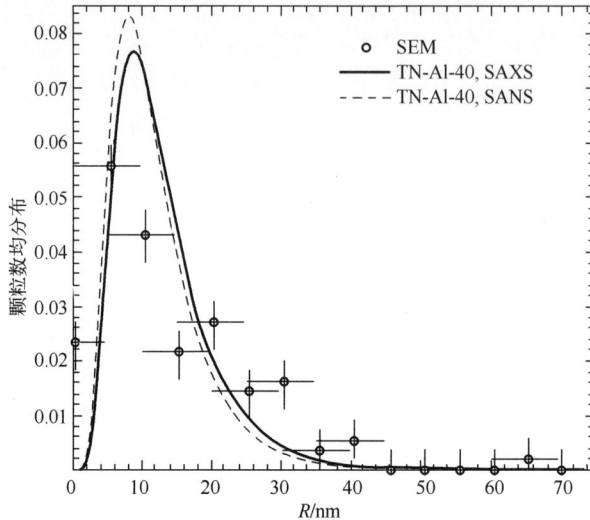

图 1-10　SEM、SANS 以及 SAXS 等测得的 Technanogy(sample ID:TN-Al-40)
生产的商业化纳米铝粉的粒径分布结果比较[18]

　　另一种用于反映活性纳米粉体大小分类的非传统方法,就是测量空气中粒子的微分迁移率。这一方法和上面讨论的热重分析技术类似,即对起始氧化层(或杂质)厚度和密度的假设将会明显地影响测量结果。相关文献中也描述了激光击穿光谱(LIBS)。LIBS 可以用于确定纳米铝粒子氧化程度。

　　高分辨透射电子显微镜可用于表征铝粒子暴露于氧化环境中生成的氧化层。有关氧化层的厚度、结晶度、微观结构以及均匀性的信息,对于认识纳米金属粒子的氧化机制至关重要。从另一个角度看,氧化机制又会影响纳米金属粒子的点火和氧化动力学。一般来说,颗粒尺寸在 2.5~3nm 时,铝颗粒表面氧化层的厚度与颗粒粒径无关。图 1-11 是铝粉表面氧化膜的高分辨 TEM 照片[20],可以看到氧化物/氢氧化物表面层和铝/氧化物界面的成层结构,氧化膜具有不连续的层状晶体结构,但有的部分是非晶态的。右侧照片图解了从氧化涂层上剥落的单分子厚的薄片。

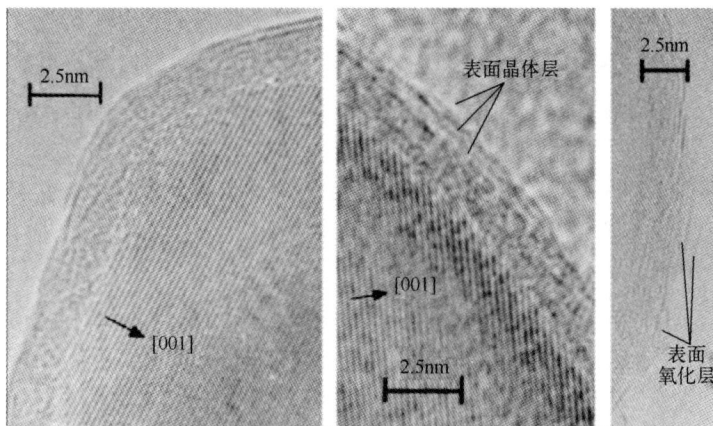

图 1-11　纳米铝颗粒的高分辨率电子显微镜相片[20]

与纳米金属粒子相比,纳米复合材料的表征更加困难。对于使用原始纳米粉体制备的材料,例如,通过机械混合或溶胶-凝胶合成,反应活性表面的测量通常是从初始的粒子尺寸获得。对于完全致密的纳米复合材料,材料横截面的扫描电镜图和微晶尺寸的 XRD 测量可以提供纳米范围的粒径分布数据[21]。获得粉体中活性(或金属)铝的含量与颗粒尺寸的正确测量密切相关,如上所述。高分辨率的 TEM 照片显示了铝层的厚度以及粒度分布的数据,可以用来估计粉体中纯铝部分的体积或质量。活性铝含量也可以由热重分析的结果,即通过测量粉末加热氧化的程度来测定。上述方法都依赖于初始氧化层密度、结构和均匀性的假设。然而,据报道这种 Al_2O_3 氧化层可能存在多孔、部分含水、厚度不均匀等现象,或者可能包含一些吸附气体,所有这些都将影响计算得到的活性金属含量的准确性。对材料作进一步工艺加工以制备特定的钝化层时,这种情况将更加复杂。能够获得活性铝含量的技术实例包括:基于水解时气体释放的定量测量,采用诱导耦合等离子体(ICP)的发射强度以确定 Al/Al_2O_3 之比的化学分析,或者各种湿化学技术,例如高锰酸钾或铈滴定(cerimetric)的方法。此外,活性铝含量也可以使用氧弹量热计来测定。

1.4.2　纳米金属铝的活性评价方法

目前,有关纳米铝的活性评价方法还没有统一标准,大部分方法还处于研究阶段。从目前的研究来看,纳米铝的活性评价方法主要采用单质铝含量及其氧化过程中的热分析参数来评价。

由于单质铝含量直接关系到铝粉燃烧过程中能量释放的多少,因此一直是评价纳米铝活性高低的重要指标。目前有关单质铝含量的测定方法很多,主要包括气体容量法、氧化还原滴定法和热重分析法等。

气体容量法依据铝粉中的单质铝可与氢氧化钠反应放出氢气的原理,通过排水法测定氢气的体积,从而根据产生氢气的量即可计算出单质铝的含量。该法简单可靠,所需时间短,结果重复性较好。但由于实验时产生的氢气量较少,要求实验装置有很好的气密性,且由于产生的是气体,因此环境对实验的影响很大。此外,由于纳米铝粉表面的活性很高,其表面会吸附一定量的气体从而会使实验结果产生一定的偏差。

氧化还原滴定法是利用氧化剂或还原剂作为标准溶液,根据氧化还原反应进行滴定的方法。单质铝是一种强还原剂,因此选用合适的氧化剂作为标准溶液,通过滴定的方法即可测得单质铝的含量。该方法操作相对复杂,对操作有一定的要求,而且对于一些以水作为溶剂的氧化剂,由于纳米铝粉很容易与水发生反应,因此会严重影响其测定结果。

热重分析法是根据纳米铝氧化过程中会产生增重现象,记录纳米铝氧化过程中试样的增重量,从而得到其单质铝的含量。该方法简单、精确,对于单质铝含量的测定有重要的参考价值。

基于热分析参数的活性评价方法主要采用氧化起始温度、最大氧化速率、一定温度范围内铝粉的氧化程度以及单位质量铝粉的热效应这四个参数对纳米铝粉的活性进行综合评价。热分析的这四个参数主要通过热分析仪获得,作为同步记录氧化质量增减和热量释放的综合热分析仪,它是研究纳米金属铝氧化行为的重要工具,由热分析仪获得的纳米铝粉的四个参数能更准确地表征纳米铝粉的氧化特性,因此可采用这四个热分析参数对纳米金属铝的活性进行表征。

1.5　纳米金属粉的应用研究新进展

1.5.1　纳米金属粉在推进剂中的应用

纳米金属粉尤其是纳米铝粉因其优异的性能正在成为在推进剂中广泛应用的一类新型材料,其特殊的性能对推进剂性能的进一步提高是一条有用的途径。为了保持纳米金属粉的活性,并满足其在推进剂中应用的相容性和工艺适用性等要求,往往需要对其进行包覆等表面修饰。事实上,纳米金属粉的表面修饰是与其应用相关的瓶颈技术之一,表面修饰的成功与否直接影响到纳米金属粉的应用。表面包覆层过厚会影响其能量性能以及延迟反应时间,包覆层过薄或其他原因导致的不完全包覆则会导致纳米金属表面氧化,失去活性,甚至导致某些较活泼的纳米金属粉自燃,严重影响安全性能。从目前来看,纳米金属粉的安定和安全性能依然是影响其推广应用的主要因素之一。文献[2]对纳米金属粉在推进剂中的应用进行了介绍。经过近几年的研究,一些最新的研究结果进一步证实了纳米金属粉良好的应用前景,其优点如下。

1. 提高推进剂燃烧效率

铝粉广泛应用于固体火箭中,但燃烧时易凝聚,残渣易沉积在发动机内表面,不仅降低燃烧效率,而且使发动机的有效载荷减少。Kaledin 等人[22]研究了金属丝电爆炸法制备 ALEX 纳米铝颗粒及其在液体和固体火箭推进剂的应用,认为实现完全燃烧最有效的途径是使用尺寸比常规铝粉小 1 或 2 个数量级的金属粉末颗粒。

以 $Al-H_2O$ 反应为基础的水下高速推进技术一直得到关注,而纳米铝的应用将大大提高 $Al-H_2O$ 反应的燃烧性能和燃烧转换效率。Grant A. Risha 等人[23]研究了纳米铝粉-H_2O 混合物的燃烧性能和燃烧转换效率,结果发现,对于颗粒直径为 38nm、50nm、80nm 和 130nm 铝粉,基于粒子的大小和样品制备方法的不同,能量释放效率范围在 27%~99%。

2. 提高推进剂的燃速

据报道[24],在 AP 粒度为 $3\mu m$ 的 HTPB 复合固体推进剂中,当铝粉的粒径分别为 $30\mu m$、$3\mu m$ 和 40nm 时,对应的推进剂燃速分别是 1.473mm/s、1.524mm/s 和 48.126mm/s。由此可见,当铝粉的粒径从微米级减小到纳米级时,其燃速可提高 30 多倍,铝粉的反应活性大幅增加。

Valery 等人[25]报道了一种生产纳米级锆粉和钛粉的新技术,并研究了其点火和燃烧性能。研究发现,与粒度大于 $1\mu m$ 的锆粉、钛粉相比,粒度小于100nm 的纳米级金属粉的活性更高,点火时间更短。分析认为,该纳米金属粉与普通金属粉的燃烧机理完全不同,在燃烧火焰结构中,该纳米粉末在接近推进剂的表面燃烧,其燃烧产生的热量易于传递到燃面,因而能极大地提高推进剂的燃速。

印度技术研究院的 Jayaraman[26]采用金属丝电爆炸法制备了平均粒度为42nm 的铝颗粒,并通过制备不含铝、含纳米铝、含普通铝($1\sim5\mu m$)的 3 个复合推进剂配方,比较了纳米铝的活性及对其推进剂燃速的影响。结果表明,与含普通铝的推进剂相比,含纳米铝的推进剂燃速提高了 100%,而微米级铝粉使基础配方的燃速降低;在中等压强范围内,不含铝颗粒的推进剂的燃速较平稳,而含纳米铝颗粒的推进剂未出现此特征,相反,随着压强的增加其压强指数显著降低。

3. 催化推进剂组分的热分解

刘磊力等人[27]用热分析法(DTA)研究了纳米金属和复合金属粉(Cu、Ni、Al、NiCu、NiCuB、NiB)对 AP/HTPB 推进剂热分解的影响。结果表明,纳米金属和复合金属粉对 HTPB 推进剂的热分解具有明显的催化作用。纳米铜粉使 AP/HTPB 推进剂的低温和高温热分解温度分别降低了 51.16℃和 33.16℃,DTA 表观分解热增大为 317kJ/g,催化效果十分显著。纳米铜粉和含铜的纳米复合金属粉(NiCu 和 NiCuB)的催化效果强于其他纳米金属粉。纳米金属粉主要通过催化 AP/HTPB 推进剂中 AP 的热分解,表现出对 HTPB 推进剂较好的催化效果。

邓国栋等人[28]采用化学还原法制备了颗粒尺寸均匀、粒径为 50~60nm 的球形纳米钴粉,用 DTA 测试了加入球形纳米钴粉后 AP 的热分解性能。结果表明:球形纳米钴粉能使 AP 热分解反应的高温分解峰温度显著下降;添加质量分数 2%的球形纳米钴粉,复合推进剂的燃速明显提高,压力指数大幅降低。徐景龙等人[29]对分别含有纳米铝粉、纳米镍粉的硝酸酯增塑高能推进剂的常压热分解性能和燃烧火焰结构进行了研究,各配方的热分解动力学参数和分解峰温见表 1-4。

表 1-4　纳米金属粉对推进剂热分解性能的影响[29]

编号	金属含量/%	第一分解峰		第二分解峰		ΔT/℃
		T_1/℃	E_1/(kJ·mol^{-1})	T_2/℃	E_2/(kJ·mol^{-1})	
0	0	194.40	176.23	209.60	123.70	15.2
1	钠米铝 1%	194.61	212.62	210.41	150.23	15.8
2	钠米铝 2%	195.55	128.45	223.15	298.91	27.6
3	钠米镍 3%	202.41	192.78	213.51	198.81	11.1

注:T_1,T_2 为第一和第二分解峰峰温;E_1,E_2 为第一和第二分解峰表观活化能;$\Delta T = T_2 - T_1$

由表 1-4 可见,纳米铝粉、镍粉的加入对 AP 的晶型转变温度基本无影响,除配方 2 外,纳米铝粉、镍粉的加入都没有降低高能推进剂分解活化能的作用。但是纳米铝粉、镍粉的加入使高能推进剂的第一分解峰、第二分解峰均升高,同时增大了表观活化能,纳米铝粉、镍粉对推进剂的凝相反应无化学催化作用。在同等压强下,与基础配方 0 相比,添加纳米铝粉后形成的配方 1、配方 2,燃烧剧烈程度有所增加,燃烧表面的溅射趋于明显;在同等压强下,与基础配方 0 相比,添加纳米镍粉后形成的配方 3 燃烧表面亮度增加明显,燃烧剧烈程度明显提高,燃烧火焰亮白区域增大,燃烧火焰向上喷射趋于密集和剧烈,明显改善了高能推进剂的燃烧效率。分析认为造成这一现象的原因是纳米金属粉的粒径比普通铝粉的粒径小得多,点火延迟时间比普通铝粉小几个数量级,燃烧所需的点火能远小于普通铝粉,部分纳米金属粉在燃面上以单个形式点火燃烧,从而降低了推进剂中铝粉的凝聚程度,改善了高能推进剂的燃烧效率。

1.5.2　纳米金属粉在炸药中的应用

炸药中常用的金属粉是铝,而将铝粉纳米化能显著增加炸药的爆轰性能和做功能力。关于纳米金属燃料在凝聚相炸药和云爆炸药中的应用均已开展理论和实际研究。据报道[30],TNT 炸药中添加 15% 的纳米铝粉,其能量可提高 20%,气体体积增加 30%,可见添加纳米金属粉对提高炸药爆热和做功能力的作用显著。董素荣等人[31]对含有材料装填缺陷所引起的弹药系统失效现象进行了实验验证,结果表明,在混合炸药中应用纳米金属粉,可以增加各组分间接触的紧密性和表面积,从而增加爆轰反应的能量释放速率和金属粉的反应完全性。

黄辉等人[32]研究了铝粉颗粒尺寸对含铝炸药爆轰性能的影响,通过小尺寸含铝炸药驱动金属平板实验装置所得结果见表 1-5。

表 1-5　铝粉尺寸对炸药做功能力和爆轰反应时间的影响[32]

编号	配方组分	Al 平均粒径	1mm 厚铜板	
			$V_m/(km \cdot s^{-1})$	$t_m/\mu s$
1	RDX/Al/黏合剂 = 76/20/4	50nm	3.12	3.7
2	RDX/Al/黏合剂 = 76/20/4	5μm	3.11	5.0
3	RDX/Al/黏合剂 = 76/20/4	50μm	3.06	5.7
4	RDX/LiF/黏合剂 = 76/20/4		2.81	2.8

表 1-5 中,铜板的最大速度值 V_m 代表含铝炸药驱动铜板的做功能力,铜板加速时间 t_m 表示炸药爆轰反应时间。1mm 厚铜板实验表明,粒径 50nm 的含铝炸药驱动铜板的最大速度(做功能力)明显高于含 5μm 和 50μm 铝粉的炸药,其反应时间分别缩短 14.0% 和 58.3%,表明随着铝粉颗粒尺寸的减小,铝粉比表面积显著增大,参加反应时间缩短,炸药爆轰的能量释放速率明显增大,最终提高了含铝炸药在小尺寸装药和弱约束条件下的爆炸威力。

对于类似的炸药体系,Komarov 等人[33]探讨了 Al、Fe、Cu、Ni、Ti 和 Zn 等纳米金属粉提高复合炸药爆炸性能的作用。结果表明,金属粉的热释放速率受到动力学因素影响,与其氧化反应的放热效果无关。采用氧化反应较快的金属,如纳米铁粉、纳米锌粉,加入含铝复合炸药,探讨了对爆速 D 和抛射能力 ω 的影响,结果见表 1-6。研究表明,加入氧化反应较快的金属能提高含铝复合炸药爆速和抛射能力。

表 1-6　复合炸药(CE)中金属含量对 D 和 ω 影响

序　号	炸药组分	金属含量/%	D/(m·s^{-1})	ω/(m·s^{-1})
1	20%增塑聚合物	10%Al	7120	1750
2	70%HMX	10%Fe	7850	1960
3		8.75%Al+1.25%Fe	7590	2070
4		8.75%Al+1.25%Fe	7650	1620

纳米铝粉在炸药中的性能表现也与炸药体系有关。Patrick Brousseau 等人[34]比较了纳米铝粉与普通微米级铝粉对 PBX 炸药和 TNT 基炸药体系性能的影响,结果表明,在 PBX 炸药体系,含纳米铝粉和含微米级铝粉炸药的爆轰性能无显著差异,而对于 TNT 与 Al 的混合炸药,含纳米铝粉炸药的爆速和平板实验的爆坑深度明显增加。

燃料空气炸药将是纳米金属粉应用的新领域。早期的一次引爆型燃料空气炸药主要由挥发性液体组成,目前研究人员正在开展挥发性液体/金属粉和固体燃料/金属粉研究。其中,金属粉是该炸药性能的决定因素。智小琦[35]根据炸药的热化学理论和爆轰理论,研究了金属粉种类、含量对典型的一次引爆型云爆剂配方爆速的影响。对于 $Mg/C_3H_7NO_3$ 体系,二者比例为 36/64、46/54、56/44 时,理论爆速分别为 2985m/s、3047m/s、3115m/s;对于 $Al/C_3H_7NO_3$ 体系,二者比例为 36/64、46/54、56/44 时,理论爆速分别为 3873m/s、4018m/s、4174m/s。由以上结果可见:在一定的含量范围内,理论爆速随组分中金属粉含量的增加而增加;加入燃烧热值较高的金属粉,云爆剂的爆速较高,如在相同组分含量下,含铝粉的云爆剂比含镁粉的云爆剂爆速高 1000m/s 左右。目前,关于纳米金属粉在燃料空气炸药中的应用研究尚未见报道,但纳米金属粉较高的反应活性、较大的分散性将是解决该炸药存在的固体颗粒分散性差、爆速低等问题的重要途径。

1.5.3　纳米金属粉在铝热剂中的应用

铝热剂属于一种化学反应性材料,通过燃烧而放热、产生强光。传统铝热剂的主要缺点是常规铝粉氧化反应活性低,且氧化剂与还原剂的结合程度不高,常导致反应速率慢、实际放热量低、反应过程不集中、点火温度高等问题,难以在火炸药中获得应用。应用于炸药中的铝热剂需要具备能量高、密度大、感度低、易于点火、燃烧速度快、配方灵活等特点,仅在强机械冲击力的作用下才可被引发剧烈的化学反应而释放出热能、产生非常高的爆温并显著增加爆炸效应。当组成铝热剂的材料的粒度减小到纳米级时,即可形成纳米铝热剂,其反应活性远高于普通铝热剂,可用于制造反应破片(reactive fragments)、装填高速射弹、制造含能药型罩或爆炸成型弹丸等研究,可以大幅提高武器战斗部毁伤目标的威力。鉴于纳米铝热剂优异的爆炸性能,国内外已针对纳米铝热剂开展了广泛研究。纳米铝热剂的优异性能如下。

1. 点火性能优良

氧化铜和铝之间的铝热反应是众所周知的高度放热反应,但存在相对较低的反应速率和点火困难问题,制约了该反应的实际应用。Demitrios Stamatis 等人[36]研究了高密度、富铝的 Al/CuO 纳米铝热剂颗粒。结果表明,在室温下,该富铝的 Al/CuO 纳米铝热剂点火温度为(850±10)K。

Bazyn 等人[37]研究了 Al/Fe$_2$O$_3$、Al/MoO$_3$ 纳米铝热剂和两种粒度铝在惰性和氧化环境下的反射激波点火和燃烧特性。结果表明:在惰性环境中,两种铝热剂材料在 1400K 和 1800K 时点火时间为 1~2ms;在 2700~3350K 反应温度范围内,Al/MoO$_3$ 的颗粒温度普遍比 Al/Fe$_2$O$_3$ 的高。周围环境中的氧除了减少点火时间,也将燃烧温度提高到 3350~3800K,这表明异质反应可以提高铝热剂材料的燃烧性能。

与铝相比,硼具有更高的质量热值和体积热值。然而,硼粉燃烧过程中,表面存在液态 B$_2$O$_3$ 层,将阻碍硼的反应。要使硼粉完全燃烧,需除去表面的 B$_2$O$_3$。Sullivan 等人[38]通过定容燃烧实验研究表明:当硼在燃料中的摩尔质量比小于 50% 时,纳米硼能提高纳米铝基亚稳态分子间复合物(MIC)的反应活性,缩短点火时间;而当使用 0.7μm 的微米级硼粉时,复合物的反应活性并未提高。这是由于纳米级硼粉的熔化时间比微米级的短,且熔化时间的数量级与 Al/CuO 反应的数量级一致,促使含纳米级硼粉复合物的反应活性较高。

2. 燃速成倍增加

Valliappan 等人[39]研究了纳米铝粉和金属氧化物的反应活性,在 WO$_3$、MoO$_3$、CuO 和 Fe$_2$O$_3$ 等几种氧化物中,Al/WO$_3$ 体系燃烧时火焰前沿速度达到了 412m/s。Plantier 等人[40]探讨了 Fe$_2$O$_3$ 合成工艺对 Fe$_2$O$_3$/Al 纳米铝热剂(铝粉粒径为 52nm)铝热反应性能的影响。结果表明:通过溶胶-凝胶法合成的 Fe$_2$O$_3$ 前驱体中含有杂质时,Fe$_2$O$_3$/Al 纳米铝热剂的燃烧波速度降低;同一种 Fe$_2$O$_3$ 氧化剂在中等温度下焙烧时,这种新的热处理得到的 Fe$_2$O$_3$ 性能出现非常显著的改善,Fe$_2$O$_3$/Al 纳米铝热剂的燃烧速度可达 900m/s。

3. 放热量大幅提高

王毅等人[41]研究了 Fe_2O_3/Al 纳米复合铝热剂的反应特性。结果显示：利用溶胶–凝胶法制备的纳米铝和氧化铁的复合体中，Fe_2O_3 干凝胶粒子为无定形结构，尺寸约为 20nm，Fe_2O_3 干凝胶粒子紧密地包覆着纳米铝粒子，形成核壳结构的 Fe_2O_3/Al 纳米复合物；通过 DSC 法测得的 Fe_2O_3/Al 纳米铝热剂的热反应放热峰分别出现在 561.8℃和 773.2℃，总放热量达到 1648J/g。而相同条件下，5μm 的铝粉与 5~10μm Fe_2O_3 反应放热的放热峰温度为 983.8℃，放热量为842J/g。以上数据说明：与微米级混合物铝热剂相比，核壳型 Fe_2O_3/Al 纳米铝热剂的点火温度明显降低，放热量也大幅增加；此外，Fe_2O_3/Al 纳米铝热剂的 2个放热峰分别对应 $Al(s)$ 与 $Fe_2O_3(s)$ 之间固–固相反应和两者之间的液–固相反应，且固–固相反应放热峰所对应的面积明显大于液–固相反应，其热反应以固–固相反应为主，说明 Fe_2O_3/Al 纳米铝热剂的热反应机制较传统铝热剂更加优越。

1.5.4　纳米金属粉在推进剂中应用的发展方向

1. 纳米镍粉的研制及应用

纳米镍粉是一种很有前途的催化剂。在普通工业催化中，镍粉就扮演着重要角色。Ni、Cu、Co 等金属也以其优异的性能在固体推进剂中得到了应用，相关研究取得了一定的进展。纳米镍粉可缩短推进剂的点火延迟时间、降低点火温度、提高低压下的燃速并降低压强指数。另外，纳米镍粉也可和其他金属、有机氟化物、轻质碳材料等形成纳米复合物，以发挥更好地提高固体推进剂燃速和燃烧效率的作用。

2. 高活性纳米锆粉的研制及应用

锆粉是一种类似于铝粉的高活性金属。锆能与各种气体反应，形成相应的化合物，如与氧气反应，生成 ZrO_2。不同形态的锆与氧气反应的活性有很大差异。根据粒度大小不同，其燃点在 80~285℃；微细的锆粉甚至在空气中可自燃，而致密的锆块则很稳定，在空气中要加热至 600℃才能与氧反应。锆也能与一些稳定的气体氧化物反应（如 CO_2、SO_2、水蒸气）生成 ZrO_2。

由于锆具有高密度、高体积热值、高活性的特点，因而受到了含能材料研究人员的关注。锆粉在引爆雷管及无烟火药等火工品中已有应用，在富燃料推进剂研究中被作为助燃剂。在以往的研究中，由于锆的质量热值较低，相对于铝、硼等燃料，国内外普遍认为其不具有应用优势。随着一些对密度有特殊要求的新型火炸药的出现，锆的高密度使其体积热值具有明显的优势，且随着锆粉粒度达到纳米级,其活性将大幅度提高,这一点在推进剂中已得到体现。此外,锆粉燃烧生成的氧化锆很容易溶解到金属中,在其表面不会形成像铝粉那样难以挥发的氧化物膜层,因而容易保持较低的点火温度。需要注意的是,纳米锆粉的静电感度较高,在应用前应做好包覆保护。在未来的超高密度火炸药、云爆炸药、超级纳米铝热剂研究中,纳米锆粉作为金属燃料将具有显著的应用前景。

3. 复合纳米铝粉的制备及应用研究

铝粉具有较高质量热值和密度,且粉体易于成球、粒度可控、感度较低,是火炸药中应用最多的一种高能添加剂,而纳米铝粉的高活性进一步激发了各国的研究兴趣。在纳米材料概念出现后,含能材料领域纳米金属粉的研究工作也主要围绕纳米铝粉开展,例如:在制备方法上,探索了金属丝电爆炸法、等离子体加热法、激光感应加热法、气(固或液)相化学反应法、高能球磨法等多种方法;应用方面,在推进剂、炸药、烟火药中均开展了广泛研究。但上述制备方法均未能解决纳米铝粉表面氧化问题,因而在火炸药中的应用也仅仅局限于实验室阶段,距离工程应用十分遥远,可见纳米铝粉的制备方法急需创新。

近几年,复合纳米材料的研制已得到重视,这为纳米铝粉的发展开拓了新方向,因为复合纳米铝粉不仅具有活性高、单质铝的含量较高等优点,而且纳米铝粉受复合层的保护而不易氧化失活,因此,这是纳米铝粉制备和应用最有前景的发展方向。可以探索的几种复合纳米铝粉包括:纳米铝粉和其他纳米金属的复合,如复合纳米 Al-Ni 粉、Al-Ti 粉等;纳米 Al/聚合物复合粉体;纳米 Al/碳或多孔硅复合粉体。

参考文献

[1]　汪信,刘孝恒. 纳米材料化学[M]. 北京:化学工业出版社,2006.

[2]　胥会祥,樊学忠,刘关利. 纳米材料在推进剂应用中的研究进展[J]. 含能材料,2003,11(2):94-98.

[3]　江治,李疏芬,赵凤起,等. 纳米金属粉对 HMX 热分解特性的影响[J]. 推进技术,200223(3):258-261.

[4]　赵凤起,陈沛,杨栋,等. 纳米金属粉对 RDX 热分解特性的影响[J]. 南京理工大学学报(自然科学版),2001,25(4):420-423.

[5]　Lerner M I,Savel'ev G G,Svarovskaya N V,et al. Low-Temperature Sintering of Electro-Exploding Nanopowders[J]. Bulletin of the Tomsk Polytechnic University,2006,309(4):69-72.

[6]　Troitskii V N,Rakhmatullina A Z,Berestenko V I,et al. Initial Sintering Temperature of Ultrafine Powders[J]. Sov. Powder Metall. Met. Ceram. 1983,22(1):12-14.

［7］ Grigor'eva L K,Lidorenko N S,Nagaev N S,et al. Size Dependence of the Fermi Energy and of the Interaction Force between Highly Disperse Particles［J］. Zh. Eksp. Teor. Fiz. 1986,91 (3):1050-1062.

［8］ Yavorovskii N A. Electrical Explosion of Wires:A Method for Preparing Ultradispersed Metallic Powders［D］. Extended Abstract of Candidate's Dissertation in Technical Sciences (Tomsk Polytechnic Institute),Tomsk,Russia,1982,24.

［9］ Smirnov B M. From the Current Literature:Aerogels［J］. Soviet Physics Uspekhi,1987,152 (1):133-157.

［10］ Lerner M,Vorozhtsov A,Eisenreich N,et al. Scientific Aspects in the Classification of Explosion and Fire Hazard of Metallic Nanopowders［J］. Izv. Vyssh. Uchebn. Zaved. ,Fiz. ,Tematicheskii Vypusk:Prikladnye Problemy Sploshnykh Sred. 2008,51(8/2):190-198.

［11］ Tepper F,Lerner M,and Ginley D. Metallic Nanopowders. in Dekker Encyclopedia of Nanoscience and Nanotechnology［M］,Ed. by J. A. Schwarz,C. I. Contescu,and K. Putyera,New York,2004,1921-1933.

［12］ Chakrabarty R K,Moosmuller H,Garro M A,et al. Light Scattering and Absorption by Fractal-like Carbonaceous Chain Aggregates:Comparison of Theories and Experiment［J］. Journal of Geophysical Research D:Atmospheres 2006,111(7). Art. no. D07204.

［13］ Ermoline A,Schoenitz M,Dreizin E,Yao N. Production of Carbon-coated Aluminium Nanopowders in Pulsed Microarc Discharge［J］. Nanotechnology,2002,13:638-43.

［14］ Moore K,Pantoya M L,Son S F. Combustion Behaviors Resulting from Bimodal Aluminum Size Distributions in Thermites［J］. Journal of Propulsion and Power,2007,23(1):181-5.

［15］ Patterson A L. The Scherrer Formula for X-ray Particle Size Determination［J］. Physical Review,1939,56(10):978-82.

［16］ Hall B D,Zanchet D,Ugarte D. Estimating Nanoparticle Size from Diffraction Measurements ［J］. Journal of Applied Crystallography,2000,33(6):1335-41.

［17］ Johnson C E,Fallis S,Chafin A P,et al. Characterization of Nanometer- to micron-sized Aluminum Powders:Size Distribution from Thermogravimetric Analysis［J］. Journal of Propulsion and Power,2007,23(4):669-82.

［18］ Mang J T,Hjelm R P,Son S F,et al. Characterization of Components of Nano-energetics by Small-angle Scattering Techniques［J］. Journal of Materials Research,2007,22(7):1907-20.

［19］ Borchert H,Shevchenko E V,Robert A,et al. Determination of Nanocrystal Sizes:a Comparison of TEM,SAXS,and XRD Studies of Highly Monodisperse CoPt$_3$ Particles［J］.Langmuir,2005,21(5):1931-6.

［20］ Ramaswamy A L,Kaste P. A Nanovision of the Physiochemical Phenomena Occurring in Nanoparticles of Aluminum［J］. Energetic Materials,2005,23:1-25.

［21］ Umbrajkar S M,Schoenitz M,Dreizin E L. Control of Structural Refinement and Composition in Al—MoO$_3$ Nanocomposites Prepared by Arrested Reactive Milling[J]. Propellants, Explosives, Pyrotechnics 2006, 31(5) :382—9.

[22] Tepper F, Kaledin L A. Combustion Characteristics of Kerosene Containing Alex Nano—aluminum[J]. International Journal of Energetic Materials & Chemical Propulsion, 2002, 5(1—6) :195—205.

[23] Risha G A, Sabourin J L, Yang V, et al. Combustion and Conversion Efficiency of Nanoaluminum—Water Mixtures[J]. Combustion Science & Technology, 2008, 180(12) :2127—2142

[24] 张坚,曹晓国,黄惠平. 纳米金属粉末的制备方法及应用[J]. 材料导报, 2006, 20(7) : 149—151.

[25] Rosenband V, Gany A. Ignition Characteristics of Nanosize Zirconium and Titanium Powders [J]. AIAA Journal, 2006, 4406.

[26] Jayaraman K. Production and Characterization of Nano—Aluminum and its Effect in Solid Propellant Combustion[J]. AIAA Journal, 2007, 1430.

[27] 刘磊力,李凤生,杨毅,等. 纳米金属和复合金属粉对 AP/HTPB 推进剂热分解的影响 [J]. 推进技术, 2005, 26(5) :458—461.

[28] 邓国栋,刘宏英,段红珍. AP/HTPB 复合推进剂用纳米 Co 粉的制备[J]. 火炸药学报, 2009, 32(5) :66—70.

[29] 徐景龙,阳建红,王华. 含纳米金属粉高能推进剂热分解性能和燃烧火焰结构分析 [J]. 飞航导弹, 2006, 12:47—49.

[30] 司林华. 纳米金属燃料[J]. 化学教育, 2007, (1) :11—12.

[31] 董素荣,陈智刚,周海英,等. 弹药装药质量机理研究[J]. 弹箭与制导学报, 2005, 25 (2) :59—60.

[32] 黄辉,黄勇,李尚斌. 含纳米级铝粉的复合炸药研究[J]. 火炸药学报, 2002, 25(2) : 1—3.

[33] Komarova M V, Komarov V F, Vorozhtsov A B. Processes Observed in High—energy Systems comprising Nanodimensional Metal Powders[J]. Russian Physics Journal, 2012, 54(12) : 1418—1422.

[34] Patrick B, Helen E D, Matthew D C, et al. Detonation Properties of Explosives Containing Nanametric Aluminum Powder[C]. 12th International Detonation Symposium, August, 2002.

[35] 智小琦. 一次引爆型云爆剂的爆速计算[J]. 火炸药学报, 2005, 28(3) :76—78.

[36] Stamatis D, Jiang Z, Hoffmann V K, et al. Fully Dense, Aluminum—Rich Al—CuO Nanocomposite Powders for Energetic Formulations[J]. Combustion Science & Technology, 2008, 181 (1) :97—116.

[37] Bazyn T, Krier H, Glumac N, et al. Decomposition of Aluminum Hydride Under Solid Rocket Motor Conditions[J]. Journal of Propulsion & Power, 2007, 23(2) :457—464.

[38] Sullivan K, Young G, Zachariah M R. Enhanced Reactivity of Nano—B/Al/CuO MIC's[J]. Combustion & Flame, 2009, 156(2) :302—309.

[39]　Valliappan S, Swiatkiewicz J, Puszynski J A. Reactivity of Aluminum Nanopowders with Metal oxides[J]. Powder Technology,2005,156 (2):164-169.

[40]　Keith B Plantier, Michelle L. Pantoya, Alexander E. Gash. Combustion wave speeds of nano-composite Al/Fe$_2$O$_3$:the Effects of Fe$_2$O$_3$ Particle Synthesis Technique[J]. Combustion and Flame,2005,140(4):299-309.

[41]　王毅,李凤生,姜炜,等. Fe$_2$O$_3$/Al 纳米复合铝热剂的制备及其反应特性研究[J]. 火工品,2008,(4):11-14.

第 2 章　纳米金属粉的制备

2.1　引言

　　高纯度、高活性纳米金属粉的制备是其在固体推进剂中应用的基础和前提。与其他纳米材料类似,纳米金属粉的制备思路可分为"自上而下"和"自下而上"两种。其中:机械化学法是一种自上而下的方法,通过机械力使材料破碎而获得纳米金属粉;而气相法和化学法则属于自下而上的方法,分别通过物理变化和化学反应生成的金属原子在一定条件下组装成为纳米金属颗粒。

　　目前,按照用途,应用于固体推进剂配方的纳米金属粉主要可以分为纳米金属燃料和纳米金属燃烧助剂两类。纳米金属燃料主要是一些具有较高燃烧热值的金属,包括纳米铝粉、纳米钛粉、纳米锆粉等,其燃烧时能迅速释放出大量的能量;硼(B)虽然属于非金属元素,但纳米硼粉在富燃料推进剂中也有较大的应用前景。纳米金属燃烧助剂则是一些可作用于其他组分燃烧反应来改善燃速、燃速压强指数等推进剂燃烧性能的金属,包括纳米镍粉、纳米铜粉等,它们在推进剂中的含量较小,不是主要的能量组分,但对推进剂燃烧性能的影响较大。

　　本章主要讨论纳米铝粉、纳米镍粉、纳米铜粉等在固体推进剂中有较大应用价值的纳米金属粉的不同制备方法。

2.2　纳米金属粉的气相法制备

　　气相法是制备纳米金属粉的一种常用方法。其在一定的气氛下,利用一定的能量源使金属汽化,再通过化学反应或物理变化等过程形成超细粉末。

　　依据所采用的能量源的不同,可以将气相法分为电爆炸法、激光-感应加热法、等离子体加热法以及电子束辐射法。其中,电爆炸法是目前制备纳米金属粉的重要方法,在含能材料领域获得了广泛的应用。电爆炸法主要用于制备具有一定延展性、可拉成丝的金属/合金纳米颗粒,包括 Al、Ni、Fe、Cu 等。激光-感应加热法、等离子体加热法等蒸发冷凝法是利用真空蒸发、加热以及电弧高频感应等方法使原材料汽化,随后骤冷得到金属/合金的纳米颗粒。溅射沉积法是采用低电压、大电流的电弧放电技术,使惰性气体电离并轰击作为靶材的金属块,使其表面上的物质以粒子形式被击出,再利用电场的加速作用,使其在基片表面沉积形成金属薄膜,然后将金属薄膜与基片分离并粉碎,可以获得纳米级的片状金属粉末。

2.2.1　纳米铝粉的电爆炸法制备

纳米金属粉具有很高的比表面积,其原子排布与块体金属有显著区别,属于亚稳态材料。电爆炸法是一种在非平衡态下(non-equilibrium conditions)制备纳米金属粉的方法。其特点在于:①高能量密度,施加于金属丝上的能量密度可达 $1\,MJ/kg$;②短时长,电爆炸的整个过程耗时 $1\sim10\,\mu s$;③高温,电爆炸产生的等离子体温度可达 $10^4\,K$;④冷却速率快,纳米金属颗粒的冷却速率可达 $10^9\,K/s^{[1]}$。

电爆炸法制备纳米金属粉的微观过程可以分为两个阶段,即金属丝的电爆炸和金属颗粒的成核生长[2]。在电爆炸阶段中,金属丝在强电流的作用下发生电爆炸而汽化,所产生的金属蒸气向外扩展。在金属颗粒的成核生长阶段,随着金属蒸气向外扩展,金属原子之间以及金属原子与惰性气体分子之间发生碰撞,能量降低,开始成核生长。通过控制气流循环速度、冷凝温度等参数,可以影响金属原子的成核和生长速率,从而获得纳米级金属粉末。需要指出的是:利用电爆炸法获得的纳米金属粉,特别是纳米铝粉,具有很高的表面活性;若不经表面处理,其在惰性气氛中易发生团聚和自烧结(self-sintering),在空气中易自燃。因此,利用电爆炸法制备的纳米铝粉需进行钝化处理后,方可用于推进剂等含能材料中。

电爆炸法制得的金属粉的性能以及粒径分布受到诸多参数的影响。其中,影响较大的参数包括施加于金属丝上的能量密度、环境气氛的密度和化学活性以及冷却温度等。一般来说,为了避免高活性金属粉与气体之间的反应,电爆炸法采用的工作气体主要为惰性气体(Ar、Xe 等)。但研究发现,在低压下,氮气(N_2)也不易与金属发生反应,且具有更高的介电强度,也可用于制备 Al、Cu 等金属的高纯度纳米颗粒[3]。

俄罗斯在电爆炸法制备纳米铝粉及其在含能材料中的应用等方面开展了大量的工作,其开发的纳米铝粉已实现商业化,名为"ALEX"。俄罗斯石油化工研究所的 Ivanov 首次用电爆炸法获得 ALEX 铝粉,并将其用于燃烧研究。随后,美国、俄罗斯等国家的研究人员将 ALEX 铝粉应用于固体推进剂、混合推进燃料、膏体推进剂以及炸药中,发现该纳米铝粉可以显著改善上述复合含能材料的能量输出性能[4-7]。国内西安近代化学研究所等单位也在电爆炸法制备纳米铝粉方面开展了研究,掌握了不同粒径纳米铝粉的制备工艺;同时将其制备的纳米铝粉用于固体推进剂和混合炸药,成功地改善了含能材料的燃烧/爆炸释能特性。

2.2.2　其他纳米金属粉的电爆炸法制备

除纳米铝粉外,电爆炸法还可以用于多种其他金属材料纳米粉体的制备。樊志良等人利用电爆炸法,以高纯度金属丝为原料,通过控制冷凝温度等参数,获得了不同形貌和粒径分布的纳米铝粉、纳米铁粉和纳米铜粉,而且所得纳米金属粉均具有较高的活性[2,8]。图 2-1 为在不同冷凝温度下获得的纳米镍粉的 SEM 照片,由图可知,冷凝温度对纳米镍粉的形貌和粒径有很大的影响。此外,Kwon 等人利用电爆炸法制得了粒径在 100nm 左右的钨(W)粉,刚生成的钨粉也具有很高的活性,若不经钝化即与空气接触会导致其燃烧[9]。

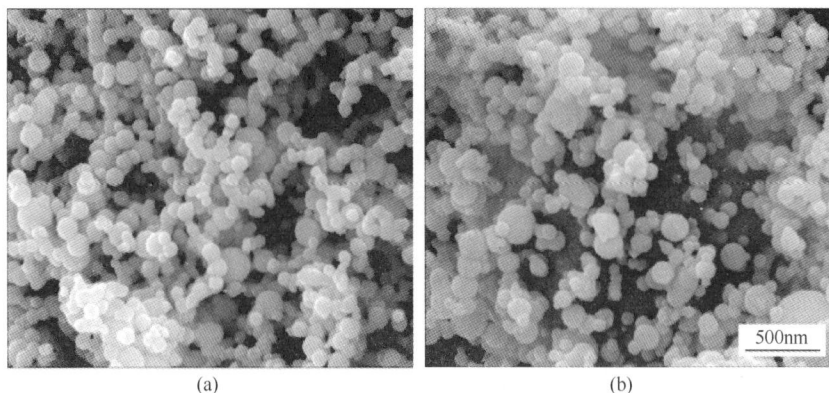

图 2-1　不同条件下制备的纳米镍粉的 SEM 照片[2]

除制备金属单质的纳米级颗粒外,若采用细合金丝作为原料,电爆炸法还可以用于制备合金的纳米粉体。然而,需要指出的是,由于电爆炸过程中金属丝会转变为金属蒸气,对于蒸气压相差较大的金属组成的合金来说,电爆炸后容易生成单质金属颗粒,因此需要严格控制制备参数。此外,大部分合金比单质金属脆,较难加工成为细丝,这也在一定程度上限制了电爆炸法在纳米合金粉末制备中的应用。

Wang 等人利用电爆炸法,制备了 Cu-Zn 合金的纳米粉体材料,该纳米级粉末主要为粒径分布在 10~140nm 的六边形颗粒,是 α、β、γ 和 ε 相合金的混合物[10]。Fu 等人则以 Ti-Ni 合金丝为原料,采用电爆炸法获得了平均粒径约为

50nm 的 Ti-Ni 合金粉体,该纳米颗粒的相变温度与块体材料接近[11]。

针对合金丝不易得,限制了电爆炸法制备合金粉体这一问题,Kim 等人提出对单质金属丝进行表面处理,在其上沉积另一种金属后再进行电爆炸,即可获得纳米级的合金粉体[12]。其利用电化学沉积在铝丝和镍丝表面附着了一层铜后,将所得复合金属丝进行电爆炸。其中,铜沉积的镍丝电爆炸后,获得的纳米级粉体为镍基和铜基固溶体。而铜沉积的铝丝电爆炸后,可能生成的产物包括铝基固溶体、$CuAl_2$ 和 Al_4Cu_9 的纳米颗粒,且铜沉积量的增大有利于高 Cu 含量合金的生成。此后,Kim 等人在铜丝表面用化学镀的方法附着一层含 5%~15%P 的镍,并以其为原料获得了组成为 $Cu_{56}Ni_{41}P_3$ 的固溶体的纳米级颗粒[13]。

2.2.3 其他气相制备方法

电爆炸法制备纳米金属粉体材料涉及对于等离子体的应用。事实上,除了电爆炸法外,其他一些纳米金属粉的气相制备方法也利用了等离子体。杨彦明等人将高纯锌加工成为 $\phi 16mm \times 140mm$ 的锌棒,将其作为自耗阳极,在氩气气氛中起弧电离[14]。电离产生的等离子体中的 Zn 原子成核生长,产生纳米锌粉。这一方法的原理与电爆炸法有相似之处,均是将原料汽化后快速冷却获得纳米级粒子。锌粉的粒径大部分处于 10~40nm 之间,受到电流大小、气流循环速度和工作压强的影响。利用类似的阳极弧放电等离子体法,还可以获得粒径分布在 20~70nm 范围内的纳米镍粉[15]。

等离子体除可用作金属材料汽化的能量源外,其高活性这一特点也可用于纳米金属粉体的化学反应制备。以碱式碳酸铜和碱式碳酸镍为原料与氢等离子体反应,发生汽化-气相还原-沉积过程,原位生成纳米级的金属铜和金属镍颗粒,粒径约为 100nm[16]。

除等离子体外,电阻加热和感应加热等加热方式也在纳米金属粉的气相法制备中得到了应用。将高纯度金属锭除去氧化膜后放入坩埚,在氩气气氛下,采用电阻加热(利用温控仪控制电阻丝升温)或是感应加热(利用感应加热电源控制感应加热线圈,使金属升温)方式使金属蒸发,金属原子与惰性气体原子碰撞的过程中失去能量,并形核—生长,蒸发完毕后可收集冷凝在腔壁上的金属粉。利用此加热—冷凝法制备的金属粉的粒径和产率与加热温度、环境气氛、气体压强、冷却速率等相关。以电阻加热和感应加热为加热方式,可以利用蒸发—冷凝法制备 Mg、Zn 和 Ni 等金属的纳米颗粒[17,18]。除可以用于制备单质金属的纳米粉体外,蒸发—冷凝法还可以用于合金粉体的制备。通过不同气态金属原子在冷却过程中的合金化,可原位生成合金粉体[19]。

2.3　纳米金属粉的机械化学法制备

机械化学法是一种制备纳米金属粉的物理方法,也称为球磨法,依据球磨机的不同主要包括行星式球磨、转动式球磨、振动式球磨以及搅拌式球磨等。在机械化学法制备过程中,磨球和物料的混合物按照一定的模式运动,其中物料通过搅拌、冲击和研磨等方式受到摩擦力、冲击力和剪切力等机械作用。作用于材料上的机械能一方面使得材料颗粒细化;另一方面使得材料颗粒的晶格发生畸变、缺陷增多,从而提高了颗粒的活性和能量。与气相法和化学法相比,机械化学法具有以下两个特点:①机械化学法制备在常温下进行,工艺较为简单,成本较低;②机械化学制备过程中,材料颗粒局部可以获得较高的能量,处于亚稳定状态,反应活性提高,可以实现很多在常温下较难以发生的物理变化和化学反应。

在单质金属的机械化学处理过程中,材料的微观结构和晶体结构发生变化。晶体结构为体心立方(bcc)的 Fe、Cr、Nb 和 W 等金属以及结构为密排六方(hcp)的 Zr、Hf 和 Ru 等金属,机械化学法易使其变为纳米晶结构。而对于 Cu 等晶体结构为面心立方(fcc)的金属,由于其存在较多的滑移面,机械力作用导致的应力可以通过滑移带的形成而释放,故较难以形成纳米晶结构。将不同单质金属的混合物进行机械化学处理,可以获得纳米晶结构的合金粉体。与常规的熔炼—粉碎方法相比,机械化学法在制备高熔点以及组成元素熔点相差较大的金属间化合物方面具有较大的优势。使用机械化学法,研究人员已经获得了 Al-Ni、Al-Nb、Al-Cu、Ti-B 等体系金属间化合物的纳米晶粉体。此外,机械化学法还可用于制备高熔点和不互溶体系的亚稳相,例如 Al-Cu、Al-Fe 的固溶体等[20]。

机械化学法所得金属粉体的形貌、粒径及其分布受到球料比、磨球级配、磨球和罐体材质、反应时间、转速等多个参数的影响。需要指出的是,由于机械化学法制备过程中材料颗粒的运动轨迹较为复杂,同时承受着摩擦力、冲击力和剪切力等多种不同的作用力,因此该方法获得的金属颗粒形貌和大小多是无规则的。此外,机械化学法制备产物的形貌还与金属材料本身的性质有关。Al、Ni、Cu 和 Ag 等金属具有较好的延展性,其在与磨球的碰撞和摩擦过程中易变成片状颗粒,该类金属微片的厚度可达纳米级[21,22]。利用此机械化学法制得的片状铝粉替代推进剂配方中的常规铝粉,可以有效改善推进剂的能量释放效率。而对于 W 等脆性的金属材料,机械化学处理后不会出现片层状结构,产物主要为无规则颗粒[23],如图 2-2 所示。

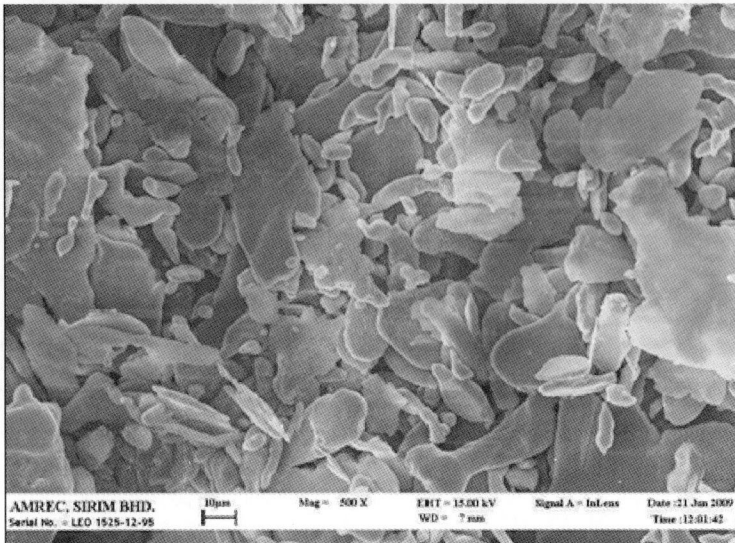

图 2-2　机械化学处理 18h 后的铝粉 SEM 图片(含 1%(质量)硬脂酸)

　　助磨剂和液态介质的加入也会影响机械化学法制备产物的粒径和形貌,有利于降低产物的粒径。在对铜粉进行机械化学处理时,向 200 目的铜粉中加入硬脂酸镁作为助磨剂,并加入一定的液态介质 N68 基础油,可以获得粒径为数十纳米、分散性良好的纳米铜颗粒[25]。材料颗粒的粒径在机械化学作用下并不能无限减小。事实上,由于粒径越小,颗粒表面能越高,材料在断裂破碎的同时也发生冷焊合,使得颗粒变大;当粒径小到一定程度时,若进一步延长机械化学处理时间,反而可能导致颗粒长大。然而,助磨剂和液态介质能作用于颗粒的表面,可阻止其粘结焊合。

　　对于 Al 等具有较好延展性的金属材料,在低温下进行机械化学处理,可以提高粉体的显微硬度,阻碍颗粒的焊合,从而提高机械化学处理效率,更加有效地控制产物的颗粒尺寸。将磨球与 7050 合金浸没在液氮中进行机械化学处理,6h 后即可获得晶粒尺寸为 34nm 的合金粉末[26]。

　　除单质金属以及合金外,机械化学法还可以用于制备金属基的纳米复合材料。将碳纳米管(CNT)、石墨烯(Graphene)等与 Al 复合,可以改善材料的点火和燃烧性能,机械化学处理可实现 Al 等金属燃料与碳纳米管和石墨烯等的均匀复合。Basariya 等人将多壁碳纳米管(MWCNT)与铝粉混合进行机械化学处理,发现获得的复合粉体中 Al 的晶粒尺寸约为 28nm,碳纳米管嵌于颗粒的晶界处,如图 2-3 所示[27]。

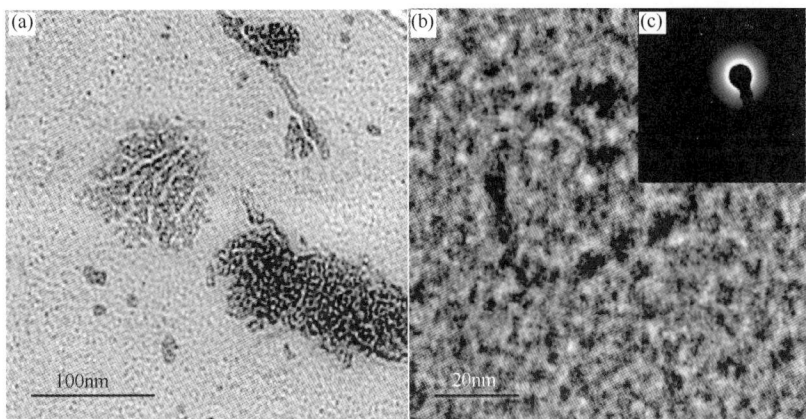

图 2-3　球磨 50h 后的复合粉体的 HRTEM 图片(a)、
图(a)的放大(b)以及电子衍射图谱(c)[27]

2.4　纳米金属粉的化学法制备

以铝的氢化物或金属有机化合物作为前驱体,通过控制其反应速率,可以获得纳米级的铝颗粒。Hammerstroem 等人采用叔胺氢化铝($AlH_3 \cdot NR_1R_2R_3$)作为前驱体,在异丙醇钛[$Ti(O-i-Pr)_4$]催化作用下使之分解成为纳米铝粉。加入异丙醇钛后,可加入包覆物以防止纳米铝粉团聚,最终形成表面包覆的纳米铝粉复合粒子。然而,由于该法不能按照比例进行简单放大,难以实现大规模生产。Kaplowitz 等人则利用三异丁烯基铝的热分解反应制备纳米铝粉,将该有机化合物在 250℃ 左右分解,即可获得球形多晶面体铝粒子。

对于其他金属,特别是过渡金属的纳米粉体来说,化学法是重要的制备方法,可以在较宽的范围内控制目标纳米金属颗粒的粒径和形貌等特征参数,国内外研究人员在此方面开展了大量的工作。考虑到本书的主题为纳米金属材料在固体推进剂中的应用,本节将主要针对 Al、Ni、Cu 等在固体推进剂中有较大应用价值的金属纳米粉的化学法制备展开讨论。

2.4.1　纳米铝粉的液相化学法制备

AlH_3 是一种重要的储氢材料,其在一定条件下热分解可放出氢气,并生成铝粉。利用 AlH_3 的这一性质,可以将其用作制备铝粉的前驱体[28]。

在 AlH_3 的制备中,将 4.6mmol $AlCl_3$ 分散到 60mL 甲苯中,取 39mmol $N(Et)_3$ 加入上述溶液,待 $AlCl_3$ 完全消失后,再缓慢加入 $LiAlH_4$,反应 16h 后离心分离,上清液为 $AlH_3 \cdot N(Et)_3$ 溶液。反应方程式如下:

$$AlCl_3+N(Et)_3 \longrightarrow AlCl_3 \cdot N(Et)_3$$

$$AlCl_3 \cdot N(Et)_3+3N(Et)_3+3LiAlH_4 \longrightarrow 4AlH_3 \cdot N(Et)_3+3LiCl$$

得到 AlH_3 前驱体的加合物 $AlH_3 \cdot N(Et)_3$ 后,引入适量催化剂 $Ti(O-i-Pr)_4$,在惰性气氛和一定温度下使之分解,即可得到纳米铝粉。

2.4.2　纳米铝粉的固相化学法制备

利用氢化铝锂($LiAlH_4$)和无水氯化铝($AlCl_3$)间的固相反应,也可以制备得到纳米铝粉[29]。将摩尔比为 1:3 的无水 $AlCl_3$ 和 $LiAlH_4$ 均匀混合后,将球料比为 20:1 且具有一定级配的 ZrO_2 球装入高能球磨罐体内,加入混合粉料总质量 1% 的山梨糖醇酐三油酸酯作为过程控制剂,以防止粉末团聚及黏附在磨球和罐壁上,同时亦作为纳米铝粉的分散稳定剂,高速球磨 20min 后取样[29]。

纳米铝粉的合成反应原理如下:

$$3LiAlH_4+AlCl_3 \longrightarrow 4Al+3LiCl+6H_2$$

图 2-4 是制备的纳米铝粉的 XRD 图谱,谱线 A 为纳米铝粉未经处理的粗产物的 XRD 图谱,出现了 Al、$LiCl \cdot H_2O$、$AlCl_3 \cdot 6H_2O$ 三种物质的衍射峰,其中,$AlCl_3 \cdot 6H_2O$ 是球磨过程中无水 $AlCl_3$ 在罐内空气中吸湿形成,其并未参与反应。谱线 B 是纳米铝粉经无水乙醇、丙酮处理后的 XRD 谱图,其中未出现 $LiCl \cdot H_2O$,而主要为单质纳米铝粉,同时包含少量的 $AlCl_3 \cdot 6H_2O$,且纳米铝粉的衍射峰与 XRD 标准谱图卡片 00-004-0787 基本吻合,为面心立方结构,属于立方晶系,在 2θ 为 38.4°、44.9°、65.2°、78.2°和 82.4°处分别对应 Al 的(111)、(200)、(220)、(311) 和(222)晶面。表 2-1 列出了上述几种物质的质量分数。由图 2-4 还可看出,曲线 A、B 均未出现 Al_2O_3 的衍射峰,可能有两方面原因:①没有形成 Al_2O_3 氧化物;②由于所形成的氧化物为无定型,没有转变成 γ-Al_2O_3、θ-Al_2O_3、α-Al_2O_3 任

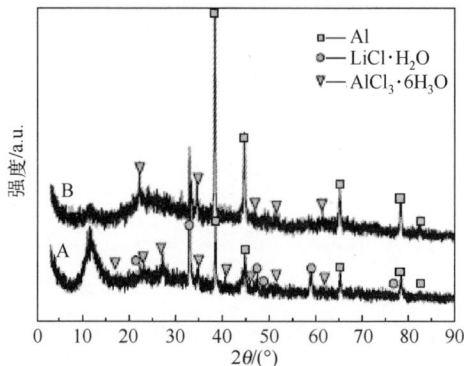

图 2-4　纳米铝粉经无水乙醇、丙酮处理前后 XRD 图谱

一晶型。通过 Scherrer 公式计算求得纳米铝粉平均粒径为 58.6nm。

表 2-1　XRD 测试结果定量估算

谱图卡片	化学式	矿物名称	ω/%	
			A	B
04-0787	Al	铝	31.87	73.69
08-0453	AlCl$_3$·6H$_2$O	氯矾石	11.79	26.35
22-1142	LiCl·H$_2$O	—	56.38	0

为考察纳米铝粉试样经无水乙醇、丙酮处理前后表面微观形貌的变化,用 SEM 对其形貌进行了表征,同时对经无水乙醇、丙酮处理后试样 B 进行了透镜观测及粒径分布测试,结果如图 2-5 所示。由图 2-5(a)(b)可看出,制备的纳米铝粉试样经无水乙醇、丙酮处理后(b)相对于处理前(a)其分散性有所改善,但局部仍有轻微的团聚现象。分析原因可能是由于部分纳米铝粉在形成瞬间因比表面积大、表面能高而引起纳米铝粒子间团聚,且无水乙醇、丙酮后续处理并未使团聚体分离;图 2-5(c)是纳米铝粉经无水乙醇、丙酮处理后的 TEM 照片,从图中可看出制备的纳米铝粉基本呈现球形。由粒径分布图可知纳米铝粉的粒

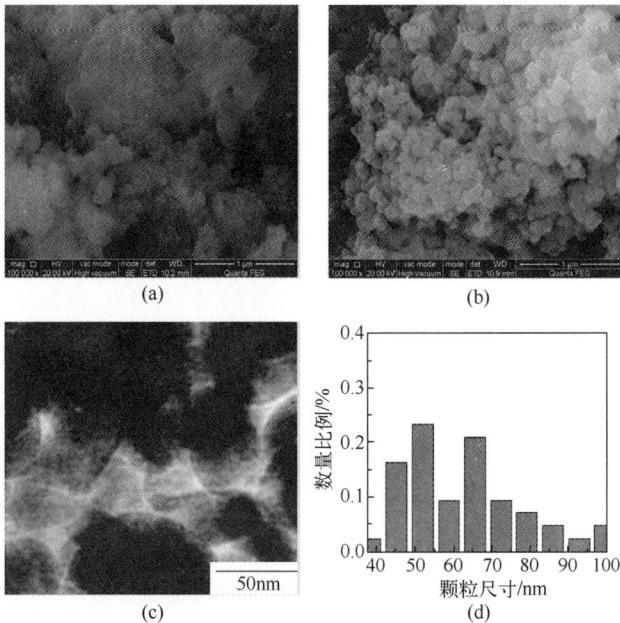

图 2-5　纳米铝粉经无水乙醇、丙酮处理前后扫描
电镜照片、透镜图像及粒径分布图

径主要分布在 45~65nm 且较少团聚，这是由于纳米铝粉表面的表面活性剂 Span-85 对纳米铝粒子具有较好的稳定作用。同时，试样中出现了粒径较大的纳米铝粒子，这可以通过改变高能机械球磨参数(如球料比、球磨时间、振幅频率等)进行调试。

图 2-6 是 Span-85 及纳米铝粉经无水乙醇、丙酮处理前后的 FT-IR 谱图，可以看出，山梨醇酐三油酸酯的酯基峰在 1744cm^{-1} 处；相应地，固相化学法制备的纳米铝粉经丙酮、乙醇处理前后在 1733cm^{-1} 处均出现了相同的吸收峰，Span-85 在 1169cm^{-1} 处出现强吸收峰，这是由于其中存在醚键 C—O—C。另外一些吸收峰为：1464cm^{-1} 附近是—CH$_3$ 基反对称变形振动，2925cm^{-1} 附近是—C—H—双重峰，3467cm^{-1} 是—O—H 的伸缩振动，谱线 A、B 相对的位置均出现相应峰形。据此判断制备的纳米铝粉处理前后表面均含有表面活性剂 Span-85，其可能以两种方式存在：①物理吸附；②Span-85 发生酰基转移反应，使失水山梨醇部分出现了活性较大的伯羟基，这种伯羟基氧化成羧基，进而与生成的纳米铝粉表面羟基发生化学键合。

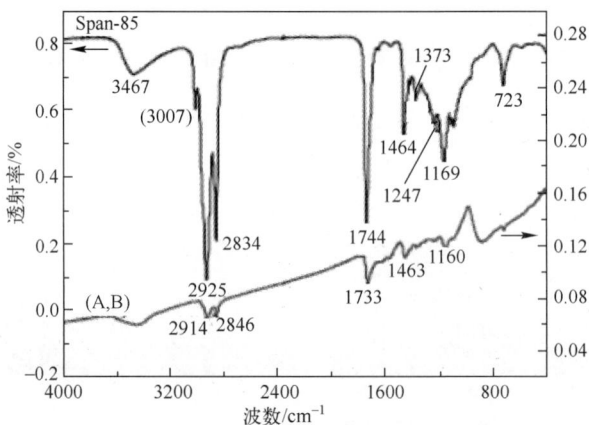

图 2-6　Span-85 及纳米铝粉试样(A、B)的红外谱图

为分析制备的纳米铝粉表面元素组成及化学态的变化，测定了经无水乙醇、丙酮处理前后试样的 X 射线光电子能谱，结果如图 2-7 所示。从图中可看出，试样处理前后均含 O、C、Cl 及 Al 四种元素，其中：O 元素可能源自表面活性剂 Span-85 和纳米铝粉的氧化；C 元素主要来源于山梨糖醇酐三油酸酯，部分可能是空气污染所致；Cl 元素在处理前主要分布在 AlCl$_3$·6H$_2$O 和 LiCl·H$_2$O 中，经无水乙醇、丙酮处理除去 LiCl·H$_2$O 后主要来源于 AlCl$_3$·6H$_2$O；Al 元素主要以单质形式存在，部分可能存在于无定型氧化物及 AlCl$_3$·6H$_2$O 中；试样 B 中没有观察到 Li 元素，这是由于 LiCl 溶于无水乙醇、丙酮溶剂后消失。

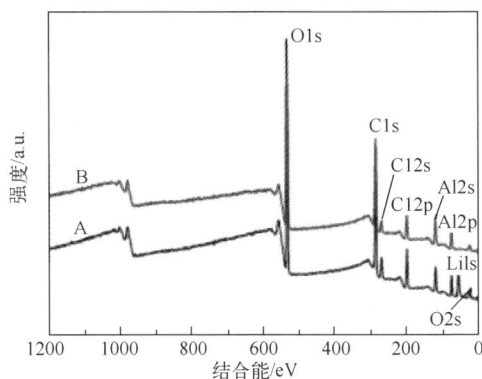

图 2-7　纳米铝粉经乙醇、丙酮处理前后的 X 射线光电子能谱

　　对 Al、C 两种元素进行窄扫描,并根据 Lorentzian-Gaussian 原则,采用 XPS 分峰软件 Thermo Avantage 对该元素进行分峰拟合,有关数据列于表 2-2 中。从表中可看出,纳米铝粉经无水乙醇、丙酮处理后表面 Al 元素包括两部分:在结合能为 74.7eV 处出现明显的峰,证实纳米铝粉表面铝原子发生了氧化反应,同时结合 XRD 谱图说明生成的氧化物 Al_2O_3 属于无定型;另外有少部分铝原子以 $AlCl_3 \cdot 6H_2O$ 形式黏附于纳米铝粉表面。可能由于氧化膜厚度较大及表面活性剂 Span-85 的影响,X 射线并未探测到内层以单质形式存在的 Al 元素。

　　对经无水乙醇、丙酮处理后的纳米铝粉表面 C 元素进行分峰拟合,有关数据列于表 2-2 中。从表中可看出,电子结合能在 284.66eV、286.48eV 及 288.58eV 处的峰证实 C—C 键、C—O 键及酯基团 O≡C—O 的存在,其从侧面说明纳米铝粉表面含有表面活性剂 Span-85,这与 FT-IR 结果相一致。

表 2-2　纳米铝粉试样 B 经无水乙醇、丙酮处理后表面 Al、C 元素化合态分析

元　　素	结合能/eV	含量/%	存　在　形　式
Al	74.70	91.19	Al_2O_3
	76.48	8.81	$AlCl_3 \cdot 6H_2O$
C	284.66	82.53	C—C
	286.48	12.99	C—O
	288.58	4.48	O≡C—O

　　综上所述,采用 $LiAlH_4$ 与 $AlCl_3$ 之间的固相化学反应可制备纳米铝粉,其属立方晶型,通过 Scherrer 公式计算的纳米铝粉平均粒径为 58.6nm。制备的纳米铝粉表面包覆有无定型 Al_2O_3 氧化物及部分表面活性剂 Span-85。需要指出的是:该反应的机理应为 $LiAlH_4$ 与 $AlCl_3$ 在机械化学力的作用下反应生成 AlH_3;由于 AlH_3 属于动力学稳定的金属氢化物,其在球磨过程中难以稳定存在,故分解

并原位生成纳米铝颗粒。

2.4.3　其他纳米金属粉的化学法制备

镍粉在固体推进剂中是一种重要的燃烧助剂,可用于调节燃速和燃速压强指数。在工业上,羰基镍[$Ni(CO)_4$]热解是制备镍粉的主要方法,通过控制羰基镍稀释程度、热解温度、加热方式等参数,可以获得纳米镍粉[30]。除 $Ni(CO)_4$ 外,镍盐也可以用作热分解/还原法制备纳米镍粉的前驱体。将 $Ni(NO_3)_2$、$NiCl_2$ 和 $Ni(HCOO)_2$ 等无机盐或有机盐的溶液雾化后喷入还原性的高温气氛中,通过镍盐的高温分解和还原性气氛的还原反应,可以原位生成纳米镍粉[31-33]。

除上述气相还原法外,也可以在溶液中还原镍盐制备镍的纳米颗粒,该方法即为液相还原法。氢气(H_2)为还原剂,在催化剂存在的条件下,可以通过碱式碳酸镍或氢氧化镍等的还原反应,获得纳米镍颗粒。但该方法需要在高温高压下进行,对于实验条件有一定的要求。若以水合肼、Et_2AlH、硼氢化钠($NaBH_4$)等为还原剂,可以在常压下将溶液中的 Ni^{2+} 还原为金属 Ni 单质,获得纳米级镍粉[34-36]。此类方法的反应条件较 H_2 还原法低,但需要对溶液中的产物进行分离清洗。

王菊香等人[37]对超声电解法制备纳米金属粉开展了研究(见图 2-8)。其将超声装置与电解反应结合,利用超声的振动与空化作用产生的高压射流作用于电极上还原沉积产生的金属颗粒,使之迅速脱离电极并悬浮于溶液中。通过控制一定的实验条件,可以获得纳米金属粉体。利用这一方法,作者获得了平均粒径为 90nm 的纳米铜粉以及平均粒径为 50nm 和 70nm 的纳米镍粉。研究发现,表面活性剂、阴极面积、电流密度和超声等因素会影响纳米金属粉体的产率和粒径。

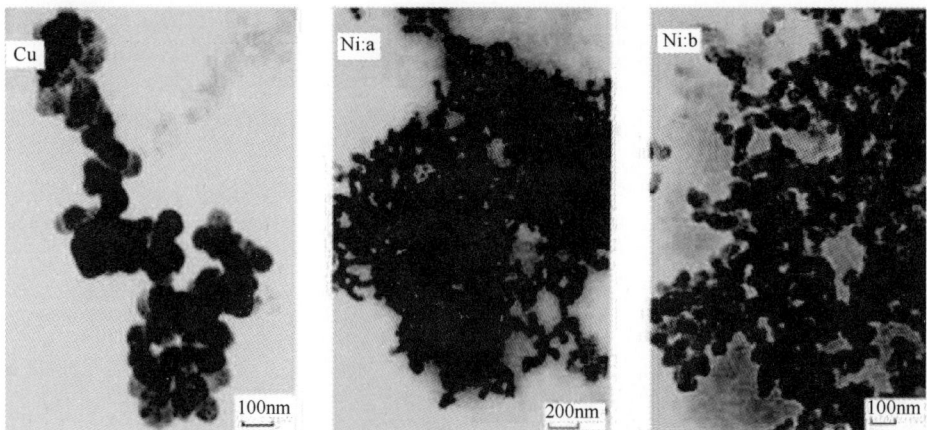

图 2-8　超声电解法制备的纳米铜粉和镍粉的 TEM 照片[37]

参考文献

［1］　Kwon Y S,Jung Y H,Yavorovsky N A,et al. Ultra-fine Powder by Wire Explosion Method ［J］.Scripta Materialia,2001,44(8):2247-2251.

［2］　樊志良,郑峰,司徒健超. 纳米金属 Ni 粉的电爆炸法制备与表征. 中国有色金属学报, 2010,20(3):545-550.

［3］　Sedoi V S,Valevich V V. Production of Highly Dispersed Metal Powders by Electrical Explosion in Reduced-pressure Nitrogen. Technical Physics Letters,1999,25(7):584-585.

［4］　Mench M M,Kuo K K,Yeh C L,et al. Comparison of Thermal Behavior of Regular and Ultra-fine Aluminum Powders (Alex) Made from Plasma Explosion Process. Combust Sci. Technol., 1998,135(1-6):269-292.

［5］　Ivanov Y F,Osmonoliev M N,Sedoi V S,et al. Productions of Ultra-Fine Powders and Their Use in High Energetic Compositions. Propell Explos. Pyrot.,2003,28(6):319-333.

［6］　Gromov A A,Förter-Barth U,Teipel U. Aluminum Nanopowders Produced by Electrical Explosion of Wires and Passivated by Non-inert coatings:Characterisation and Reactivity with Air and Water. Powder Technology,2006,164(2):111-115.

［7］　Kwon Y-S,Gromov A A,Ilyin A P,et al. Passivation Process for Superfine Aluminum Powders Obtained by Electrical Explosion of Wires. Applied Surface Science,2003,211(1): 57-67.

［8］　Fu W,Yang H,Chang L,et al. Preparation and Characteristics of Core-shell structure Nickel/silica Nanoparticles. Colloids and Surfaces A:Physicochemical and Engineering Aspects,2005,262(1):71-75.

［9］　Kwon Y S,Gromov A A,Ilyin A P,et al. Features of Passivation,Oxidation and Combustion of Tungsten Nanopowders by Air. International Journal of Refractory Metals and Hard Materials, 2004,22(6):235-241.

［10］　Wang Q,Yang H,Shi J,et al. Preparation and Characterization of Nanocrystalline Powders of Cu-Zn Alloy by Wire Electrical Explosion Method. Materials Science and Engineering:A 2001,307(1):190-194.

［11］　Fu Y,Shearwood C. Characterization of nanocrystalline Ti-Ni Powder. Scripta Materialia, 2004,50(3):319-323.

［12］　Kim W,Park J-S,Suh C-Y,et al. Fabrication of Alloy Nanopowders by the Electrical Explosion of Electrodeposited Wires. Materials Letters,2007,61(21):4259-4261.

［13］　Kim W,Park J-S,Suh C-Y,et al. Cu-Ni-P alloy Nanoparticles Prepared by Electrical Wire Explosion. Journal of Alloys and Compounds 2008,465(1):L4-L6.

［14］　杨彦明,蒋渝,陈家钊,等. 等离子体法制备纳米 Zn 粉工艺研究. 材料开发与应用, 2004,19(1):29-31.

[15] 魏智强,乔宏霞,温贤伦,等. 阳极弧放电等离子体制备镍纳米粉末. 兰州理工大学学报,2004(01):39-41.

[16] 白柳杨,袁方利,张海宝,等. 氢等离子体还原制备纳米镍粉/铜粉研究. 电子元件与材料,2011,30(10):44-46.

[17] 崔升,高志强,沈晓冬,等. 蒸发冷凝法制备超细镁粉. 北京科技大学学报,2010(04):484-487.

[18] 钟胜,戴永年. 真空蒸发冷凝制备超细锌粉的研究. 昆明理工大学学报,1998,3(49-54).

[19] 牛立斌,许臻,彭建洪,等. 气相合金化制备镁锌二元合金的研究. 真空科学与技术学报,2015(06):685-688.

[20] 董远达,马学鸣. 高能球磨法制备纳米材料. 材料科学与工程,1993(01):50-54.

[21] 杨毅,刘宏英,姜炜,等. 微纳米片状金属粉制备设备. 微纳电子技术,2005(10):41-44.

[22] Hong S H,Kim B K. Fabrication of aluminum flake powder from foil scrap by a wet ball milling process. Materials Letters,2001,51(2):139-143.

[23] 陈献峰,张晖,丁秉钧. 纳米晶 W 粉的制备及烧结性能. 稀有金属材料与工程,1998(05):294-297.

[24] Ramezani M,Neitzert T. Mechanical Milling of Aluminum Powder Using Planetary Ball Milling process. J. Achiev. Mater. Manuf. Eng. ,2012,55(2):790-798.

[25] 谢中亚,徐建生. 高能球磨法制备纳米金属铜粒子工艺条件研究. 润滑与密封,2006(03):126-128.

[26] 厉沙沙,李炯利,李伟,等. 低温球磨制备纳米晶 7050 合金粉体. 稀有金属材料与工程,2012(S2):761-764.

[27] Raviathul Basariya M,Srivastava V C,Mukhopadhyay N K. Microstructural Characteristics and Mechanical Properties of Carbon Nanotube Reinforced Aluminum Alloy Composites Produced by Ball Milling. Materials & Design,2014,64:542-549.

[28] 查明霞,马振叶,徐娟,等. 液相化学法制备纳米铝粉及其表征. 兵工学报,2014,35(10):1575-1580.

[29] 李鑫,赵凤起,罗阳,等. 纳米铝粉的固相化学还原法制备,表征及对 ADN 热分解性能的影响. 稀有金属材料与工程,2015,6:033.

[30] 屈子梅. 我国羰基镍工业的技术进步. 粉末冶金工业,2003(01):15-20.

[31] Stopic S,Ilic I,Uskokovic D. Preparation of Nickel Submicron Powder by Ultrasonic Spray Pyrolysis. International Journal of Powder Metallurgy,1996,32(1):59-65.

[32] Khimchenko Y,Khvorov M,Chirkov A,et al. Structure and Properties of Highly Dispersed Nickle Powders Obtained by the Thermal-Decomposition of Nickel Formate Complexes with Monoethanolamine. Colloid Journal of The USSR,1984,46(1):154-158.

[33] Xia B,Lenggoro I W,Okuyama K. Preparation of Nickel Powders by Spray Pyrolysis of

Nickel Formate. J. Am. Ceram Soc. ,2001,84(7):1425-1432.

[34]　Duteil A,Schmid G,Meyer-Zaika W. Ligand Stabilized Nickel Colloids. Journal of the Chemical Society,Chemical Communications,1995(1):31-32.

[35]　Glavee G N,Klabunde K J,Sorensen C M,et al. Borohydride Reduction of Nickel and Copper ions in Aqueous and Nonaqueous Media. Controllable Chemistry Leading to Nanoscale Metal and Metal Boride Particles. Langmuir,1994,10(12):4726-4730.

[36]　Yu K,Kim D J,Chung H S,et al. Dispersed Rodlike Nickel Powder Synthesized by Modified Polyol Process. Materials Letters,2003,57(24-25):3992-3997.

[37]　王菊香,潘进. 超声电解法制备超细金属粉的研究. 金属功能材料,1997,4(3):115-118.

第3章 纳米金属粉的钝化与包覆

3.1 引言

　　纳米金属粉具有的特殊小尺寸和表面效应,使得其处于高度活化状态,对周围环境十分敏感;其容易与环境中的气体、液体分子发生交互作用,使暴露于空气中的纳米金属粉(特别是纳米铝粉)表面极易氧化,甚至在空气中自燃,从而导致纳米金属粉稳定性下降并丧失活性,给储存和使用带来了很大的困难[1]。因此,有必要对纳米金属粉,特别是纳米铝粉进行相应的表面处理以保持其活性,改善其储存性能。

3.2 纳米铝粉的钝化

3.2.1 纳米铝粉的钝化过程

　　如第2章所述,电爆炸法是制备纳米铝粉的主要方法。铝丝电爆炸后,纳米铝粒子成核长大。由于金属丝的电爆炸是在氩气气氛中进行,纳米粒子表面有一层吸附的氩气层,该氩气层可防止纳米粒子在制备后立即发生团聚。为了使纳米铝粉可安全应用于推进剂中,需对其进行钝化。钝化方法如下:将新制备的纳米铝粉置于空气中大约72h,通过缓慢氧化方式进行钝化处理。随后,将纳米铝粉置于充满初始空气含量大约为0.1%(体积)的氩气密封装置中,并在室温下不断搅拌。钝化温度由置于粉体中的镍铬合金热电偶控制。

　　图3-1所示为纳米铝粉的温度随钝化时间变化的曲线。在粉末制备之后的初期,氩层靠色散力的作用吸附在颗粒的表面。氩气的脱附是一个吸热过程,使得粉体的温度低于室温。同时,表面吸附的氩气逐渐被空气组分取代,空气首先吸附在粒子表面,之后与金属粒子发生反应,形成氧化物—氢氧化铝保护性壳层,因此此过程伴随一个小的温度上升。

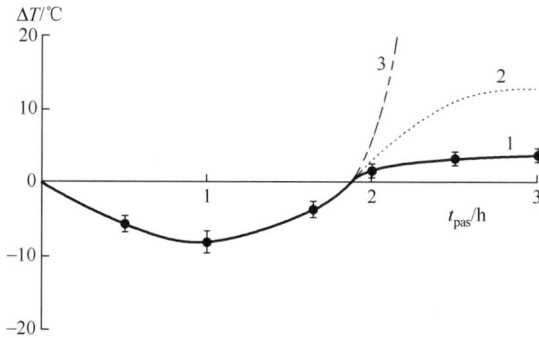

图 3-1　纳米铝粉的钝化时间与钝化温度之间的关系
（在 0.1%（体积）的空气-氩气混合气中）
1—最佳条件；2—慢自加热条件；3—自燃的条件。

　　表 3-1 列出了采用空气初步钝化的纳米铝粉所释放的气体质谱分析测定结果。在加热时释放的气体主要为二氧化碳、氮气和水蒸气。氢在 200℃ 时开始有释放峰，在 600℃ 时最强。在 770℃ 时，在热解吸光谱上有质荷比为 $m/z = 17$ 的特征峰，同时与其他弱峰相比，该特征峰明显高。强度 $m/z = 18$（水）和 $m/z = 17$（羟基）的比应该是 $3:1$，其峰强度比水的峰强度更高则表明在热解过程中产生了氨。氨可能是由于在钝化过程中空气中的氮气与纳米铝粉反应生成的 AlN 在热分解过程中水解生成的。另一个可能的机理则是氮和铝或氧化铝表面的氢催化反应生成了氨。在热解吸过程中氢的产生可能是由于在钝化过程中铝与水蒸气发生氧化还原反应造成的（质子氧化机制）。在温度高于 200℃ 时，氢气的释放率显著增加，这可能是由于氢化物的分解和随后解吸引起的。因此，在纳米铝粉的钝化和储存过程中，会逐渐形成氧化物和氢氧化物的壳层，该壳层可吸附大量的气体组分。

表 3-1　采用空气初步钝化的纳米铝粉的气体释放的质谱分析测定结果

气体释放温度区间/℃	气体释放峰的温度/℃			
	$m/z = 28$（CO^+，N_2^+）	$m/z = 44$（CO_2^+）	$m/z = 18$（H_2O^+）	$m/z = 17$（OH^+，NH_3^+）
240~460	460	400	240	400
注：m—原子质量；z—离子电荷				

　　空气钝化纳米铝粉的 XPS 分析表明，在粒子的表面层和表面层的下方存在缺氧的铝的氧化物。对于部分钝化的纳米铝粉，其 Al/O 的原子数之比变化范围主要在 0.42/1~0.61/1，如表 3-2 所列。在纳米铝粉钝化过程的最后阶段，表面层中氧含量增加。纳米铝粉的电子顺磁共振谱（EPR）分析表明有一单一信

号[2]，该信号的强度取决于粉体表面的氧分压。图 3-2 所示为纳米铝粉在不同温度空气中的红外光谱图，分析表明，在 950cm^{-1} 和 1440cm^{-1} 处有化学吸附的氧分子的强吸收峰。

表 3-2　纳米铝粉在钝化和储存过程中的表面 XPS 分析结果

试样号	铝粉试样	键能/eV		储存时间/h	Al/O 的比率
		O(1s)	Al(2p)		
1	纳米铝粉	531.7	74.3	800	0.44/1($Al_2O_{4.5}$)
2		531.8	74.3	700	0.61/1($Al_2O_{3.3}$)
3		531.6	74.2	400	0.71/1($Al_2O_{2.8}$)
4		531.9	72.7	300	0.95/1($Al_2O_{2.1}$)
5		531.1	73.0	200	0.94/1($Al_2O_{2.1}$)
6		530.9	72.2	48	0.86/1($Al_2O_{2.3}$)
7	ASD-4 对比试样	531.6	74.3	15000	0.35/1($Al_2O_{3.7}$)

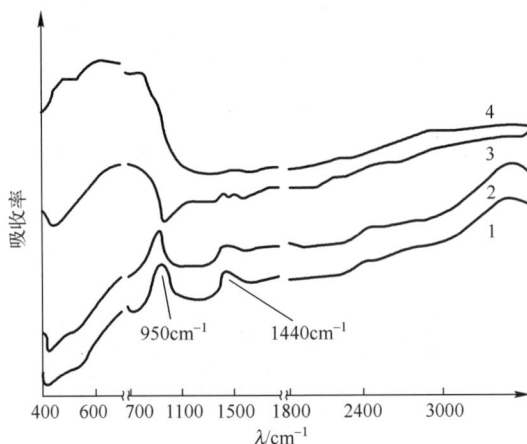

图 3-2　纳米铝粉在不同温度空气中的红外光谱图
1—30℃；2—400℃；3—550℃；4—Al_2O_3。

在钝化过程中，由比表面积（BET 法测得）的变化（图 3-3）可知，在钝化初期，比表面积 S_{sp} 增长相对较快，在 2h 达到最大，为 30%~40%。之后数天，S_{sp} 缓慢下降了 20%~30%。在钝化的第一阶段，S_{sp} 的增长显然与金属表面上形成的氧化物-氢氧化物层的松散结构有关，然后其表面结构逐渐致密化和结晶化（S_{sp} 逐渐减小）。

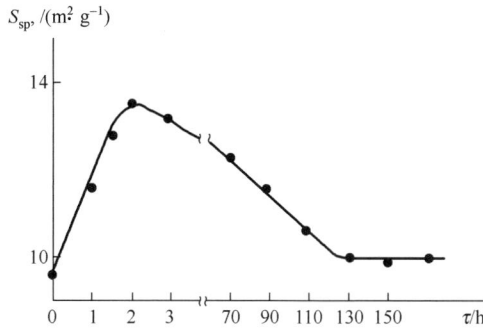

图 3-3　电爆炸法制备的纳米铝粉的钝化与储存时间对其比表面积的影响

金属纳米粒子表面氧化物-氢氧化物层的生长过程与薄膜的生长模型相似,电爆炸法制备的纳米粒子的表面包覆有一层非晶态的氧化层(仅金属铝表面有)。假设纳米铝粉结构呈球形,均为单分散颗粒,则其结构示意图如图 3-4 所示。

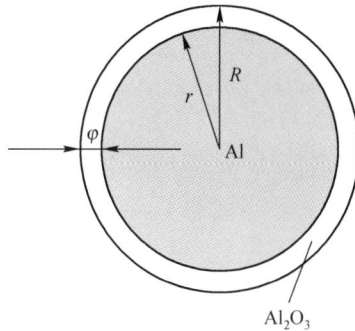

图 3-4　纳米铝粉的结构示意图

纳米铝表面的氧化层厚度可由纳米铝的比表面积和氧化物的质量分数计算出,即利用球形粒子的体积公式($\frac{4}{3}\pi r^3$)和实验测得的不同粒径下纳米粒子中金属铝的含量,可以得出氧化膜厚度与粒径的关系式:

$$\varphi = R-r = \left[\frac{m_{Al}+m_{Al_2O_3}}{(\rho_{Al}x_{Al}+\rho_{Al_2O_3}x_{Al_2O_3})((4/3)\pi)}\right]^{1/3} - \left[\frac{m_{Al}}{(4/3)\pi\rho_{Al}}\right] \quad (3-1)$$

式中:φ 为氧化层的厚度;R 为颗粒的外部直径;r 为金属核的半径;m_{Al} 和 $m_{Al_2O_3}$ 分别为粒子中金属和氧化物的质量;ρ_{Al} 和 $\rho_{Al_2O_3}$ 分别为金属和氧化物的的密度;x_{Al} 和 $x_{Al_2O_3}$ 分别为粒子中金属和氧化物的质量分数。

表 3-3 所示为利用式(3-1)可计算出不同粒径下纳米铝的氧化膜厚度,见表 3-3。

表 3-3　在 Ar-N$_2$ 混合气体中电爆炸法制备的纳米铝粉的性能

试样号	电爆炸电压 /kV	注入导线的能量(e/e_c) /a.u	金属含量 /% (质量)	比表面积 S_{sp}/(m^2·g^{-1})	平均粒径 /nm	氧化物含量 /wt%	氧化层厚度 /nm
1	30	1.82	88.0±1.4	10.8±0.3	210	9.0	1.84
2	28	1.71	87.9±0.3	9.9±0.3	220	9.1	1.96
3	26	1.62	88.1±1.1	9.9±0.3	220	8.9	1.91
4	24	1.45	88.5±0.9	9.3±0.3	240	8.4	1.95
5	22	1.30	90.9±0.8	8.8±0.25	250	6.1	1.43
6	20	1.13	90.0±0.6	6.7±0.2	330	7.0	2.20
7	18	0.92	91.0±0.7	7.7±0.25	290	6.0	1.63

参照图 3-4 的纳米铝粉的结构示意图,由式(3-2)即可计算出不同氧化层厚度的纳米铝粉中单质铝的含量(C_{Al})[3,4]:

$$C_{Al} = \frac{\rho_{Al} \cdot (R-2r)^3}{\rho_{Al} \cdot (R-2r)^3 + \rho_{Al_2O_3} \cdot [R^3 - (R-2r)^3]} \times 100\% \qquad (3-2)$$

式中:R 为含氧化层的纳米铝粉的平均粒径;r 为纳米铝粉的氧化层厚度;ρ_{Al} 为金属铝的密度(2.7g/cm^3);$\rho_{Al_2O_3}$ 为 Al$_2$O$_3$ 的密度(3.05g/cm^3)。

图 3-5 是采用理论计算方法得到的不同粒径纳米铝粉的单质铝含量(C_{Al})随粒径 d 或氧化层厚度 e 的变化曲线。从图 3-5(a)可以看出:在纳米铝粒子粒径相同的情况下,随着表面氧化层厚度的增加,单质铝含量逐渐减小;在表面氧化层厚度相同的情况下,纳米铝粒子随粒径的减小其单质铝含量呈逐渐减小的趋势。

从图 3-5(b)可以看出,对于粒径小于 100nm 的纳米铝粉,随着表面氧化层厚度的增加,其单质铝含量会发生明显变化,而当纳米铝粉的粒径大于 100nm 时,随着表面氧化层厚度的增加,其单质铝含量变化较缓慢。对于粒径为 120nm 的纳米铝粉,即使其表面氧化层的厚度达到 5nm,其单质铝含量仍可达到 74.8%,因此,从纳米铝粉的应用来看,对于采用氧化钝化的纳米铝粉,纳米粒子粒径在 100~200nm 时其性能最好,这样既能发挥纳米粒子的高反应活性,又能保证纳米铝粉具有高的单质铝含量。

图 3-6 所示为采用理论计算方法得到的不同粒径微米铝粉的单质铝含量(C_{Al})随粒径 d 的变化曲线。从图中可以看出:对于粒径为 1μm 的微米铝粉,在其表面氧化层厚度达到 5nm 时,其单质铝含量仍高于 96%,远高于纳米铝粉的单质铝含量;在铝粉粒径超过 5μm 后,其单质铝含量均高于 99%。

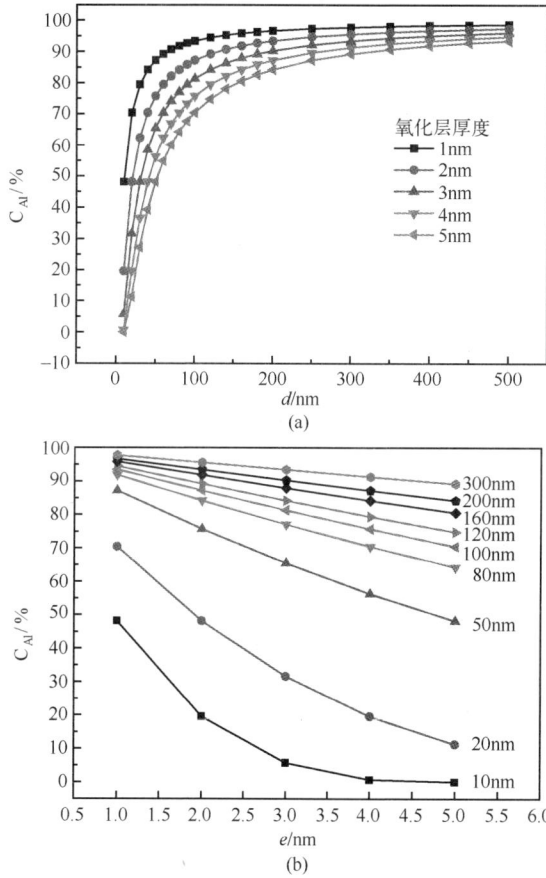

图 3-5 不同粒径纳米铝粉的单质铝含量与粒径(a)或氧化层厚度(b)的关系

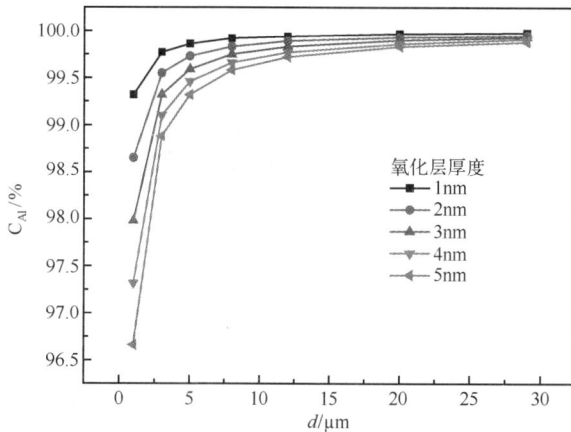

图 3-6 不同粒径微米铝粉的单质铝含量与粒径的关系

由于计算时假设纳米铝粉均为单分散颗粒,而事实上纳米铝粉还存在粒径及粒径分布的问题,且纳米材料实际上很容易发生团聚,很难全部处于单分散状态,对于少数粒径小的颗粒有可能全部氧化为 Al_2O_3,因此采用该方法计算的结果只是铝粉中单质铝含量的理论值,只适用于单质铝含量的初步判断,进一步的精确分析还需通过其他方法测得。

3.2.2　纳米铝粉的钝化机理

对于纳米铝粉的氧化钝化机理,目前使用较多的是 Kwon 等人[5]建立的双电层结构(EDL)模型。EDL 相当于一个带有电容量的电容器。相比于化学惰性物质,金属在表面形成氧化物(氢氧化物)包覆层,金属失去电子带上正电荷作还原剂,由于金属和氧气及水的反应而形成电流产生额外电势和电容。

纳米铝粉氧化钝化过程如图 3-7 所示。对于未钝化的带电粒子,由于强的诱导偶极作用,仍然保留在(氩气)分散介质中。未带电荷的颗粒通过相互分散的机械力与氩气相互作用,从金属表面通过氧化层到氧化剂,同时氧化剂(质子 H^+)通过金属—氧化物界面,产生的电流导致颗粒核心的正电荷增加。带正电荷的颗粒积聚形成静电场,从而阻止氧化还原过程的进行。而对于带负电荷的颗粒,在负电荷完全得到补偿之前,氧化还原过程将增强。额外的金属将发生氧化,以得到正电荷从而保持稳定。但是,对于带负电荷的纳米铝粉颗粒,其金属含量将降低。这样,保证纳米铝粉稳定的势垒大小,实质上和颗粒的静电场有关,并且在静电场的作用下氧化过程终止。

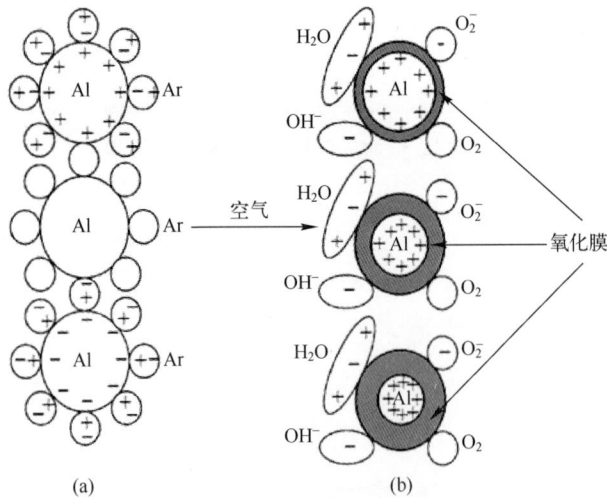

图 3-7　纳米铝粉在空气中缓慢氧化钝化过程机理示意图
(a) 钝化前纳米铝粉的结构;(b) 钝化后纳米铝粉的结构。

此外,根据 Mott 等人的金属氧化理论[6],当纳米铝粉表面的氧化层厚度达到 3nm 时,其氧化膜的生长速率将低于给定的停止生长速率。因此,纳米铝粉的氧化铝包覆层厚度在生长到 3nm 时便停止生长。Eisenreich 等人[7]也对纳米铝粉在低温下的氧化行为进行了研究,指出纳米铝粉在低温下氧化形成厚度为 2~4nm 的氧化层。

目前,在市场上可购买到的电爆炸法制备的纳米铝粉,其钝化方式大部分是在空气气氛下经缓慢氧化钝化的。事实上,该钝化过程可认为是一个"自饱和"过程,其反应过程为

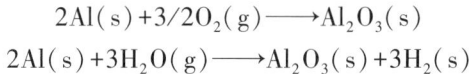

$$2Al(s) + 3/2O_2(g) \longrightarrow Al_2O_3(s)$$
$$2Al(s) + 3H_2O(g) \longrightarrow Al_2O_3(s) + 3H_2(s)$$

3.3　纳米铝粉的包覆

纳米铝粉的包覆是在纳米铝粒子的表面包覆一层保护膜,从而形成纳米级的核壳结构,使粒子表面性质发生变化,阻止活性的纳米铝粒子与周围环境接触,从而保护内核的活性铝不被进一步氧化。表面包覆是改善纳米铝粉性能的一种有效方法,其不但可以有效地解决团聚以及氧化问题,而且可有效提高铝粉的燃烧效率[8-10],且选用特殊的包覆物还可以赋予铝粉新的功能。

纳米铝粉表面包覆改性的方法主要有碳包覆、金属包覆、氧化物包覆、聚合物包覆、有机酸包覆及推进剂组分包覆等。本节将重点介绍上述几种研究较多、相对有效的方法,并对其各自的优缺点进行分析。

3.3.1　碳包覆

碳包覆纳米金属粒子是近年来发展起来的纳米金属粒子活性保护技术。碳包覆的纳米金属粒子是一种新型的纳米金属/碳复合材料,其中数层石墨片层紧密环绕纳米金属颗粒有序排列,形成类洋葱结构,纳米金属粒子则处于洋葱的核心[11]。碳壳层可以在很小的空间禁锢金属粒子,从而有效地保护纳米粒子不受环境影响而发生氧化反应或其他反应;同时,碳壳层能改善内核粒子的表面电荷分布和表面活性,从而防止纳米金属粒子长大和团聚[12]。对纳米铝粉而言,用碳壳取代氧化铝包覆具有重要意义,因为碳壳层物质在低温时性质稳定,可以有效保护纳米铝粉的活性,在高温燃烧时参与反应可以提供额外热值。

张小塔等人[13]采用激光-感应复合加热法在 CH_4 和 Ar 气氛中制备了碳包覆纳米铝复合粉体,产物具有明显的核壳结构,内核铝结晶度较高,外壳碳为类石墨层结构,颗粒多为球形,直径为 20~60nm,壳层的厚度为 3~8nm。所制备的

复合粉在干燥的氧气中于400℃左右就表现出氧化行为,在540℃左右剧烈放热,放热量为1021J/g,比氧化铝包覆纳米铝粉的氧化反应至少提前了20℃。

郭连贵等人[14]采用激光法也制备了C/Al纳米复合粉末,其研究结果表明,被纳米碳壳层包覆的纳米铝具有更低的氧化反应起始和放热峰温度、更大的放热量和更高的氧化增重率。

Ermoline等人[15]利用脉冲微弧放电的方法获得了碳包覆纳米铝粉。通过TEM的形貌分析,在颗粒表面上可以容易地观测到几层连续的类石墨碳层,并发现其粒度可以很好地用正态分布来拟合,平均粒径为22.7nm,标准方差为1.35。纳米铝粉表面包覆的碳材料不仅在低温下不发生反应保护内核高活性的纳米铝粉,而且在燃烧时参与氧化反应维持纳米铝粉较高的燃烧焓。

Park等人[16]用直流电弧法制备了碳包覆纳米铝粉,TEM图像分析结果显示,这些粒子有轻微团聚现象,球形颗粒表面有明显的包覆层。质谱分析结果表明,纳米铝颗粒的表面被一层薄的碳薄膜包裹着,壳层厚度为1~3nm。将碳包覆的纳米铝粉与未包覆的纳米铝放在一个加热炉里在空气中从25℃加热到900℃,然后用单颗粒质谱仪测量它们在不同温度下的元素组成,最后认为碳包覆纳米铝粉在700℃以下壳层是很稳定的,在700~800℃时壳层就发生了氧化。但是,在900℃以上碳壳层还是热学稳定的。这些结论说明了碳壳层可以作为一个合适的钝化剂。

Saberi等人首先将碳的前驱体酚醛树脂和铝粉混合,经过合适的热处理后树脂转化成无定型碳并包覆在铝的表面。为了研究包覆后的效果,对包覆后的纳米铝粉在45~100℃的蒸馏水进行了水合测试,并采用SEM和XRD对测试结果进行表征。结果表明,铝颗粒表面的无定型碳层未发生水合作用,无定型碳包覆铝粉可以提高铝粉的抗水合性能。

3.3.2　金属包覆

金属包覆技术即利用物理法或化学法将一层金属包覆在内核(金属单质或合金)表面,其不仅保持了单一金属粉末的物理化学特性,并且可以改变内核金属颗粒的表面化学反应特性和内部结构,提高其稳定性和分散性,从而表现出一些新的优异性能。作为推进剂用纳米铝粉的金属包覆材料,目前研究较多的是金属铜和金属镍。采用金属铜和金属镍对纳米铝粉进行表面包覆改性不仅可以实现对铝粉活性的有效保护,而且作为推进剂燃烧催化剂的过渡金属对改善推进剂燃烧性能极为有利。

1. 铜包覆

金属铜在空气中或与AP的长期接触中会被部分氧化,但是铜及其大多数化合物可以在固体推进剂或炸药中作为催化剂,如金属铜对推进剂有特殊的催化作用。氧化铜不仅可以显著提高均质推进剂的燃速,降低压强指数,而且能很好地催化 AP 复合推进剂的燃烧。因此,采用铜作为包覆层对纳米铝粒子表面进行包覆处理,不仅可以有效地保护铝粒子核不被氧化,而且作为壳层的铜及氧化铜作为推进剂燃烧过程中的催化材料,对推动剂的燃速能起到催化和稳定的作用。

程志鹏等人[17]在微米级铝粉表面进行包覆处理,使其表面连续、均匀包覆了由晶粒大小约 20nm 的纳米铜颗粒组成的壳层,很大程度上既能保护铝粉不被氧化,又能改善纳米铜粉在推进剂中的分散性,使其更好地催化 AP 的热分解。

刘小娣[18]采用化学镀铜法,分别以次磷酸钠和甲醛为还原剂,制备出纳米 Cu/Al 复合粉末。利用 XRD、SEM、EDS 等仪器对复合粉末的形貌、物相结构及表面成分进行了分析,结果表明,使用次磷酸钠和甲醛均能在铝粉表面得到均匀致密的包覆层,包覆层由晶态析出的铜构成。将制备出的纳米 Cu/Al 复合粉末与 AP 混合,DSC 分析结果发现,由于铜对 AP 的催化作用,AP 添加该复合粉末后其高温分解峰峰温可降低 110℃ 左右,并且 AP 的低温分解峰和高温分解峰发生重合,表观分解热由 0.495kJ/g 增加至 1.184kJ/g。

2. 镍包覆

Rosenband 等人[19]研究表明,导致纳米铝粒子发生团聚现象的一个主要原因是铝的熔化过程中(压力下),在铝粒子表面起保护作用的氧化层遭到破坏。液体金属通过在氧化层发生(尖锐)剧烈的碰撞,使得相邻粒子间发生粘结最终形成大的液滴。为了阻止发生团聚现象,可在铝粒子表面包覆一层薄的镍。镍比铝具有更高的熔点,镍较氧化铝具有相对较小的杨氏模量,可能发生的弹性及塑性变形使得包覆的铝粒子会更好地阻止铝粒子在推进剂的燃烧表面上发生团聚现象。同时,镍包覆的铝粒子比未包覆的铝粒子具有更好的点火性能,镍-铝体系的点火温度更接近铝的熔点。因此研究采用金属镍对纳米铝粉进行包覆处理具有重要意义。

Folye 等人[2]在惰性气体保护下,采用热解铝烷溶液的方法制备出了粒径为 50~500nm 的金属铝粉,再利用制备的纳米铝粉置换二甲氧基乙烷溶液中的 Ni^{2+} 离子,制备出核壳结构 Al/Ni 双金属粉。研究表明,金属层的包覆可以有效阻止铝粉的氧化,并且能够提高铝粉的点火性能,改善铝粉的燃烧行为。

王建华[20]采用化学镀法,以 $NiCl_2$ 为主盐以提供 Ni 元素,乙二胺为络合剂,KBH_4 为还原剂,在铝粉表面包覆一层 Ni-B 非晶态合金。考察了还原剂 $NiCl_2$ 浓度、络合剂乙二胺、pH 值和温度对反应速率及复合粒子形貌的影响。结果表明,Ni–B非晶态合金作为铝粉的保护膜层,不仅起到保护铝粉、防止铝粉氧化的目的,还能对AP的热分解起到一定的催化作用,进而提高复合推进剂的燃烧性能。

丘海林等人[21]以颗粒尺寸为60~100nm的铝粉作为核体,采用乙酰丙酮镍为包覆剂,制得了核-壳结构功能包覆纳米Al-Ni复合粉。功能包覆后的纳米粉体具有良好的热释特征和热稳定性,且在保持铝粉活性的同时,镍与铝发生了有效的吸附。

3.3.3 氧化物包覆

某些氧化物在常温下是惰性的,不会与铝粉反应,采用在钝化后的超细铝粉表面包覆一层纳米级惰性氧化物薄膜的方法,可以有效地阻止钝化后的超细铝粉再氧化;而在推进剂反应的高温下,对燃烧过程具有催化与稳定作用。因此,采用对燃烧具有催化作用的特定的氧化物对纳米铝粉进行表面包覆处理,则可得到既具有高能量密度又具有特殊催化功能的含能材料。

索莹[22]采用溶胶–凝胶法制备了SiO_2包覆纳米铝粉。采用微米粒度仪、扫描电镜、X射线光电子能谱、红外光谱等方法对包覆膜的效果进行了表征分析。分析结果表明,成功地在超细铝粉的表面包覆了一层SiO_2膜,且包覆的膜层基本均匀致密。通过将SiO_2与AP掺杂复合,研究了SiO_2对AP热分解的影响。DTA曲线表明,掺杂5%超细SiO_2对AP的低温分解无明显的催化作用,而对高温分解具有一定的催化作用,可使AP高温分解峰提前14.7℃。

美国Lawrence Livermore国家实验室[23]利用溶胶–凝胶法在纳米铝粒子表面形成一层纳米Fe_2O_3,制备了具有核-壳结构的Fe_2O_3/Al无机含能纳米复合体,Fe_2O_3壳层取代Al_2O_3壳层后具有双重功能,既可作为氧化膜以隔离活性铝与氧化剂的反应,同时它本身又可与纳米铝粒子发生铝热反应释放出能量,其所释放的能量是TNT的2倍,具有很高的应用价值。

Young等人[24]成功制备出燃料纳米铝粉/AP/NC三位一体的微米复合颗粒,该颗粒的点火温度仅有430℃左右,比其他含铝粉含能物质低300℃左右,比铝粉自身的熔点低200℃以上。该复合颗粒还具有较高反应活性和火焰温度,气体做功能力比纳米氧化铜/铝粉MIC还要高1倍。其火焰温度在2500℃以上。研究还发现[25],经过静电喷雾,高氯酸铵的尺寸被降低到1μm左右,其分解温度也降低100℃以上。高氯酸铵的分解释放了大量的HCl气体,这些气体可能作用于纳米铝粉的表面氧化层,使其受到腐蚀而变弱并最终破裂形成新鲜铝与氧化性气体反应的通道,从而大大降低了其点火温度。

本书作者所在的研究团队利用原子层沉积技术(ALD)开展了Fe_2O_3包覆纳

米铝粉的工作[26,27]。首先利用溶液法将纳米铝粉均匀分散在纳米氧化石墨烯片层上,然后利用 ALD 在纳米铝粉和纳米氧化石墨烯的表面均匀地生长 Fe_2O_3 层,以确保氧化剂和燃料的界面层紧密接触。研究结果表明,该复合材料大大提高了输出能量,具有大比表面积和丰富化学功能的氧化石墨烯作为合适的基底材料大大提高了纳米铝颗粒的分散性,促进了纳米铝粉和 Fe_2O_3 的均匀混合,从而提高了燃料和氧化剂的接触性和传质。低含量的纳米氧化石墨烯片层为纳米 Al 和 Fe_2O_3 构建了一个网状空间,加快了反应时两种物质间的热量传递和电子迁移,提高了反应时的能量释放。复合材料中的导电氧化石墨烯网络也为静电放电提供了途径,从而大大提高了复合粉体的点火性能,提高了材料的安全性。

3.3.4　聚合物包覆

聚合物包覆是利用高分子聚合物在粉体粒子表面形成一层聚合物薄膜以达到改性的目的。在铝粉表面包覆一层均匀的聚合物薄膜可以形成微胶囊结构,其表面所形成的壳层不仅能够有效地保护纳米铝粉的活性,并且可以改变铝粉的表面电荷性质、功能化特性和表面化学反应特性,并可提高粒子的分散性;而且由于聚合物的熔点一般都较低,故聚合物层在高温下可迅速燃烧掉而使纳米铝粉在瞬间释放出来。

张凯等人[28]用苯乙烯单体成功地在纳米铝粉粒子表面引发聚合得到了聚苯乙烯包覆的纳米铝粉颗粒。纳米颗粒呈球形,粒径为 $2\mu m$ 左右,表面基本光滑,无明显缺陷,无明显的小颗粒纳米铝粉存在。成功实现了纳米铝粉的苯乙烯聚合包覆,防止了团聚,而且将聚苯乙烯包覆后的纳米铝粉在充满氩气的容器中密闭储存 30 天后,活性铝含量几乎未发生改变,表明被聚苯乙烯包覆后的纳米铝粉可长期保持活性。

刘辉[29]采用原位溶液聚合法制备了具有核壳结构的三羟甲基丙烷三丙烯酸酯/纳米铝粉复合粒子(PTMPTA/Al)。运用 FTIR、光学显微镜、TEM、TG 等手段对 PTMPTA/Al 复合粒子进行了表征。结果表明,包覆层的厚度在 15nm 左右,与原料纳米铝粉相比,PTMPTA/Al 复合粒子的分散性能、耐腐蚀性能、热稳定性能特别是其活性保持性能得到明显的改善,其中原料纳米铝粉的活性在 60 天后下降约为 50%,而 PTMPTA/Al 复合粒子的活性在 60 天后仍然基本保持不变。

杨毅等人[30]用自行合成的有机物 A3 对微米铝粉进行了包覆处理,获得纳米有机膜包覆的复合铝粉。包覆前后铝粉的比表面积由 $1.46m^2/g$ 增加到 $13.74m^2/g$,提高了其分散性。热分析表明,包覆后的铝粉热量释放更大、更快速、更集中,更加符合固体火箭推进剂所要求的能量释放特点。

3.3.5　含能组分包覆

利用固体推进剂的某一组分实现对铝粉的包覆,一方面可以防止氧化,保持铝粒子的活性;另一方面可提高纳米铝粒子与固体推进剂其他组分的相容性,简化含纳米铝粒子固体火箭推进剂的生产工艺,同时提高推进剂热分解性能,故研究采用推进剂的某一组分实现对铝粉的包覆具有重要的实用意义[31]。

1. 硝化棉包覆

1) 包覆过程

硝化棉包覆纳米铝粉的具体步骤如下:

(1) 在氮气气氛保护下,称取 4.0g 平均粒径为 50nm 的纳米铝粉,加入到100mL 无水乙醇中,超声分散 30min,使纳米铝粉在无水乙醇中分散均匀。

(2) 称取硅烷偶联剂,其质量为纳米铝粉质量的 5%~8%,加入经超声分散后的纳米铝粉的无水乙醇悬浮液中,继续超声分散 10min,在 60℃的恒温水浴中搅拌 2h,静置后用胶头滴管除去上层清液,在 60℃的真空干燥烘箱中干燥 8h,制得经偶联剂处理后的纳米铝粉。

(3) 分别称取 5.0g 硝化棉和占硝化棉质量 3%~10%的增塑剂,溶于 1000mL乙酸乙酯或丙酮中,并辅以超声波溶解,配制成 5.0g/L 的硝化棉溶液。

(4) 称取 2.0g 经偶联剂处理后的纳米铝粉,加入 100mL 环己烷中,超声分散 30min,形成均匀分散的环己烷悬浮液。

(5) 在持续搅拌作用下,量取上述硝化棉溶液,其硝化棉的量为纳米铝粉质量的 5%~15%,以每秒 1~2 滴的速度加入环己烷悬浮液中,滴加完毕后继续搅拌 12h,整个过程中液体温度控制在 40~45℃范围内。

(6) 搅拌结束后,静置、过滤,在 60℃的真空干燥烘箱中干燥 12h 后,即制得硝化棉包覆的纳米铝复合粉体。

2) 结构表征

图 3-8 是硝化棉包覆处理前后纳米铝粉的 SEM 照片。可以看出,经硝化棉包覆后纳米铝粉的粒径增大,粒度分布相对均匀。由于在包覆过程中加有偶联剂,因此,粒子间相互粘接,发生团聚。从图中还可以看出,经硝化棉包覆后的纳米铝粉,其形状有一定的改变,主要是由于纳米铝粉表面包覆的硝化棉受挤压后形状发生改变,这也可证明纳米铝粉表面包覆有硝化棉。

图 3-9 是硝化棉包覆纳米铝粉的 EDS 能谱图。从图中可以看出,产物中出现了 C、O、N、Cu、Mg、Si 和 Al 七种元素。七种元素的质量百分含量分别为11.83%、17.96%、0.31%、0.59%、2.46%、1.05% 和 66.52%。从元素组成和含

图 3-8 纳米铝粉(a)和硝化棉包覆纳米铝粉(b)的 SEM 照片

量可以看出,由于在包覆过程中加有硅烷偶联剂,故在能谱图上可看到有 Si 元素,而由于硅烷偶联剂或硝化棉中杂质的存在,故出现了少量的 Mg 和 Cu 元素。从整个元素含量来看,Al 元素的含量相对最高。

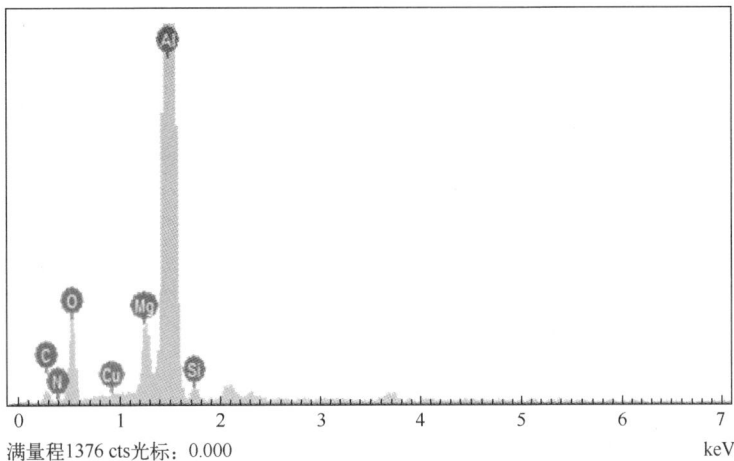

满量程1376 cts光标: 0.000   keV

图 3-9 硝化棉包覆纳米铝粉的 EDS 谱

图 3-10 为纳米铝粉和硝化棉包覆纳米铝粉的 XRD 谱。从图中可以看出,在 2θ 为 38.44°、44.68°、65.00°、78.08°及 82.32°处出现强的衍射峰,检索结果表明这些衍射峰分别对应于面心立方(fcc)结构金属铝的(111)、(200)、(220)、(311)及(222)晶面的衍射(与标准 PDF 卡片号 04-0787 相一致);从图中还可

看出,由于在纳米铝粉表面包覆有非晶态的硝化棉,因此在 2θ 约为 $22.5°$ 处存在一宽化的衍射峰,但其峰值相对较小,从主要衍射峰的强度来看,产物主要还是单质铝。

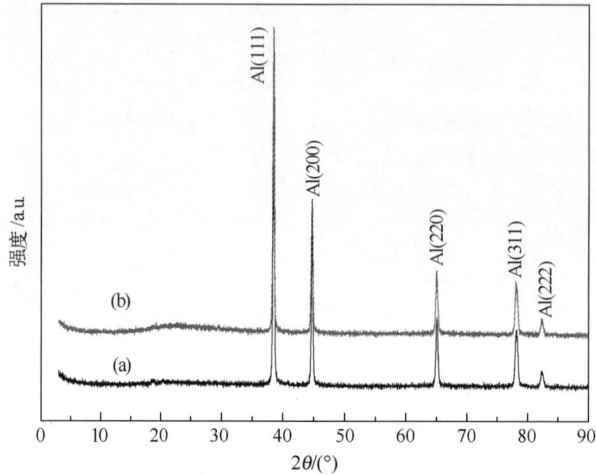

图 3-10　纳米铝粉和硝化棉包覆纳米铝粉的 XRD 谱

　　图 3-11 是硝化棉和硝化棉包覆纳米铝粉的 FTIR 谱。从图中可以看出,硝化棉包覆后的纳米铝粉出现了硝化棉的特征吸收峰,其中,$839\mathrm{cm}^{-1}$ 附近的吸收峰为 O—N 的伸缩振动特征吸收峰;$1065\mathrm{cm}^{-1}$ 附近的吸收峰为 C—O 的伸缩振动吸收峰;$1275\mathrm{cm}^{-1}$ 和 $1649\mathrm{cm}^{-1}$ 附近的吸收峰分别为硝酸酯基中 NO_2 的对称和非

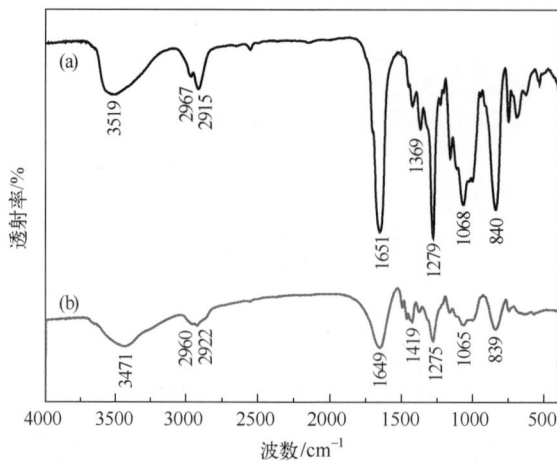

图 3-11　硝化棉和硝化棉包覆纳米铝粉的 FTIR 谱

对称伸缩振动吸收峰;1419cm^{-1}附近的吸收峰为 C—H 的弯曲振动特征吸收峰;在 2967cm^{-1}和 2915cm^{-1}处的吸收峰,主要是甲基 CH_3 和 CH_2 中 C—H 非对称和对称伸缩振动吸收峰;在 3471cm^{-1}处有一强吸收带,这是硝化棉的原料纤维素中和氢键连接的 O—H 键的伸缩振动特征吸收峰,此峰的强度与硝化棉的硝化程度有关。这些峰的存在表明在纳米铝粉表面包覆有硝化棉。

3) 激光点火特性

纳米铝粉及改性纳米铝粉的点火特性均在如图 3-12 所示的激光点火实验装置中进行。该激光点火测试系统主要由激光能源系统、实验容器、充压装置和测试记录系统四部分组成。其中激光能源采用最大功率为 120W、输出波长为 10.6μm 的 CO_2 连续激光器(型号 SLC 110),激光束作用到推进剂表面的光斑直径为 5.0mm。本实验中采用的激光热流密度范围为 30.6~204W/cm^2,点火过程中除了实验需要中止外,激光持续到点火的完成;压力实验容器规格为 φ300mm ×400mm,通过视窗可观察容器内点火过程;测试记录系统由 TEK DPO 4034 型高性能数字示波器、台式计算机和光电测试电路组成,用于实验过程参数的测试、记录及数据处理[98]。

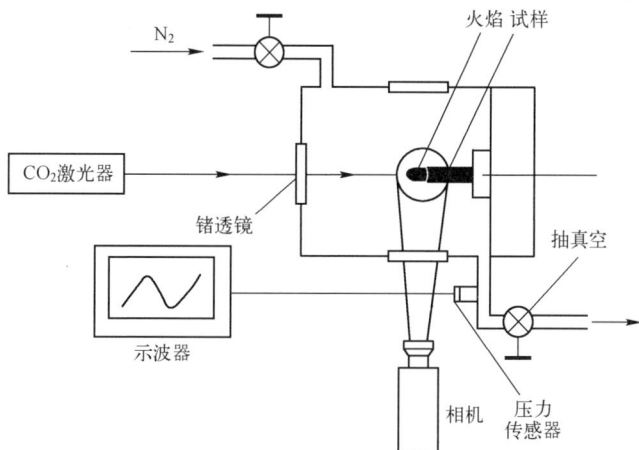

图 3-12　激光点火实验装置

图 3-13 所示分别为纳米铝粉和硝化棉包覆的纳米铝粉的点火过程图。未经处理纳米铝粉点火燃烧时,点火燃烧首先由铝粉表面开始并逐渐向中心传递,最后引发内部燃烧,火焰亮度经历"暗→亮→暗→亮→暗"过程,且火焰形貌也由刚开始表面燃烧的平面状变为内部燃烧的细长状。经硝化棉包覆的纳米铝粉,由于硝化棉的点火延迟时间较短,燃烧时可放出部分热量,因此,其点火过程较快,同时伴有大量的燃烧产物生成。

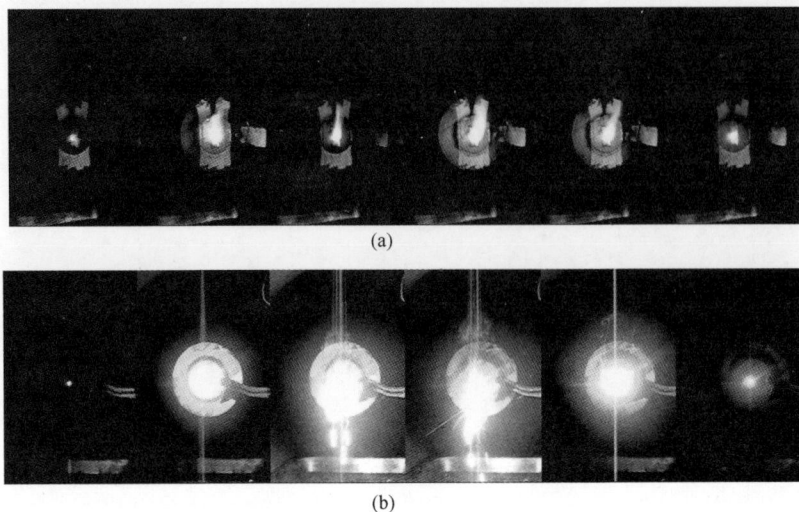

图 3-13   纳米铝粉与硝化棉包覆纳米铝粉的激光点火过程

（a）纳米铝粉；（b）硝化棉包覆纳米铝粉。

2. GAP 包覆

1）包覆过程

GAP 包覆纳米铝粉的步骤如下[32]：

在氮气气氛保护下，称取 1.0g 平均粒径为 80nm 的铝粉置于小烧口瓶中，加入 30mL 无水丙酮，超声分散 20min，加入适量硅烷偶联剂（KH-550），继续超声分散 20min，取出置于真空环境中，待用。

称取 0.2g GAP，溶于无水丙酮中，并辅以超声波溶解，加入上述预处理的纳米铝粉，并继续超声分散 30min，之后置于水浴加热锅中，温度为 60℃，同时以转速 500r/min 搅拌 3h，待溶剂丙酮基本挥发后，抽滤恒温鼓风干燥箱 70℃烘 3h。待完全干燥后，在玛瑙研钵中研磨，得到 GAP 包覆的纳米铝粉。

上述提到的硅烷偶联剂实质上是一类具有有机官能团的硅烷，在其分子中同时具有能与无机材料化学结合的反应基团及与有机质材料化学结合的反应基团。偶联剂 KH-550 的化学结构式为 $NH_2-CH_2CH_2CH_2-Si-(OC_2H_5)_3$，其中三个乙氧基（$-OC_2H_5$）水解成硅醇，由于硅醇不稳定，极易与金属或其氧化物结合起来，氨基上两个活泼氢可以与各种聚合物发生极性反应，从而通过化学键将两种性质完全不同的材料紧密结合起来。主要发生的反应为[31]：

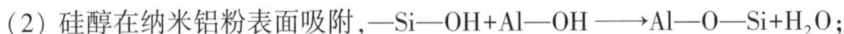

（1）KH-550 中乙氧基水解，$-Si-(OC_2H_5)_3 \longrightarrow -Si-(OH)_3+3C_2H_5OH$；

（2）硅醇在纳米粉表面吸附，$-Si-OH+Al-OH \longrightarrow Al-O-Si+H_2O$；

（3）硅醇在纳米铝粉表面交联，—Si—OH+HO—Si ⟶Si—O—Si+H_2O；

（4）氨基上活泼氢与 GAP 发生极性反应。

2）结构表征

图 3-14 是纳米铝粉经 GAP 表面包覆改性前后的扫描电镜照片。由图 3-14(a)可以看出，包覆前纳米铝粉分散性较好，颗粒形状为球形，有一定光泽度，尺寸在 80nm 左右。从图 3-14(b)可看出，经 GAP 处理后纳米铝粉分散性相对于包覆前有所降低，可能是由于纳米铝粉表面包覆的有机物相互粘结在一起的原因；同时，颗粒形状相对于包覆前也不再呈现完全球形，边缘线条凹凸不平，表面光滑程度降低。

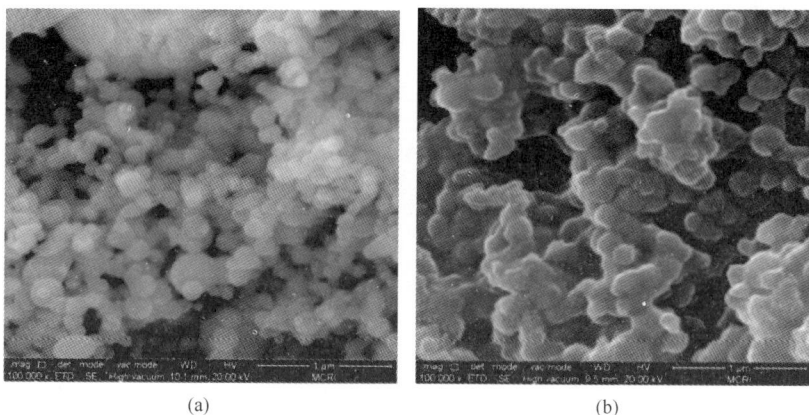

(a) (b)

图 3-14　纳米铝粉(a)和 GAP 包覆的纳米铝粉(b)的 SEM 图片

图 3-15 是 GAP 包覆纳米铝粉的能谱分析图，与原料铝粉相比，纳米铝粉经 GAP 包覆处理后的能谱上 Al 元素含量降为 53.41%，C 元素含量明显增加，达到 23.39%，同时还出现了 N 和 Si 两种元素，含量分别为 6.49% 和 4.02%，这主要是由于在纳米铝粉表面包覆有 GAP 的缘故。

图 3-16 为纳米铝粉表面包覆改性前后的 X 射线衍射谱图，黑色谱线为纳米铝粉包覆前的衍射图，将该谱图与 PDF 卡片上的数据对比可知，在 2θ 为 38.4°、44.9°、65.2°、78.2° 和 82.4° 处出现的是 Al 的特征衍射峰，分别对应 Al 的面心立方结构的(111)、(200)、(220)、(311) 和 (222) 面[34]；n-Al/GAP 谱线相对于纳米铝粉谱线而言，在 23.0° 处出现一宽化的衍射峰，分析认为可能是由于使用的 GAP 支化度比较低，在偶联剂 KH-550 作用下 GAP 包覆在纳米铝粉表面引起的[35]。

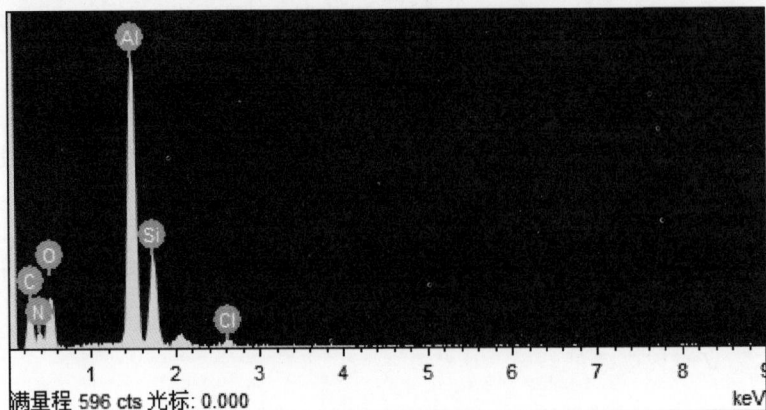

图 3-15　GAP 包覆纳米铝粉的 EDS 谱图

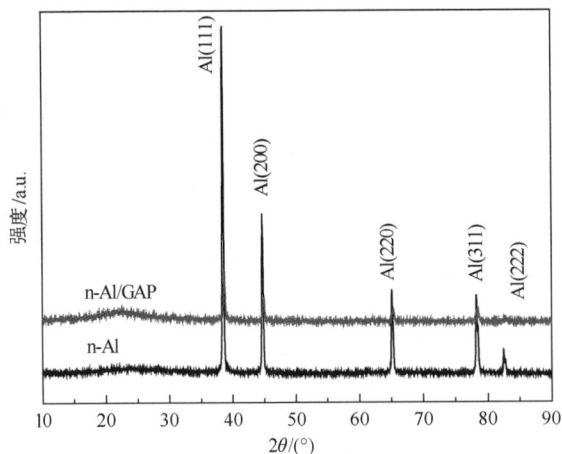

图 3-16　纳米铝粉表面包覆改性前后的 XRD 图

图 3-17 中最上面的谱线为 GAP 和 GAP 包覆改性纳米铝粉的红外光谱图：在 1280cm^{-1} 及 2100cm^{-1} 处为 $-N_3$ 强吸收峰，1124cm^{-1} 处为—O—强吸收峰，2928cm^{-1} 处出现了—C—H—双重峰，3300～3500cm^{-1} 处为—OH 的宽峰[36]。相应地，n-Al/GAP 均出现了相应峰形，证明部分 GAP 实现了纳米铝粉表面的包覆。

图 3-18 为纳米铝粉表面包覆改性前后的 X 射线光电子能谱。从谱图中可以看出，纳米铝粉表面主要元素为 Al、O 和 C，其中存在 C 和 O 是由于样品在大气中被污染的缘故。经 GAP 改性后复合粒子表面元素出现了 N 元素，而且在 110eV 附近可以看到微弱的 Si 的特征峰，与硅烷偶联剂的表面处理相一致。未

包覆的铝粉及 GAP 包覆铝粉的能谱图中 Al 元素的特征峰强度相比较,明显可以观察到后者能谱图中 Al 元素的特征峰较之前者有减弱的趋势。

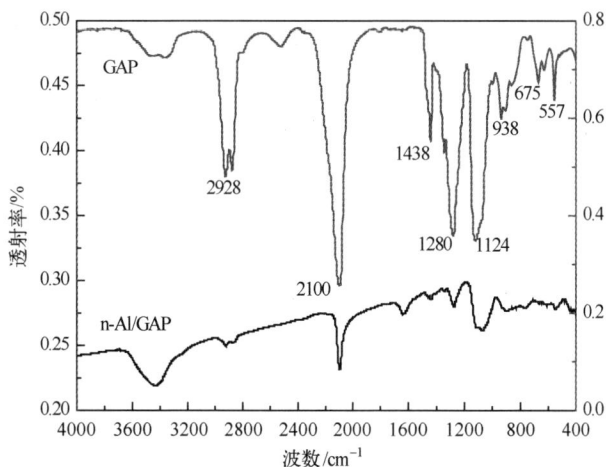

图 3-17　GAP 及 GAP 包覆纳米铝粉的 FTIR 谱图

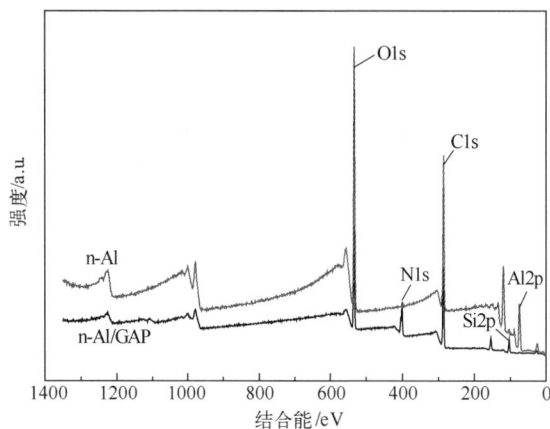

图 3-18　纳米铝粉表面包覆改性前后的 X 射线光电子能谱图

表 3-4 列出了纳米铝粉与改性后复合粒子表面各元素的含量。

表 3-4　纳米铝粉改性前后表面各元素含量

样　品	表面元素质量分数/%				
	C	O	N	Al	Si
n-Al	6.04	43.69	—	50.27	—
n-Al/GAP	55.04	20.61	11.49	6.34	6.52

　　从表 3-4 中可以看出,O、Al 的含量分别由包覆前的 43.69%、50.27%降到包覆后的 20.61%、6.34%,C 的含量则由 6.04%增加到 55.04%。同时包覆后出现了 N、Si 元素,其含量分别达到 11.49%和 6.52%。由于 EDS 分析表面深度在 100~1000nm 范围内,而 XPS 仅在 5nm,因此改性前后 EDS 所测 Al 元素含量总远远大于 XPS 所测值。对 Al、O、N 元素进行窄扫描,并根据 Lorentzian-Gaussian 原则,采用 XPS 分峰软件 Thermo Avantage 对该元素进行分峰拟合。图 3-19 是纳米铝粉与包覆改性后复合粒子中表面 Al 元素的拟合谱图,有关数据列于表 3-5 中。

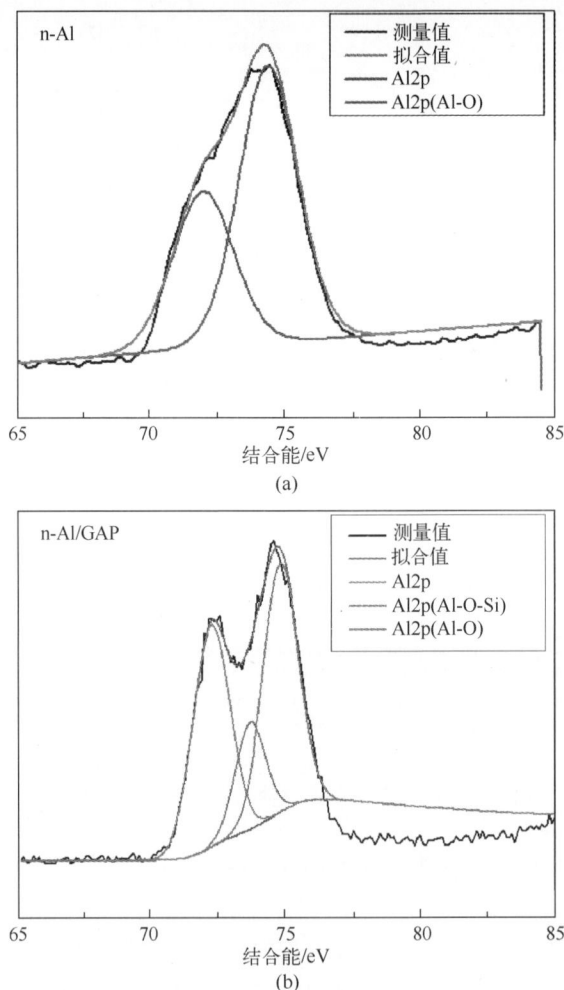

(a)

(b)

图 3-19　纳米铝粉(n-Al)与 GAP 包覆改性后复合粒子
(n-Al/GAP)表面 Al 元素的拟合谱图

　　从表 3-5 中可以确定,纳米铝粉表面 Al 元素分为两部分:大约 58.32% 的 Al 原子发生了氧化反应,生成 Al_2O_3 氧化膜,另外有 41.68% 的 Al 原子以单质状态存在,这是由于表面钝化处理形成的 Al_2O_3 氧化膜很薄,X 射线可以探测到内层 Al 元素。改性后的复合粒子表面 Al 元素以单质形式存在所占的比例基本不变,而与 O 原子结合的 Al 与纳米铝粉相比特征能部分发生改变,所占比例为 15.01%,说明部分 Al 元素电子云发生改变,这可能是形成 Al—O—Si 的缘故,即偶联剂与纳米铝粉表面发生了一定的桥键作用[35]。

　　对纳米铝粉与改性后复合粒子中表面 O 原子进行分峰拟合,结果见图 3-20,有关数据列于表 3-5 中。

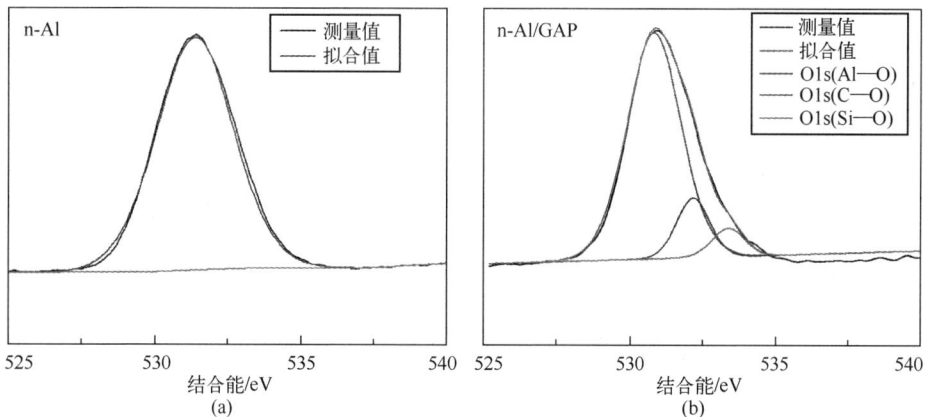

图 3-20　纳米铝粉(n-Al)表面(a)与 GAP 包覆改性后复合粒子
(n-Al/GAP)表面(b)O 原子的拟合谱图

　　从表 3-5 可以看出,纳米铝粉表面 O 原子基本上以 Al—O 化合态存在。与纳米铝粉相比,n-Al/GAP 复合粒子中增加了 C—O 和 Si—O 化合态,其中 Si—O 存在于硅烷偶联剂中,说明偶联剂在纳米铝粉与 GAP 之间起到了桥梁的作用;C—O 存在于 GAP 中,说明其实现了纳米铝粉的包覆。同时,复合粒子中 Al—O 化合态比例相对于纳米铝粉也明显降低,说明纳米铝粉表面发生了改变,进一步证明 GAP 对纳米铝粉实现了表面包覆处理。

　　图 3-21 是纳米铝粉改性后复合粒子表面 N 元素的拟合谱图,有关数据列于表 3-5 中。

　　从表 3-5 可以看出,电子结合能为 399.09eV 和 402.58eV 处的信号证实了叠氮基团的存在,这是由于该基团是亲核基团,其共振结构如下:—N_a=$\overset{+}{N}_b$=$\overset{-}{N}_c$ ⟷ —$\overset{-}{N}_a$—$\overset{+}{N}_b$≡N_c,其中各氮原子所处的化学环境不同,故化学位移有一定区别[36]。同时,在电子结合能为 399.09eV 处有—NH_2 的信号,其来源于硅烷偶联剂 KH-550。上述说明在纳米铝粉表面覆盖有高聚物 GAP,同时硅烷偶联剂 KH-550 在两者之间起到了一定的相互作用。

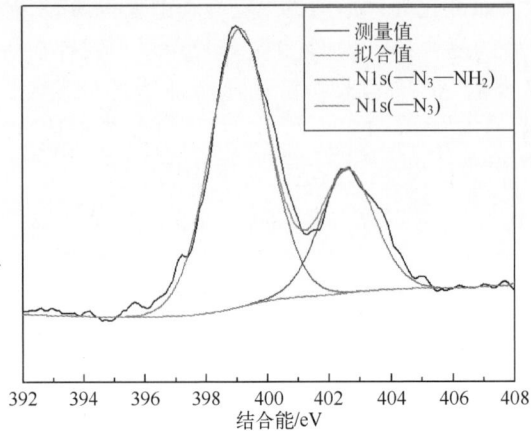

图 3-21　GAP 包覆改性后复合粒子(n-Al/GAP)表面 N 元素的拟合谱图

表 3-5　纳米铝粉与 GAP 包覆改性后复合粒子表面 Al、O、N 元素化合态分析

元　素	n-Al			n-Al/GAP		
	结合能/eV	质量分数/%	化合态	结合能/eV	质量分数/%	化合态
Al	72.53	41.68	Al	72.25	41.24	Al
	74.86	58.32	Al—O	74.80	43.75	Al—O
	—	—	—	73.69	15.01	Al—O—Si
O	531.85	100	Al—O	531.30	60.12	Al—O
				532.35	26.12	C—O
				533.19	13.76	Si—O
N	—	—	—	399.09	71.12	—N₃,—NH₂
				402.58	28.88	—N₃

3) 激光点火特性

图 3-22 为纳米铝粉和 GAP 包覆的纳米铝粉在激光功率密度为 123.3W/cm^2 的 CO$_2$激光辐照下的点火过程。如图所示,纳米铝粉表面包覆改性前后激光点火过程有明显不同,单纯纳米铝粉的火焰在其表面生成,并逐步扩展为明亮的火焰后加剧燃烧,观察燃烧残渣表面成分发现生成白色物质 Al$_2$O$_3$。经 GAP 包覆后复合粒子经激光照射立即在表面发生剧烈燃烧,生成明亮火焰,后延伸至燃面一定距离,火焰呈喷射状,分析原因可能是包覆层 GAP 为含能物质,其本身燃烧释放出

大量的热,同时生成的气体携带一部分纳米铝粉至燃面一定距离发生燃烧。

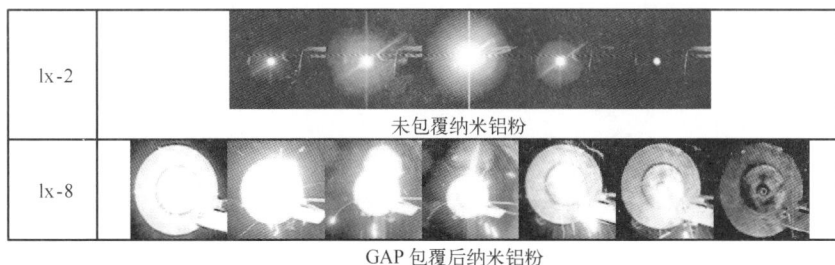

图 3-22　GAP 改性前后纳米铝粉的点火过程($123.3W \cdot cm^{-2}$)

3.3.6　有机酸包覆

有机酸不溶解氧气,也不与纳米铝粉反应,故用其包覆纳米铝粉可以隔绝空气,避免纳米铝粉被氧化。本节主要介绍油酸和全氟十四烷酸两种有机酸包覆纳米铝粉。

1. 油酸包覆

1）制备方法

油酸包覆纳米铝粉的具体步骤如下：

（1）在氮气气氛保护下,将一定量的新拆封的纳米铝粉迅速加入正己烷中,超声波分散 30min。

（2）将溶有油酸(纳米铝粉质量的 10%)的正己烷溶液迅速加入上述超声波分散后的悬浮液中,继续超声波分散 10min。

（3）在 60℃的恒温水浴中搅拌反应 12h,整个过程始终在氮气气氛保护下进行;反应完全后将反应产物放入真空干燥箱中干燥,待完全干燥后,在玛瑙研钵中研磨,得到油酸包覆的纳米铝粉。

2）结构表征

图 3-23 是纳米铝粉和油酸包覆纳米铝粉的 SEM 照片。由图 3-23（a）可以看出,原料纳米铝粉的颗粒形状为球形,铝粉分散较好,但粒径分布不均匀,存在粒径较大的纳米铝粉颗粒。从图 3-23（b）可以看出,经油酸钝化处理后的纳米铝粉表面覆盖油酸的粘结作用,使得纳米铝粉之间相互粘连在一起,粒径变大,粒径分布趋向均匀,二次粒子的大小在 200~500nm。

图 3-24 是油酸包覆纳米铝粉的 EDS 谱。从图中可以看出,产物中仅出现了 C、O 和 Al 三种元素,没有其他杂质,C、O、Al 三种元素的质量百分含量分别为 38.30%、7.97% 和 53.72%。从元素含量可以看出:由于油酸分子中含有 18

个碳原子,因此,C 元素含量相对较高;油酸分子中的氧原子以及可能少量纳米铝粉的氧化,使得 EDS 谱中出现了少量的氧,但与 Al 元素的含量相比,其相对较小,表明大量的 Al 仍以单质铝的形式存在。

图 3-23　纳米铝粉(a)和油酸包覆纳米铝粉(b)的 SEM 照片

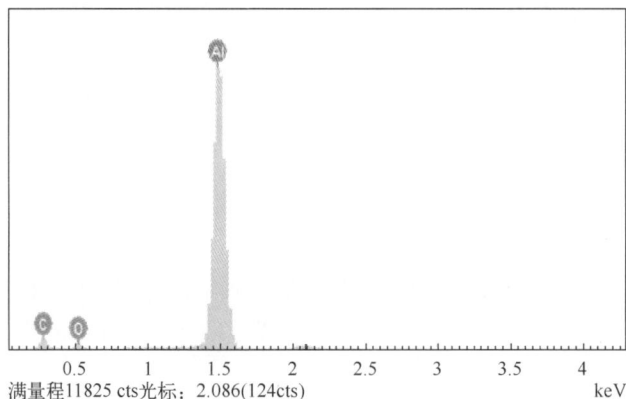

图 3-24　油酸包覆纳米铝粉的 EDS 谱

　　为确定纳米铝颗粒的晶相结构,对原料纳米铝粉进行了 XRD 分析。图 3-25 是原料纳米铝粉和油酸包覆纳米铝粉的 XRD 谱。从图中可以看出,在 2θ 为 38.42°、44.66°、65.02°、78.10° 及 82.44°处出现强的衍射峰,检索结果表明这些衍射峰分别对应于面心立方(fcc)结构金属铝的(111)、(200)、(220)、(311) 及 (222)晶面的衍射(与标准 PDF 卡片号 04-0787 相一致)[59-61],根据 Scherrer 公式计算的晶粒平均粒径约为 28nm。从图中还可看出,经油酸表面包覆处理后的纳米铝粉,由于表面存在一层有机物,因此在 2θ 约为 20°处,XRD 谱图中出现了一个较宽的衍射峰[62]。

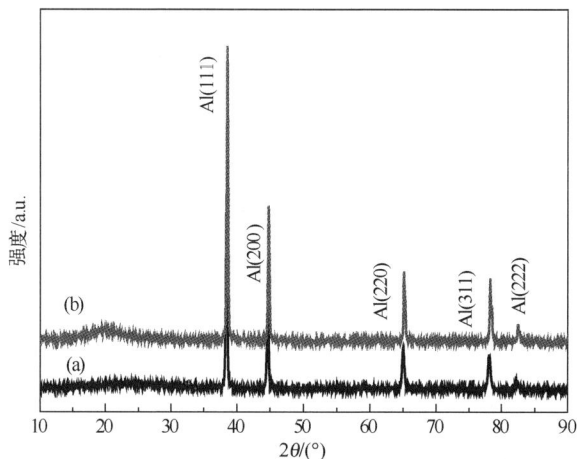

图 3-25　纳米铝粉(a)和油酸包覆纳米铝粉(b)的 XRD 谱

图 3-26 是油酸和经油酸表面包覆处理后的纳米铝粉 FTIR 谱。从图中可以看出：$3006cm^{-1}$ 处为 O—H 的伸缩振动吸收峰；$2925cm^{-1}$ 和 $2854cm^{-1}$ 处对应的是油酸中 C—H 的非对称和对称伸缩振动吸收峰；$1711cm^{-1}$ 处的峰是由 C —O 双键伸缩振动引起的[63-66]。而从经油酸表面包覆后纳米铝粉的 FTIR 谱图中可以看出，在 $1708cm^{-1}$ 处仍然存在 C —O 的伸缩振动吸收峰，以及 $2923cm^{-1}$ 和 $2852cm^{-1}$ 处 C—H 的非对称和对称伸缩振动吸收峰，但在 $1558cm^{-1}$ 和 $1459cm^{-1}$

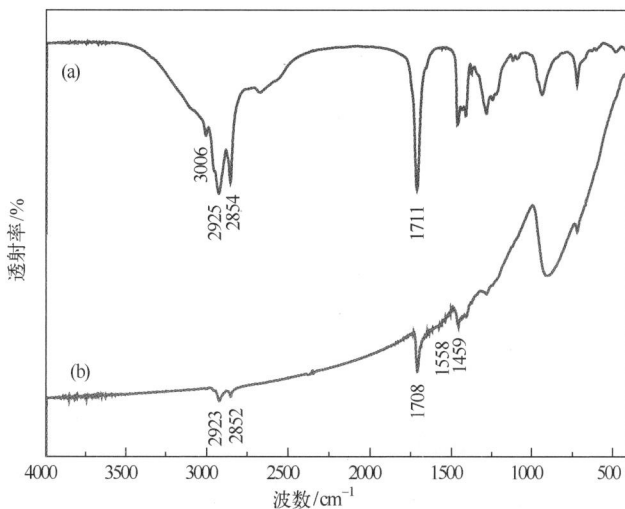

图 3-26　油酸(a)和油酸包覆纳米铝粉(b)的 FTIR 谱

处存在微弱的特征吸收峰,为羧酸盐中 C ═O 双键的非对称和对称伸缩振动特征吸收峰,表明少量油酸与纳米铝粉表面铝原子发生了化学反应,以化学键合的形式附着在纳米铝粉表面,大量油酸仍以物理吸附状态的油酸分子形式存在。

2. 全氟十四烷酸包覆

1）包覆方法

全氟十四烷酸包覆纳米铝粉的具体步骤如下:

（1）在氮气气氛保护下,将一定量的新拆封的纳米铝粉迅速加入无水乙醚中,超声波分散 30min。

（2）将溶有全氟十四烷酸(纳米铝粉质量的 10%)的无水乙醚溶液迅速加入上述超声波分散后的悬浮液中,继续超声波分散 10min。

（3）在 60℃的恒温水浴中搅拌反应 12h,整个过程始终在氮气气氛保护下进行;反应完全后将反应产物放入真空干燥箱中干燥,待完全干燥后,在玛瑙研钵中研磨,得到全氟十四烷酸包覆的纳米铝粉。

2）结构表征

图 3-27 是纳米铝粉和全氟十四烷酸包覆纳米铝粉的 SEM 照片。从图 3-27(b)可以看出,与原料纳米铝粉[图 3-27(a)]相比,经全氟十四烷酸包覆后的纳米铝粉的分散性更好,粒子分布更均匀,这可能是由于全氟十四烷酸为长碳链结构,其通过末端羧基与铝粉表面铝原子结合形成牢固的化学键[67],另一端链较长可产生位阻,起到分散剂的作用,使纳米铝粉粒子间彼此分离,从而使纳米铝粉的分散性增加。从图 3-27(b)还可以看出,产物中有粒度较大的颗粒,这主要是由于原料纳米铝粉本身存在较大的颗粒。

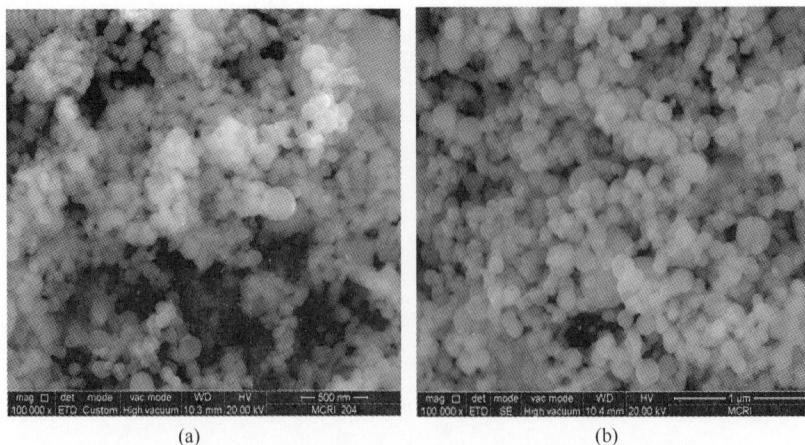

图 3-27　纳米铝粉(a)和全氟十四烷酸包覆纳米铝粉(b)的 SEM 照片

图 3-28 是全氟十四烷酸包覆纳米铝粉的 EDS 谱。从图中可以看出,产物中仅出现了 C、O、F 和 Al 四种元素,没有其他杂质元素,C、O、F 和 Al 四种元素的质量百分含量分别为 8.63%、6.65%、18.20% 和 66.52%。从元素含量可以看出:F 元素含量是 C 元素含量的 2.10 倍,接近于全氟十四烷酸分子中 C、F 的原子个数比,表明在纳米铝粉表面包覆有全氟十四烷酸;全氟十四烷酸分子中的氧原子以及可能有少量纳米铝粉的氧化,使得 EDS 谱中出现了少量的氧,但与 Al 元素的含量相比,其相对较小,表明大量的 Al 仍以单质铝的形式存在。

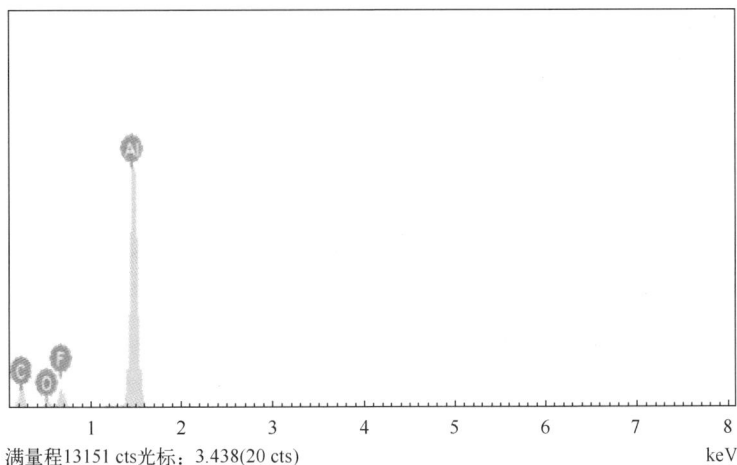

满量程13151 cts光标: 3.438(20 cts)

图 3-28　全氟十四烷酸包覆纳米铝粉的 EDS 谱

图 3-29 是原料纳米铝粉和全氟十四烷酸包覆纳米铝粉的 XRD 谱。从图中可以看出,全氟十四烷酸包覆的纳米铝粉在 2θ 为 38.48°、44.72°、65.12°、78.24° 及 82.48° 处出现强的衍射峰,检索结果表明,这些衍射峰分别对应于面心立方(fcc)结构金属铝的(111)、(200)、(220)、(311)及(222)晶面的衍射(与标准 PDF 卡片号 04-0787 相一致)[68];从图中还可看出,经全氟十四烷酸表面包覆处理后的纳米铝粉,由于表面有机物的存在,因此在 2θ 约为 18° 处,XRD 谱图中出现了一非晶衍射峰。

图 3-30 是全氟十四烷酸和全氟十四烷酸包覆纳米铝粉的 FTIR 谱。从图中可以看出:3443cm^{-1} 和 3552cm^{-1} 处为 O—H 的伸缩振动吸收峰;1703cm^{-1} 处的峰是由 C =O 双键伸缩振动引起的;1153cm^{-1} 和 1201cm^{-1} 处是 C—F 键伸缩振动吸收峰。从全氟十四烷酸包覆后的纳米铝粉的 FTIR 谱图中可以看出,在 1147cm^{-1} 和 1201cm^{-1} 处仍然存在 C—F 键的伸缩振动吸收峰,但 1703cm^{-1} 处 C =O 的伸缩振动吸收峰[69,70]以及 3443cm^{-1}、3552cm^{-1} 处 O—H 的伸缩振动吸

收峰消失,而在 1493cm^{-1} 和 1676cm^{-1} 处存在微弱的特征吸收峰,为羧酸盐中 C＝O 双键的非对称和对称伸缩振动特征吸收峰,表明羧酸通过 O—H 键断裂 的方式与纳米铝粉表面的 Al 原子发生了化学反应,以化学键合的形式附着在纳 米铝粉表面。O—H 键中的 O 与表面 Al 原子的键合方式可由羧酸盐中 C＝O 双键的非对称和对称伸缩振动特征吸收峰的差值决定[71-73],由于此处羧酸盐中 C＝O 双键的非对称和对称伸缩振动特征吸收峰频率相差 183cm^{-1},因此,O 原子 与 Al 原子以桥接的方式,即两个 O 原子分别与两个 Al 原子结合,如图 3-31 所示。

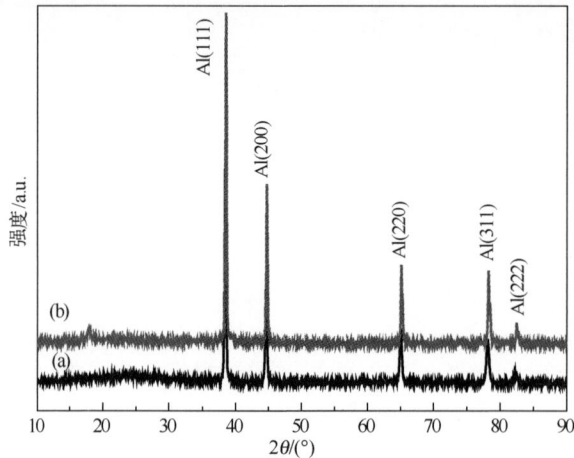

图 3-29　纳米铝粉(a)和全氟十四烷酸包覆纳米铝粉(b)的 XRD 谱

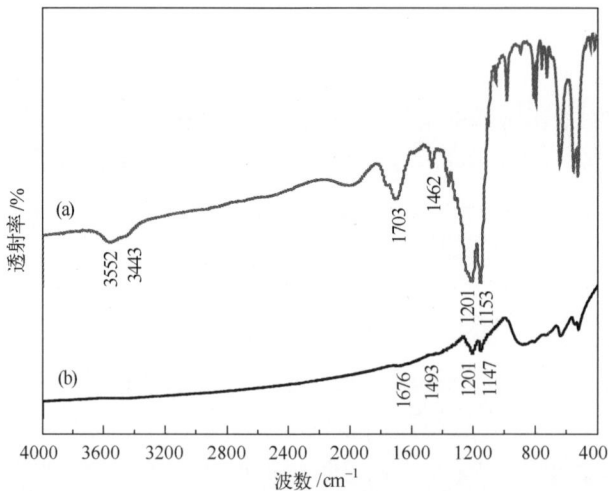

图 3-30　全氟十四烷酸(a)和全氟十四烷酸包覆纳米铝粉(b)的 FTIR 谱

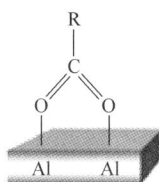

图 3-31　羧酸与 Al 原子桥接方式示意图

3.3.7　其他材料改性包覆纳米铝粉

1. 煤油包覆

1) 包覆方法

在氮气气氛保护下,将 1g 新拆封的纳米铝粉迅速加入 50mL 煤油中,超声波分散 30min;之后静置,除去上层煤油,将反应产物放入真空干燥箱中干燥,待完全干燥后,在玛瑙研钵中研磨,得到煤油包覆的纳米铝粉。

2) 结构表征

图 3-32 是原料纳米铝粉和煤油包覆处理后纳米铝粉的 SEM 照片。从图 3-32(b) 可以看出,经煤油包覆处理后的纳米铝粉比原料纳米铝粉的分散性更好,未形成较大的团聚体,这可能是在超声波的分散作用下,纳米铝粉表面吸附有一层煤油,从而使纳米铝粉的比表面积降低,分散性提高。

图 3-32　纳米铝粉(a)和煤油包覆纳米铝粉(b)的 SEM 照片

图 3-33 是煤油包覆纳米铝粉的 EDS 谱。从图中可以看出,产物中仅出现了 C、O 和 Al 三种元素,不含其他杂质元素。这三种元素的质量百分含量分别

为 8.43%、11.03% 和 80.54%。从元素组成和含量可以看出,由于纳米铝粉表面包覆的煤油主要是烷烃和烯烃的混合物,故在能谱图上仅能看到 C 元素。从整个元素含量来看,Al 元素的含量远高于 O 元素的含量,这表明,采用煤油包覆可有效保持纳米铝粉的活性,提高纳米铝粉的抗氧化性能。

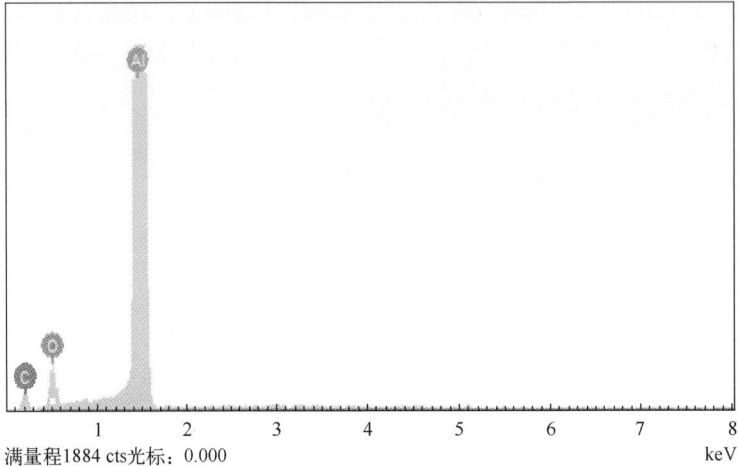

満量程1884 cts光标: 0.000　　　　keV

图 3-33　煤油包覆纳米铝粉的 EDS 谱

图 3-34 是原料纳米铝粉和煤油包覆纳米铝粉的 XRD 谱。从图中可以看出,在 2θ 为 38.40°、44.76°、65.12°、78.28° 及 82.48° 处出现强的衍射峰,检索结果表明这些衍射峰分别对应于面心立方(fcc)结构金属铝的(111)、(200)、(220)、(311)及(222)晶面的衍射(与标准 PDF 卡片号 04-0787 相一致);从图

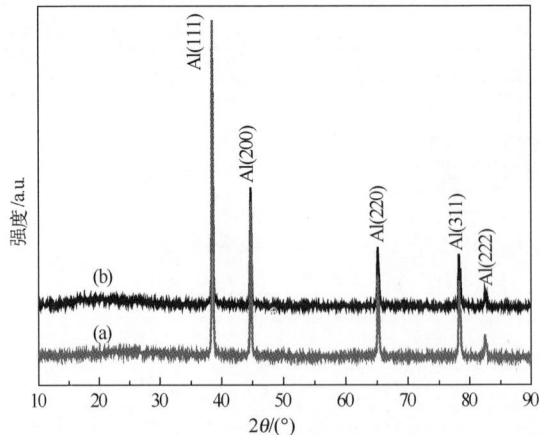

图 3-34　纳米铝粉(a)和煤油包覆纳米铝粉(b)的 XRD 谱

中还可看出,由于在纳米铝粉表面包覆有一层非晶态的煤油,因此在 2θ 约为 19.48°处存在一个宽化的衍射峰,但其峰值相对较小,从主要衍射峰的强度来看,产物主要是单质铝。

图 3-35 是煤油包覆纳米铝粉的 FTIR 谱。从图中可以看出:在 2932cm^{-1} 和 2857cm^{-1} 处的吸收峰,主要是甲基—CH$_3$ 和—CH$_2$ 中 C—H 非对称和对称伸缩振动吸收峰;1459cm^{-1} 处的吸收峰为 C—H 的面内弯曲振动峰特征吸收峰;1675cm^{-1} 处的吸收峰为 C =C 的面内弯曲振动峰特征吸收峰[79,80]。由于纳米铝粉表面包覆的煤油主要是烷烃和烯烃的混合物,这一结果进一步证实在纳米铝粉表面包覆有煤油。

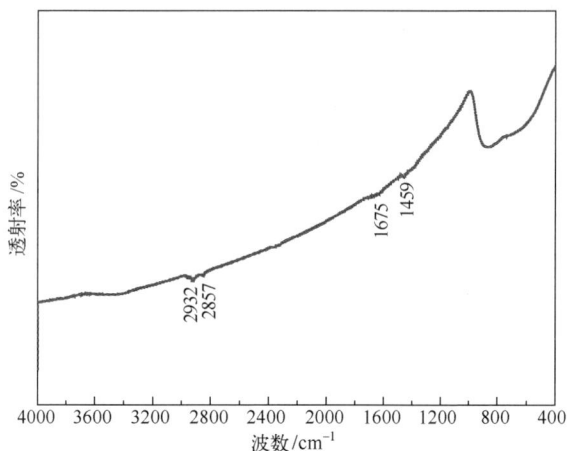

图 3-35 煤油包覆纳米铝粉的 FTIR 谱

2. 凡士林包覆

1) 包覆方法

在氮气气氛保护下,将一定量的新鲜纳米铝粉迅速加入无水乙醚中,超声波分散 30min;将溶有凡士林(纳米铝粉质量的 10%)的无水乙醚溶液迅速加入上述超声波分散后的悬浮液中,继续超声波分散 10min,之后在 60℃的恒温水浴中搅拌反应 12h,整个过程始终在氮气气氛保护下进行。反应完全后将反应产物放入真空干燥箱中干燥,待完全干燥后,在玛瑙研钵中研磨,即可获得凡士林包覆的纳米铝粉。

2) 结构表征

图 3-36 是原料纳米铝粉与凡士林包覆处理后的纳米铝粉的 SEM 照片。从图 3-36(b)可以看出,与原料纳米铝粉相比,经凡士林包覆后的纳米铝粉表面

覆盖凡士林的粘结作用,使得纳米铝粉之间相互粘连在一起,粒径变大,形成大的团聚体,使分散性下降,但粒子形貌仍近似呈球形。

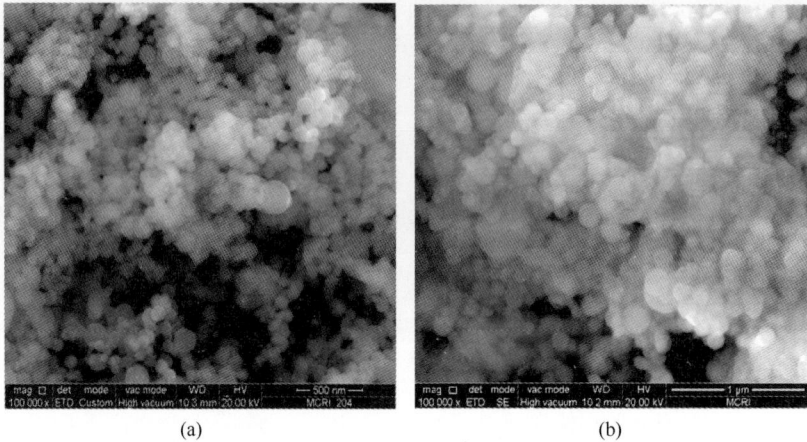

(a)　　　　　　　　　　　　　　　(b)

图 3-36　纳米铝粉(a)和凡士林包覆纳米铝粉(b)的 SEM 照片

图 3-37 是凡士林包覆纳米铝粉的 EDS 谱。从图中可以看出,产物中仅出现了 C、O 和 Al 三种元素,不含其他杂质元素。这三种元素的质量百分含量分别为 29.50%、9.63%和 60.87%。

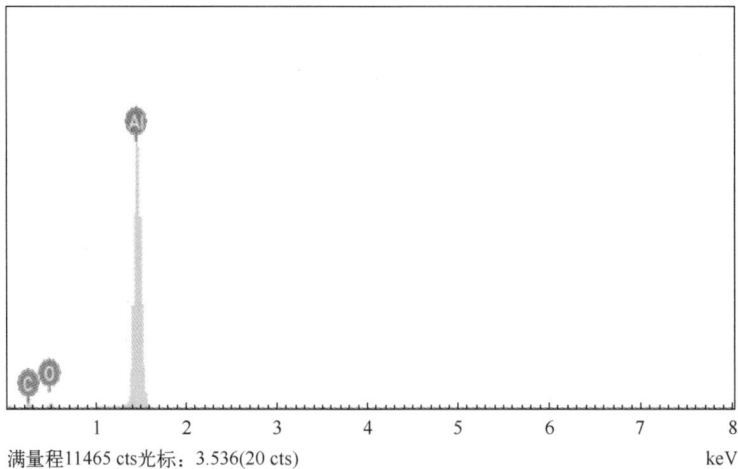

满量程11465 cts光标: 3.536(20 cts)　　　　　　　　　　　　　keV

图 3-37　凡士林包覆纳米铝粉的 EDS 谱

图 3-38 是原料纳米铝粉和凡士林包覆纳米铝粉的 XRD 谱。从图中可以看出,在 2θ 为 38.42°、44.76°、65.08°、78.24°及 82.44°处出现强的衍射峰,检索结果表明这些衍射峰分别对应于面心立方(fcc)结构金属铝的(111)、(200)、

(220)、(311)及(222)晶面的衍射(与标准 PDF 卡片号 04-0787 相一致);从图中还可看出,由于在纳米铝粉表面包覆有一层非晶态的凡士林,因此在 2θ 约为 21.34°处存在一个宽化的衍射峰,但其峰值相对较小,从主要衍射峰的强度来看,产物主要是单质铝。

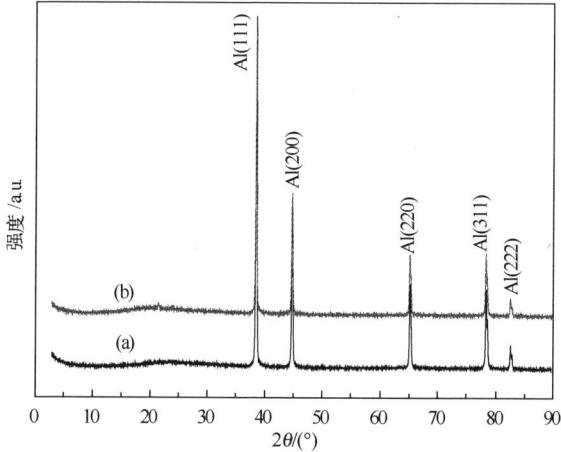

图 3-38　纳米铝粉(a)和凡士林包覆纳米铝粉(b)的 XRD 谱

图 3-39 是凡士林包覆纳米铝粉的 FTIR 谱。从图中可以看出:在 2932cm^{-1} 和 2857cm^{-1} 处的吸收峰,主要是甲基 CH_3 和 CH_2 的 C—H 非对称和对称伸缩振动吸收峰;1460cm^{-1} 处的吸收峰为 C—H 的面内弯曲振动特征吸收峰[81]。由于凡士林是一种高分子量的石油烃(正十八烷),故可表明在纳米铝粉表面包覆有凡士林。

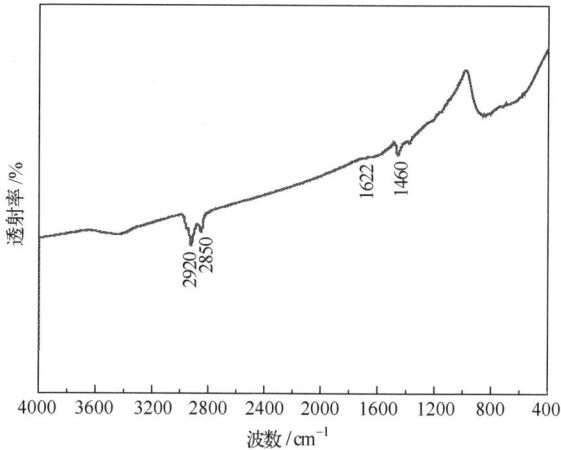

图 3-39　凡士林包覆纳米铝粉的 FTIR 谱

3. 乙酰丙酮镍包覆

1）包覆方法

乙酰丙酮镍包覆纳米铝粉的制备过程如下：

（1）在常温、常压下称取 0.5g 乙酰丙酮镍加入 30mL 乙二醇二甲醚中，搅拌使其溶解形成均匀混合的溶液，然后装入滴液漏斗中。

（2）在氮气气氛下，称取 1.0g 新鲜纳米铝粉，加入装有 30mL 乙二醇二甲醚的三口烧瓶中，超声分散 30min，使纳米铝粉在乙二醇二甲醚中充分分散。

（3）在磁力搅拌作用下，将乙二醇二甲醚与乙酰丙酮镍的溶液以 3 滴/min 的滴加速度缓慢加入均匀分散着纳米铝粉的乙二醇二甲醚液体中。滴加过程中三口瓶内液体温度始终控制在 60℃左右，滴加完毕后仍然维持此温度并继续搅拌 12h。

（4）搅拌结束后，将液体冷却至室温，静置后去除上层液体，将剩余固体通过自然挥发干燥后取出即为乙酰丙酮镍包覆的纳米铝粉。

2）结构表征

图 3-40 是乙酰丙酮镍包覆处理前后纳米铝粉的 SEM 照片。从图 3-40(b) 可以看出，经乙酰丙酮镍包覆处理后的纳米铝粉表面光滑，粒子粒径分布均匀，分散性有所提高，但仍存在一定的团聚现象。

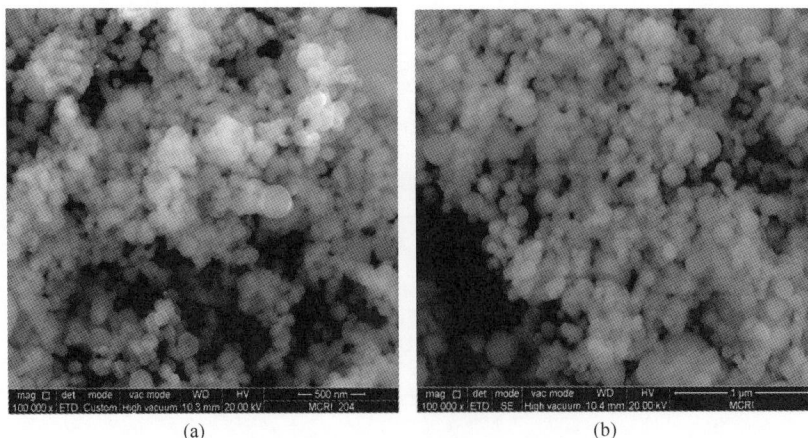

(a)   (b)

图 3-40　纳米铝粉(a)和乙酰丙酮镍包覆纳米铝粉(b)的 SEM 照片

图 3-41 是乙酰丙酮镍包覆纳米铝粉的 EDS 谱。从图中可以看出，产物中仅出现了 C、O、Ni 和 Al 四种元素，没有其他杂质元素，C、O、Ni、Al 四种元素的质量百分含量分别为 17.21%、14.46%、13.47%和 54.86%。从元素含量可以看

出,Al 元素含量低于初始加入的纳米铝粉的含量,这可能是由于乙酰丙酮镍未能在纳米铝粉表面形成均匀的包覆层,使得纳米铝粉发生氧化而使铝含量降低。

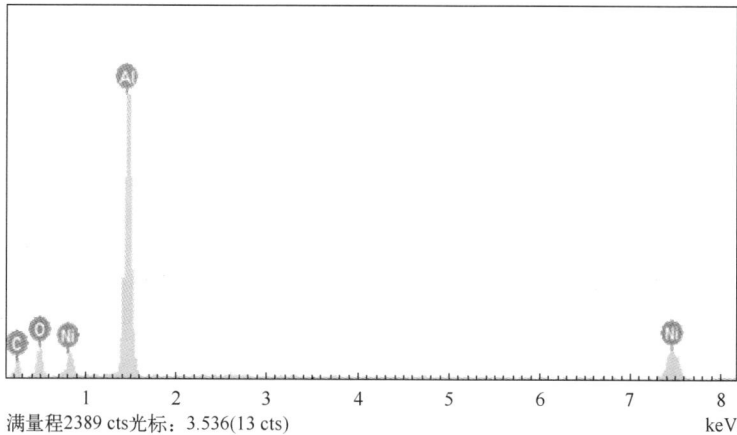

满量程2389 cts光标: 3.536(13 cts)

图 3-41　乙酰丙酮镍包覆纳米铝粉的 EDS 谱

　　图 3-42 是乙酰丙酮镍包覆纳米铝粉的 XRD 谱。从图中可以看出,由于在 2θ 为 8.6° 和 25.76° 处 X 射线的衍射峰强度较大,使得其他衍射峰强度相对较弱。在 2θ 为 38.60°、44.84°、65.20°、78.36° 及 82.56° 处出现强的衍射峰,检索结果表明这些衍射峰分别对应于面心立方(fcc)结构金属铝的(111)、(200)、(220)、(311)及(222)晶面的衍射(与标准 PDF 卡片号 04-0787 相一致);从图中还可看出,在 2θ 约为 8.6°、16.72°、25.76°、29.32°、31.88° 处为乙酰丙酮镍的衍射峰,表明纳米铝粉表面包覆有乙酰丙酮镍。

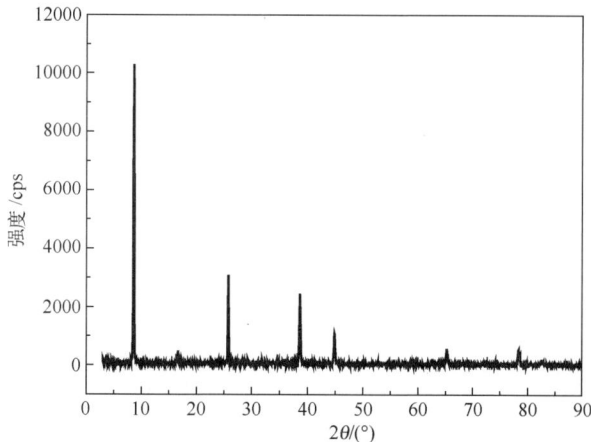

图 3-42　乙酰丙酮镍包覆纳米铝粉的 XRD 谱

图 3-43 是乙酰丙酮镍表面包覆处理前后纳米铝粉的 FTIR 谱。从图中可以看出:在 3410cm⁻¹ 处有一个宽而强的吸收峰,主要是由于乙酰丙酮镍中含有结晶水,其为结晶水中 O—H 的伸缩振动吸收峰;在 2990cm⁻¹ 和 2920cm⁻¹ 处的吸收峰,主要是甲基—CH_3 和—CH_2 中 C—H 非对称和对称伸缩振动吸收峰;乙酰丙酮镍在 1700cm⁻¹ 附近未出现 C ═O 的伸缩振动吸收峰[39],而在 1600cm⁻¹ 和 1520cm⁻¹ 处有两个强的吸收峰,主要是由于乙酰丙酮镍配合物中乙酰丙酮以烯醇式一价阴离子的形式与镍离子发生配位;1600cm⁻¹ 处是 C ═O 的伸缩振动吸收峰,乙酰丙酮根离子与 Ni^{2+} 配位后,形成大 π 键,环上电子云向中心离子的方向移动,使得 C ═O 键减弱,其振动吸收峰波数较标准羰基振动吸收峰波数下降约 100cm⁻¹,而且,离域大 π 键的形成,使得 C ═O 和 C—O 均一化。1520cm⁻¹ 处是 C ═C 伸缩振动吸收峰,共轭效应使得其吸收峰较标准 C ═C 伸缩振动吸收峰波数下降;1400cm⁻¹ 处的吸收峰为甲基—CH_3 的 C—H 的变形振动吸收峰。从乙酰丙酮镍包覆后纳米铝粉的谱图中可以看出,在 2930cm⁻¹、2850cm⁻¹、1570cm⁻¹、1520cm⁻¹ 和 1360cm⁻¹ 处仍然存在乙酰丙酮镍的特征吸收峰,表明乙酰丙酮镍主要以物理沉积的方式附着在纳米铝粉的表面[40-43]。

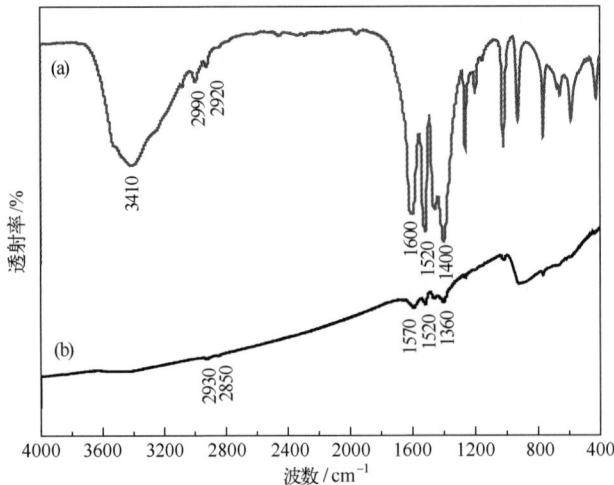

图 3-43　乙酰丙酮镍(a)和乙酰丙酮镍包覆纳米铝粉(b)的 FTIR 谱

参考文献

[1]　王建军,宋武林,郭连贵,等. 表面钝化纳米铝粉的制备及氧化机理分析[J]. 表面技术,2008,37(2):42-44.

［2］ Foley T J,Johnson C E,Higa K T. Inhibition of Oxide Formation on Aluminum Nanoparticles by Transition Metal Coating［J］. Chemistry of Materials,2005,17(16):4086-4091.

［3］ Kim K. High Energy Pulsed Plasma Arc Synthesis and Material Characteristics of Nanosized Aluminum Powder［J］. Metals & Materials International,2008,14(6):707-711.

［4］ Sun J,Simon S L. The Melting Behavior of Aluminum Nanoparticles［J］. Thermochimica Acta,2007,463(1):32-40.

［5］ Kwon Y S,Gromov A A,Ilyin A P,et al. Passivation Process for Superfine Aluminum Powders Obtained by Electrical Explosion of Wires［J］. Applied Surface Science,2003,211 (1-4):57-67.

［6］ Fehlner F P,Mott N F. Low-temperature Oxidation［J］. Oxidation of Metals,1970,2(1):59-99.

［7］ Eisenreich N,Fietzek H,Del Mar Juez-Lorenzo M,et al. On the Mechanism of Low Temperature Oxidation for Aluminum Particles Down to the Nano-Scale［J］. Propellants Explosives Pyrotechnics,2010,29(3):137-145.

［8］ Mench M M,Kuo K K,Yeh C L,et al. Comparison of Thermal Behavior of Regular and Ultra-fine Aluminum Powders (ALEX) Made from Plasma Explosion Process［J］. Combustion Science & Technology,1998,135(1-6):269-292.

［9］ 姚二岗,赵凤起,安亭. 纳米铝粉表面包覆改性研究的最新进展［J］. 纳米科技,2011,8 (2):81-90.

［10］ 姚二岗,赵凤起,高红旭,等. 高活性纳米金属铝的研究进展［J］. 纳米科技,2012(4): 72-80.

［11］ 霍俊平,宋怀河,陈晓红. 碳包覆纳米金属颗粒的合成研究进展［J］. 化学通报,2005, 68(1):23-29.

［12］ 郑碧娟,何俊武,胡军辉. 原位包覆金属纳米粒子的规模化制备及应用［J］. 纳米科技,2010(3):10-13.

［13］ 张小塔,宋武林,郭连贵,等. 激光-感应复合加热法制备碳包覆纳米铝粉［J］. 推进技术,2007,28(3):333-336.

［14］ Guo L,Song W,Xie C,et al. Characterization and Thermal Properties of Carbon-coated Aluminum Nanopowders Prepared by Laser-induction Complex Heating in Methane［J］. Materials Letters,2007,61(14):3211-3214.

［15］ Ermoline A,Schoenitz M,Dreizin E,et al. Production of Carbon-coated Aluminium Nanopowders in Pulsed Microarc Discharge［J］. Nanotechnology,2002,13(5):638-643.

［16］ Park K,Rai A,Zachariah M R. Characterizing the Coating and Size-resolved Oxidative Stability of Carbon-coated Aluminum Nanoparticles by Single-particle Mass-spectrometry ［J］. Journal of Nanoparticle Research,2006,8(3):455-464.

［17］ 程志鹏,杨毅,刘小娣,等. 置换法制备核壳结构 Cu/Al 复合粉末［J］. 化学学报,2007,65(1):81-85.

［18］ 刘小娣. 纳米 Cu/Al 复合粉末的制备及性能研究［D］. 南京理工大学,2006.

［19］ Rosenband V,Gany A. A Microscopic and Analytic Study of Aluminum Particles Agglomeration［J］. Combustion Science & Technology 2001,166(1):91-108.

［20］ 王建华. 纳米硼合金/铝复合金属粉制备技术研究［D］. 南京理工大学,2006.

［21］ 丘海林,尹光;一种核-壳结构功能包覆纳米铝-镍粉的制备方法［P］. CN101239390,2007.

［22］ 索莹. 包覆式 Al/SiO₂ 复合粒子的制备技术研究［D］. 南京理工大学,2004.

［23］ Tillotson T M,Gash A E,Simpson R L,et al. Nanostructured Energetic Materials Using Sol-gel Methodologies［J］. Journal of Non-Crystalline Solids 2001,285(1):338-345.

［24］ Young G,Wang H,Zachariah M R. Application of Nano-Aluminum/Nitrocellulose Mesoparticles in Composite Solid Rocket Propellants［J］. Propellants Explosives Pyrotechnics 2015,40(3):413-418.

［25］ Wang H,Jacob R J,Delisio J B,et al. Assembly and Encapsulation of Aluminum NP's Within AP/NC Matrix and their Reactive Properties［J］. Combustion & Flame,2017,180:175-183.

［26］ Qin L,Yan N,Li J,et al. Enhanced Energy Performance from Core-shell Structured Al@Fe₂O₃ Nanothermite Fabricated by Atomic Layer Deposition［J］. Rsc Advances,2017,7(12):7188-7197.

［27］ Yan N,Qin L,Hao H,Hui L,et al. Iron Oxide/Aluminum/Graphene Energetic Nanocomposites Synthesized by Atomic Layer Deposition:Enhanced Energy Release and Reduced Electrostatic Ignition Hazard［J］. Applied Surface Science,2017,408.

［28］ 张凯,范敬辉,黄渝鸿,等. 纳米 Al/PS 微胶囊中铝粉含量及活性分析［J］. 含能材料,2007,15(5):482-484.

［29］ 刘辉. 原位聚合制备聚丙烯酸酯/氧化铝或金属铝复合粒子及性能研究［D］. 中南大学,2007.

［30］ 杨毅,李凤生,刘宏英. 金属铝粉表面纳米膜包覆［J］. 中国有色金属学报,2005,15(5):716-720.

［31］ Sundaram DS,Yang V,Puri P. Thermo-Mechanical Behavior of Nickel-Coated Nano-Aluminum Particles［C］. Aiaa Aerospace Sciences Meeting Including the New Horizons Forum and Aerospace Exposition,2013:7858-7869.

［32］ Kassaee MZ, Buazar F. Al Nanoparticles:Impact of Media and Current on the Arc Fabrication［J］. Journal of Manufacturing Processes,2009,11(1):31-37.

［33］ Fernando KAS,Smith MJ,Harruff BA,et al. Sonochemically Assisted Thermal Decomposition of Alane N,N-Dimethylethylamine with Titanium(IV)Isopropoxide in the Presence of Oleic Acid to Yield Air-Stable and Size-Selective Aluminum Core-Shell Nanoparticles［M］. Elsevier,2009.

［34］ 曹一林. 高分子量多羟基聚叠氮缩水甘油醚的制备［J］. 含能材料,1997(4):179-

183.

[35]　文美兰. X 射线光电子能谱的应用介绍[J]. 化工时刊,2006,20(8):54-56.

[36]　罗运军,王晓青,葛震. 含能聚合物[M]. 北京:国防工业出版社,2011.

[37]　Wu H X,Xu L X,Xin C Y,et al. Synthesis and Photoluminescence Properties of Tb(3+)-acetylacetone Ternary Complexes Doped with La^{3+} or Y^{3+}[J]. Spectroscopy & Spectral Analysis,2005,25(1):69.

[38]　赵继全,郑岩,陆敬国,等. 溶胶-凝胶包容乙酰丙酮镍的制备及其催化空气环氧化环己烯的性能[J]. 分子催化,2004,18(4):266-270.

[39]　穆兰. 乙酰丙酮铬的制备及其应用研究[D]. 西南科技大学,2009.

[40]　步翠环. 含镍、钴磁性纳米粒子的制备与表征[J]. 中国石油大学,2009.

[41]　赵丹,段宏昌,姜恒,等. 固相合成乙酰丙酮镍[J]. 化工时刊,2007,21(2):8-10.

第4章　纳米金属粉与推进剂主要组分的相互作用

4.1　引言

固体推进剂的燃烧过程由一系列同时发生的多个过程组成,在相对窄小的空间区域,伴随着物质的强烈放热和汽化。燃烧过程包括不同相的转换、凝聚相和气相的化学反应、凝聚相组分扩散以及质量和热的传递等过程。化学反应释放的能量是固体推进剂燃烧的驱动力,而燃烧波传播的速率则主要由燃烧化学反应的动力学和热传递确定。

固体推进剂的燃烧要经过由凝聚相到气相的转变过程。这种过程通常以两种方式完成:一种是物理蒸发与升华;另一种是凝聚相的分解反应。其中,固体推进剂各组分的热分解反应尤为重要,它是推进剂燃烧反应的前奏和必经步骤。因此,固体推进剂的燃烧性能与其组分的热分解特性是密切相关的,通过对固体推进剂组分和推进剂热分解特性的研究,可以预测、表征和探索推进剂的燃烧性能,达到调节和控制燃烧性能的目的。研究表明,某些纳米金属粉可以提高推进剂的燃速,改善燃烧性能。因此,为了获得纳米金属粉的催化作用机理,首先需研究其对推进剂组分热分解的影响。

1. 热分解反应动力学参数的计算方法

热分解反应动力学参数的计算方法有很多,大体可分为两类:积分法和微分法。本书采用常见的6种方法,如表4-1所列。其中式(1)~式(5)属积分法,式(6)属微分法,非等温DSC法通常采用式(1)~式(4),等转化率法采用式(5),当$T=T_p$时,采用式(6)。所用的41种机理函数积分式$G(\alpha)$和微分式$f(\alpha)$见文献[45-48]。

2. 选择合适机理函数的方法

选择合适的动力学机理函数主要根据以下判据:

(1)所求得的热分解动力学参数表观活化能E_a和指前因子A应在固体热分解反应动力学参数值的正常范围内,通常为80kJ/mol<E_a<250kJ/mol,7<lg(A/

s)<30。

（2）线性回归给出的线性相关系数 $r>0.98$。

（3）由 Kissinger 法、Flynn-Wall-Ozawa 法和 Coats-Redfern 法三种方法所得的动力学参数尽量一致。

（4）所选机理函数对应的分解形式应与样品的状态相吻合。

根据上述原则，对各种方法所求得的 E_a 和 A 进行比较，将通过逻辑分析求得的最可几函数代入非等温动力学关系式，即可得到热分解动力学方程。

表 4-1　动力学计算方法

方　法	方　　程	
Ordinary-integral	$\ln[G(\alpha)/T^2]=\ln[(AR/\beta E)(1-2RT/E)-E/RT]$	(1)
Mac Callum-Tanner	$\lg[G(\alpha)]=\lg(AE/\beta R)-0.4828E^{0.4357}-(0.449+0.217E)/(0.001T)$	(2)
Šatava-Šesták	$\lg[G(\alpha)]=\lg(AE/\beta R)-2.315-0.4567E/RT$	(3)
Agrawal	$\ln[G(\alpha)/T^2]=\ln\{(AR/\beta E)[1-2(RT/E)]/[1-5(RT/E)^2]\}-E/RT$	(4)
Flynn-Wall-Ozawa	$\lg\beta=\lg\{AE/[RG(\alpha)]\}-2.315-0.4567E/RT$	(5)
Kissinger	$\ln(\beta_i/T_{pi}^2)=\ln(AR/E)-E/RT_{pi}, i=1,2,\cdots,4$	(6)

注：β—升温速率；T_p—分解峰温；E—表观活化能；A—指前因子；R—普适气体常数；T—某一转化率对应的温度；$G(\alpha)$—积分形式机理函数；α—转化率

4.2　纳米金属粉对硝化棉或吸收药热分解的影响

纳米金属粉因具有小尺寸效应、表面效应、量子尺寸效应和宏观量子隧道效应等，表现出不同于常规材料的催化特性[1-3]。为了揭示纳米金属粉对双基推进剂燃烧过程的影响，探究燃烧机理和调节燃烧性能提供初步的实验依据，本节对含铝粉、镍粉的 NC 及吸收药（NC+NG）体系的热分解性能进行研究。

4.2.1　纳米铝粉(n-Al)对 NC 热分解的影响

NC/Al=3/1（质量比）的 PDSC 和 TG-DTG 曲线见图 4-1~图 4-3，特征量见表 4-2 和表 4-3。从上述图和表中的数据可知，常压下，与 NC 相比，NC/Al 的 T_0、T_p 和 ΔH_d 值的变化不明显，而表示质量损失最大速度的 DTG 峰高 H_D 却有明显的下降。即使在 3MPa 的高压下，由于气相产物的自催化加速分解使 NC 的 DSC 放热峰向后倾斜，而添加铝粉的 NC 体系有所减缓，尤其是在添加 g-Al 粉（普通铝粉，general aluminum）的体系中已看不出这种加速分解。这是因为严重富氧平衡的 NC 的分解温度较低,分解时不足以使铝发生强烈放热的氧化反应(尤其是在常压下),而铝粉对体系的"稀释"和热传导作用影响了 NC 的分解。在高压下,由于部分气相产物(如 NO_2)参与了 Al 的氧化反应使 ΔH_d 值明显提高,部分掩盖了这种物理作用。

　　图 4-2 和表 4-2 表明,在常压下 n-Al 与 g-Al 对 NC 分解放热过程的影响没有差异,而在高压下,n-Al 与 g-Al 对该过程的影响明显不同。这说明在常压下两种铝金属粉的"稀释"和热传导作用没有区别,而在高压下,因为铝参与了反应,所以有显著的不同。

表 4-2　NC/Al 与 NC 的 PDSC 特征量

P/MPa	NC			NC/g-Al			NC/n-Al		
	T_0	T_p	ΔH_d	T_0	T_p	ΔH_d	T_0	T_p	ΔH_d
0.1	201.0	202.9	2001	198.1	211.1	2151	197.8	210.9	2002
3	198.9	214.0	2141	198.2	211.0	2749	197.5	214.1	3152

注:T_0、T_p 和 ΔH_d 分别为分解放热峰的起始温度、顶峰温度和分解热,单位为℃和 J/g

表 4-3　NC/Al 与 NC 的 DTG 特征量

	NC	NC/g-Al	NC/n-Al
T_p/℃	216.6	214.2	216.1
H_D/(%·min^{-1})	32.8	20.6	17.9

注:T_p 和 H_D 分别为 DTG 峰温和峰高

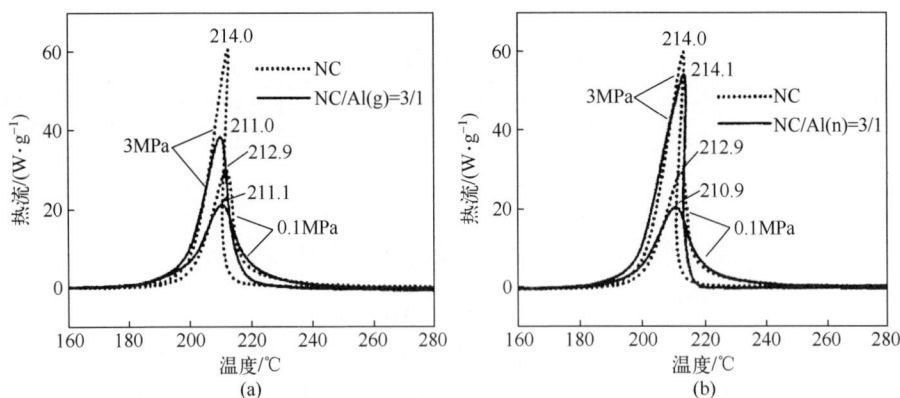

图 4-1　NC 与 NC/Al 的 PDSC 曲线

(a) g-Al;(b) n-Al。

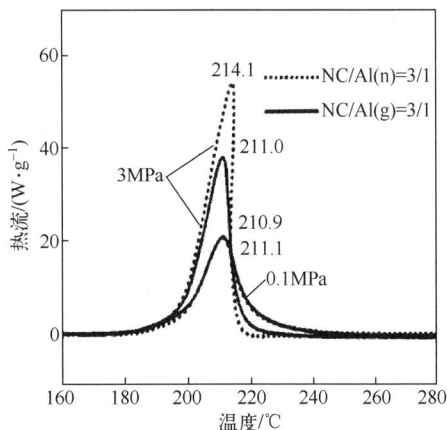

图 4-2　NC 与 NC/Al 的 DSC 曲线

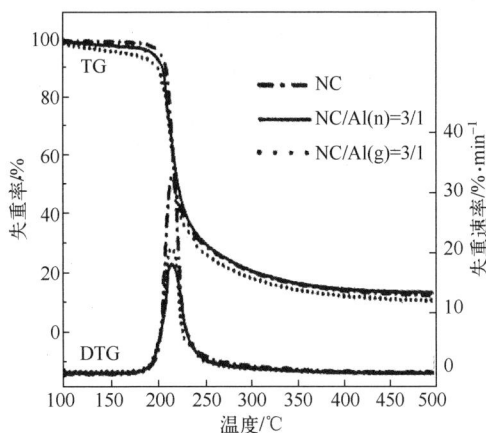

图 4-3　NC 与 NC/Al 的 TGA 曲线

4.2.2　n-Al 对 NC+NG 热分解的影响

　　(NC+NG)/Al=5/1(质量比)体系的 PDSC 和 TG-DTG 曲线见图 4-4 和图 4-5,所用特征量见表 4-4。上述图和表中的数据表明铝粉对 NC+NG 的 PDSC 特征量没有明显影响,无论是使用 n-Al 还是在高压下反应,"稀释"和热传导的物理作用以及氧化放热过程都未得到反映。这可能是因为混合体系中 Al 的含量较少,但这也反映了液态 NG 对 Al 的物理化学过程的影响。

表 4-4　（NC+NG)/Al 与 NC+NG 的 PDSC 特征量

P/MPa	（NC+NG)			（NC+NG)/g-Al			（NC+NG)/n-Al		
	T_0	T_p	ΔH_d	T_0	T_p	ΔH_d	T_0	T_p	ΔH_d
0.1	184.7	203.4	1370	185.3	203.1	1627	186.6	204.4	1498
3	183.0	200.8	2859	184.7	200.5	3114	184.4	201.8	3007
注：T_0、T_p 和 ΔH_d 分别为分解放热峰的起始温度、顶峰温度和分解热，单位为℃和 J/g									

4.2.3　纳米镍粉(n-Ni)对 NC 热分解的影响

NC/Ni＝5/1(质量比)体系的 PDSC 和 TG-DTG 曲线见图 4-4~图 4-7,所用特征量见表 4-5。Ni 对 NC 分解的加速作用主要体现于放热分解温度和质量损失温度的提前。虽然 NC 的初始分解过程主要发生在凝聚相,但它的二次分解过程受气相分解产物(如 NO_2) 的影响很大,这时 Ni 的催化作用显著,压力下这种作用更明显。因此,虽然在常压下,NC/Ni 体系的 DSC 峰温 T_p、分解热 ΔH_d和 DTG 峰温 T_p 与 NC 相比都没有明显的变化,但 T_0 和 TG 曲线的温度都有明显的降低,在 3MPa 高压下 ΔH_d明显增加,然而未观察到 g-Ni 与 n-Ni 之间的明显差异。另外,DSC 和 DTG 曲线峰高下降,且 3MPa 下 NC 的 PDSC 曲线向高温倾斜(自加热),而在 NC/Ni 系统中,相同的样品量下该曲线较平缓,未见自加热现象,说明镍粉对体系也起到了"稀释"和热传导的作用。

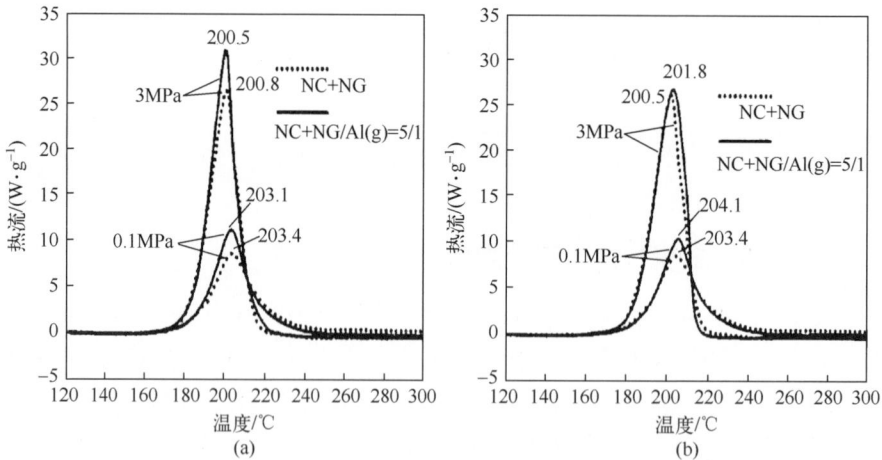

图 4-4　（NC+NG) 与 (NC+NG)/Al 的 PDSC 曲线

(a) g-Al;(b) n-Al。

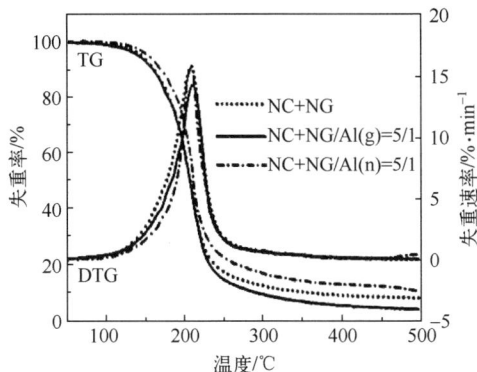

图 4-5　(NC+NG)与(NC+NG)/Al 的 TG-DTG 曲线

表 4-5　(NC+NG)/Al 与 NC+NG 的 TG-DTG 特征量

样　品	P/MPa	DTG $T_P/℃$	PDSC		
			T_0	T_p	ΔH_d
NC	0.1	215.6	201.0	212.9	1997
NC/g-Ni	0.1	214.3	197.2	210.8	2087
NC/n-Ni	0.1	214.7	197.8	211.1	1937
NC	3	—	199.6	214.0	2135
NC/g-Ni	3	—	194.3	209.2	2592
NC/n-Ni	3	—	193.7	210.6	2547
注:T_0 为分解放热 DSC 曲线的起始温度,其他同上					

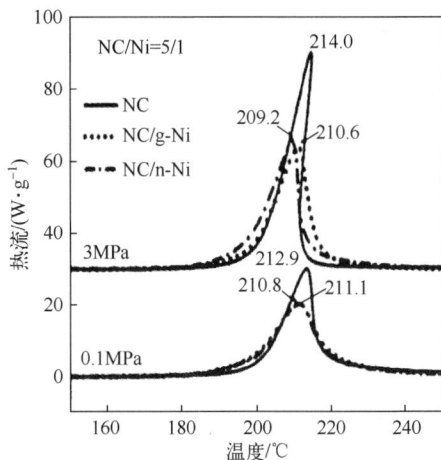

图 4-6　NC/Ni 体系的 PDSC 曲线

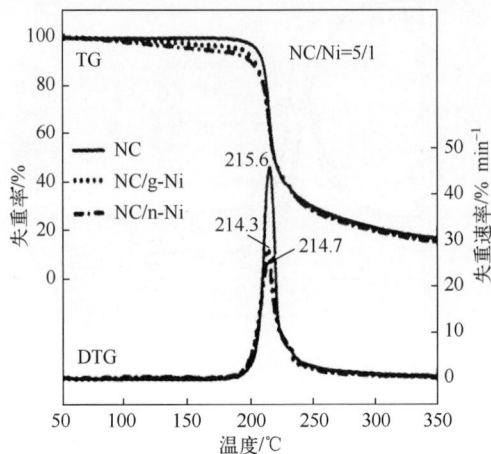

图 4-7　NC/Ni 体系的 TG-DTG 曲线

4.2.4　n-Ni 对 NC+NG 热分解的影响

（NC+NG）/Ni＝8/1（质量比）体系的 PDSC 曲线见图 4-8，所用特征量见表 4-6。镍粉对 NC+NG 混合体系 PDSC 曲线的作用与其对 NC 的作用基本相同。除了 T_0 稍有下降外，NC+NG 混合体系的其他 PDSC 特征量，如 T_p 和 ΔH_d 均没有明显的变化。说明 NG 的加入基本不改变 Ni 对 NC 的作用。

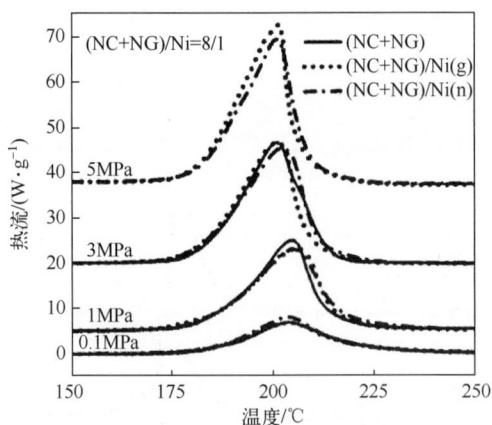

图 4-8　（NC+NG）/Ni 体系的 PDSC 曲线

表 4-6　（NC+NG）/Al 与 NC+NG 的 PDSC 特征量

样品	P/MPa	T_0/℃	T_p/℃	ΔH_d/$(J \cdot g^{-1})$
NC+NG	0.1	185.0	203.4	1083
（NC+NG）/g-Ni	0.1	183.8	203.5	1075
（NC+NG）/n-Ni	0.1	184.5	203.5	1161
NC+NG	1	186.5	204.4	2224
（NC+NG）/g-Ni	1	184.0	205.5	2358
（NC+NG）/n-Ni	1	184.7	204.8	2374
NC+NG	3	183.0	200.8	2897
（NC+NG）/g-Ni	3	182.6	200.4	2846
（NC+NG）/n-Ni	3	182.3	202.0	2969
（NC+NG）/g-Ni	5	183.5	201.1	3101
（NC+NG）/n-Ni	5	181.9	200.6	3291

4.3　纳米金属粉及包覆纳米铝粉对 RDX 热分解特性的影响

在高能推进剂配方中,用 RDX 代替高氯酸铵和铝粉是在保证推进剂具有较高能量的前提下,实现推进剂排气无烟的重要技术途径。

4.3.1　不同金属粉对 RDX 热分解特性的影响

金属粉的添加可以调节固体推进剂的燃烧性能[4-6],本节通过 DSC 研究了纳米铜粉(n-Cu)、普通铜(N-Cu)粉、n-Ni 和超细镍(SF-Ni)粉等对 RDX 热分解特性的影响[7]。金属粉的粒径由日本 JEOL 电子公司生产的 JSM-5800 型扫描电镜和英国牛津 LINK-ISIS 能谱仪(分辨率为 3.5nm)进行测试,结果见表 4-7。

表 4-7　所用金属粉的平均直径

R_{n-Cu}/nm	R_{n-Ni}/nm	R_{SF-Ni}/μm	R_{SF-Al}/μm	R_{N-Cu}/μm	R_{N-Al}/μm
90	80	1.1	1.5	3	4

由图 4-9 可见,n-Ni 粉、铝粉(纳米级、普通级)均可使 RDX 初始分解热峰的前半峰变得平缓。此外 n-Al 和 n-Ni 消除了 RDX 的二次分峰肩峰,普通铝粉对 RDX 的二次分解反应影响很小,而 n-Ni 加强了此二次反应。普通铜粉使 RDX 的分解放热峰变得比较对称,并消除了 RDX 的二次分解肩峰。n-Cu 粉使 RDX 的前半峰变得非常陡直,峰宽变窄,这说明 n-Cu 粉使 RDX 的前期分解加速,因此其后期分解反应也相应提前,但二次肩峰仍然存在。RDX/金属粉的

DSC 数据见表 4-8,其中 ΔH 为表观活化能。在几种金属粉中,铜粉对 RDX 热分解物性的影响程度最大,其中 n-Cu 较普通铜粉的影响要大得多,n-Cu 和普通铜粉分别使 RDX 分解峰的峰温前移了 27.5℃ 和 6.5℃。n-Ni、n-Al、普通铝粉对 RDX 热分解特性影响不大。

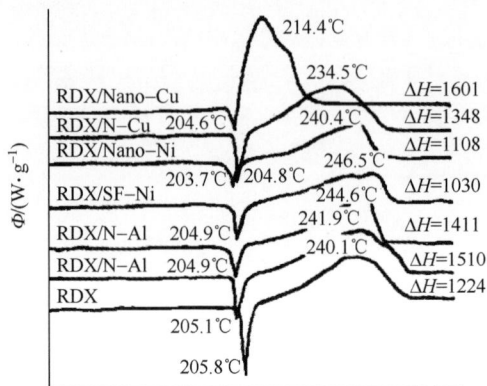

图 4-9　0.1MPa 下 RDX 与 RDX/金属混合体系的 DSC 曲线

表 4-8　热分解数据(RDX:金属粉=1.5:1)

样　品	$t_{峰温}$/℃	折合为 RDX 的 ΔH/(kJ·mol^{-1})
RDX	240.1	1229
RDX/Cu(90mm)	214.4	1601
RDX/Cu(3μm)	234.5	1384
RDX/Ni(80nm)	240.4	1108
RDX/Ni(1.5μm)	246.5	1030
RDX/Al(150nm)	244.6	1412

4.3.2　n-Cu 对 RDX 热分解性能的影响

RDX 和 RDX/n-Cu 体系的 DSC 曲线见图 4-10 和图 4-11。结果表明:n-Cu 使 RDX 分解放热峰的峰温降低了 24.9℃,n-Cu 对 RDX 热分解特性的影响程度比普通铜粉要大很多;在 0.1MPa、2.0MPa 和 6.0MPa 压力下,随压力增大,RDX/n-Cu 的峰形变化规律和 RDX 的不同。在 RDX/n-Cu 样品中,随 n-Cu 含量降低,Cu 对 RDX 热分解特性的影响程度逐渐降低,峰温向高温区移动。但当 RDX 与 n-Cu 的质量比从 15:1 增加到 20:1 时,RDX 的峰温向低温方向移动。

由图 4-10 和图 4-11 可见,在 RDX/n-Cu 体系中,RDX 熔化吸热峰的峰温降低。添加 n-Cu 后,RDX 体系放热峰峰温和峰形的变化规律有显著变化。在

RDX 体系中,峰温不随压力而变,二次分解反应峰明显;而在 RDX/n-Cu 体系中,该峰峰温随压力增大向高温移动,除了常压下能看到的二次分解的肩峰外,增大压力后,二次分解反应是以拖尾峰的形式存在的。

表 4-9 是用 Kissinger 法计算出的表观活化能及分解反应速率表达式。在 DSC 实验中,升温速率分别为 5℃/min、10℃/min、20℃/min 和 30℃/min。计算结果表明,n-Cu 使 RDX 的分解活化能降低了 2.3kJ/mol,促进 RDX 分解反应的进行,RDX 的分解峰峰温也相应降低。此外,从图 4-12 可以看出,随着 n-Cu 含量的减少,RDX/n-Cu 体系的分解峰峰温逐渐升高。但当 RDX 与 n-Cu 的质量比从 15:1 增加到 20:1 时,RDX 的分解峰峰温又由 232.4℃ 降低到 228.0℃。

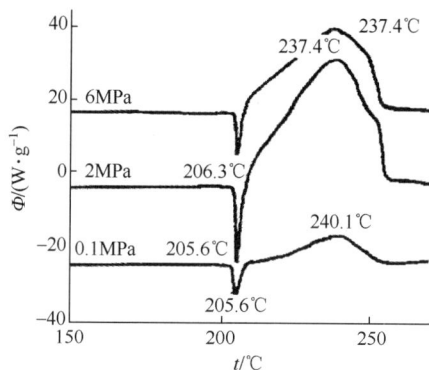

图 4-10　不同压力下 RDX 的 DSC 曲线

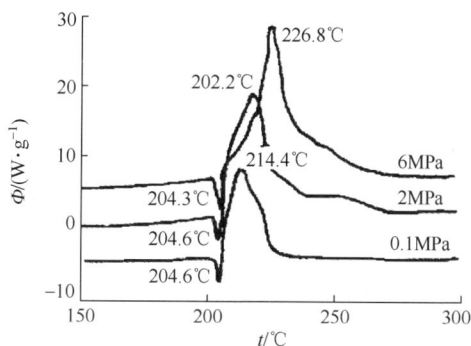

图 4-11　不同压力下 RDX/n-Cu 体系的 DSC 曲线

表 4-9　RDX 与 RDX/n-Cu 体系在 0.1MPa 下的动力学参数

样　品	r	$\ln(A/s)$	$E_a/(\text{kJ}\cdot\text{mol}^{-1})$	Arrhenius 方程
RDX	0.978	35.87	171.21	$\ln k = 35.87 - 20593.0/T$
RDX/n-Cu	0.993	36.72	168.90	$\ln k = 36.72 - 20315.5/T$

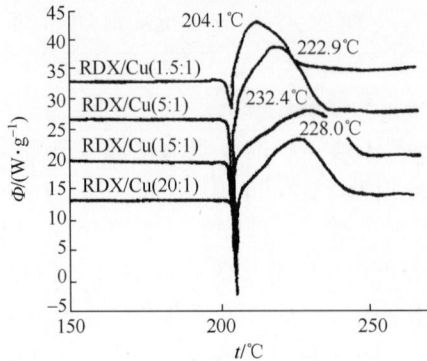

图 4-12　纳米铜粉的含量对 RDX 热分解的影响

4.3.3　n-Cu 对 RDX 热分解作用机理分析

　　RDX 的失重温度(t_p)和失重百分比 y 见表 4-10。结果表明,n-Cu 不会改变 RDX 的失重过程,但会使 RDX 的失重峰温提前。XPS 结果表明,在剩余物中 n-Cu 仍以铜单质形式存在。另外,从 DSC 曲线(图 4-10 和图 4-11)可以看出, RDX 熔化后缓慢分解,但加入 n-Cu 后,RDX 的熔化峰变小,且初期分解速率急剧增加。

　　有报道表明[8],铜粉存在大量的晶格缺陷。缺陷处的铜原子处于不饱和状态,很容易吸附具有多余电子的物质或与之形成络合物。在 RDX 分子中, —NO_2 中的 N 存在孤对电子,推测 n-Cu 与 RDX 形成了环络合物,从而削弱了 N—N 键,使之易断裂,在受热时,可同时产生两分子的 NO_2,使 RDX 热分解产物中的 NO_2 浓度增加,NO_2 对 RDX 具有自催化作用。同时,由于 n-Cu 具有较大的比表面积,可以吸附其他气体产物,有助于气体产物间的化学反应和反应放热。因此,n-Cu 对 RDX 的热解既有液相作用也有气相作用[9]。n-Cu 极大地促进了 RDX 的分解,使分解峰温提前,增加了 RDX 的表观生成热。

表 4-10　RDX 与 RDX/n-Cu 体系的 TG/DTG 数据

样　品	DTG,t_p/℃	350℃,y/%
RDX	341.2	0.081
RDX/n-Cu(1.5:1)	227.4	40.24

　　下面,将主要以表面包覆改性后的纳米铝粉和 RDX 为研究对象,通过研究未处理和经不同材料包覆后的纳米铝粉对 RDX 分解反应特性的影响,获得了热分解反应过程的动力学参数,并得到了油酸包覆纳米铝粉与 RDX 构成的复合体系的动力学方程。

4.3.4　油酸包覆纳米铝粉(n-Al+OA)对 RDX 热分解特性的影响

1. 试样制备

1) n-Al/RDX 样品的制备

将一定量的纳米铝粉加入 100mL 乙酸乙酯中,超声波分散 30min;将相同质量的 RDX 加入上述混合液中,继续超声波分散 10min,然后将混合液倒入玛瑙研钵中研磨 20min;将上述纳米铝粉与 RDX 的复合物,放入真空干燥箱中干燥。待完全干燥后,继续研磨 10min 得到 n-Al/RDX 样品。

2) (n-Al+OA)/RDX 样品的制备

将一定量的油酸包覆处理后的纳米铝粉加入一定量的环己烷中,超声波分散 30min;将 RDX(与纳米铝粉的质量比为 1∶1)加入上述混合液中,继续超声波分散 10min,然后将混合液倒入玛瑙研钵中研磨 20min,将上述油酸包覆纳米铝粉与 RDX 的复合物,放入真空干燥箱中干燥。待完全干燥后,继续研磨 10min 得到(n-Al+OA)/RDX 样品。

2. n-Al/RDX 和(n-Al+OA)/RDX 的热分解特性

图 4-13 是 n-Al/RDX 和(n-Al+OA)/RDX 在不同升温速率下的 DSC 曲线。从图中可以看出,随着升温速率的增加,DSC 曲线的起始温度、峰温、终止温度都向高温方向移动。相同升温速率条件下,(n-Al+OA)/RDX 的峰温都低于 n-mAl/RDX 的峰温,这可能由于经油酸包覆后的纳米铝粉,其表面会形成一层油酸的保护层,在 RDX 的热分解过程中,油酸挥发吸热,从而使反应体系的温度降低,造成其峰温都相对较低。

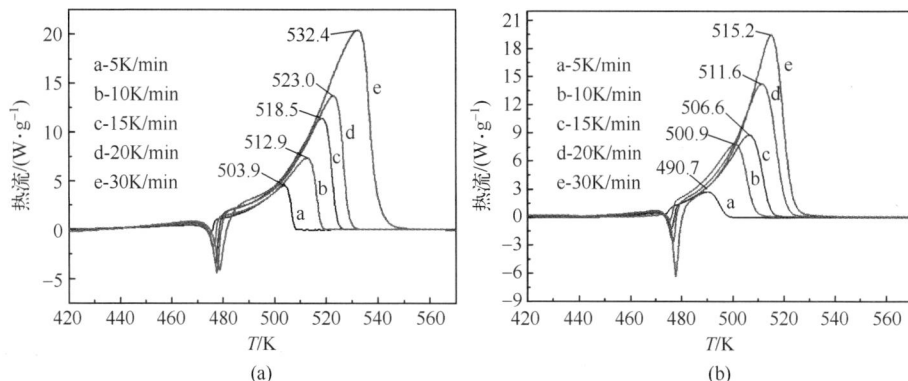

图 4-13　不同升温速率下 n-Al/RDX(a)和(n-Al+OA)/RDX(b)的 DSC 曲线

3. n-Al/RDX 和(n-Al+OA)/RDX 的非等温分解反应动力学

表 4-11 是不同升温速率下 n-Al/RDX 和(n-Al+OA)/RDX 分解反应的原始数据。将表 4-11 中的 T-α 数据运用 Flynn-Wall-Ozawa 法[表 4-1 中式(5)]进行计算,获得 n-Al/RDX 和(n-Al+OA)/RDX 的分解反应活化能(E_a)随 α 变化的 E_a-α 曲线,如图 4-14 所示。

表 4-11　不同升温速率下 n-Al/RDX 和(n-Al+OA)/RDX 的分解反应数据

α	n-Al/RDX					(n-Al+OA)/RDX				
	T/K					T/K				
	β/(K·min^{-1})					β/(K·min^{-1})				
	5	10	15	20	30	5	10	15	20	30
0.02	483.0	486.9	489.7	492.2	505.2	476.2	482.6	485.4	487.9	489.6
0.04	485.0	489.6	492.9	495.6	507.9	477.1	484.5	487.6	490.5	492.5
0.06	486.5	491.6	495.1	498.1	509.8	477.9	485.8	489.3	492.4	494.6
0.08	487.7	493.2	496.9	500.0	511.4	478.6	487.0	490.6	494.0	496.4
0.10	488.8	494.5	498.4	501.7	512.7	479.3	487.9	491.7	495.3	497.8
0.12	489.7	495.7	499.7	503.1	513.9	479.9	488.8	492.7	496.4	499.1
0.14	490.5	496.8	500.9	504.3	515.0	480.5	489.6	493.6	497.5	500.2
0.16	491.3	497.7	502.0	505.5	516.0	481.0	490.3	494.5	498.4	501.2
0.18	492.0	498.6	503.0	506.5	516.9	481.6	490.9	495.2	499.3	502.1
0.20	492.6	499.4	503.9	507.5	517.7	482.1	491.6	495.9	500.1	503.0
0.22	493.2	500.2	504.7	508.3	518.5	482.5	492.1	496.6	500.8	503.7
0.24	493.8	500.9	505.5	509.2	519.3	483.0	492.7	497.2	501.5	504.5
0.26	494.4	501.6	506.2	509.9	520.0	483.4	493.2	497.8	502.2	505.2
0.28	494.9	502.2	506.9	510.7	520.7	483.9	493.7	498.4	502.8	505.8
0.30	495.4	502.8	507.6	511.4	521.3	484.3	494.2	498.9	503.4	506.4
0.32	495.8	503.4	508.2	512.0	521.9	484.7	494.6	499.4	503.9	507.0
0.34	496.3	503.9	508.8	512.7	522.5	485.0	495.1	499.9	504.5	507.6
0.36	496.7	504.5	509.4	513.3	523.1	485.4	495.5	500.4	505.0	508.1
0.38	497.2	505.0	509.9	513.9	523.7	485.8	495.9	500.8	505.5	508.6
0.40	497.6	505.5	510.5	514.4	524.2	486.1	496.3	501.2	506.0	509.1
0.42	498.0	506.0	511.0	515.0	524.8	486.4	496.6	501.7	506.5	509.6
0.44	498.3	506.4	511.5	515.5	525.3	486.8	497.0	502.1	506.9	510.1

（续）

	n–Al/RDX					(n–Al+OA)/RDX				
	T/K					T/K				
α	$\beta/(K \cdot min^{-1})$					$\beta/(K \cdot min^{-1})$				
	5	10	15	20	30	5	10	15	20	30
0.46	498.7	506.9	512.0	516.0	525.8	487.1	497.4	502.5	507.3	510.5
0.48	499.1	507.3	512.5	516.5	526.3	487.4	497.7	502.9	507.8	510.9
0.50	499.4	507.7	512.9	517.0	526.8	487.7	498.1	503.3	508.2	511.4
0.52	499.8	508.1	513.4	517.5	527.3	488.0	498.4	503.7	508.6	511.8
0.54	500.1	508.5	513.8	517.9	527.7	488.3	498.7	504.0	509.0	512.1
0.56	500.4	508.9	514.2	518.4	528.2	488.6	499.1	504.4	509.4	512.5
0.58	500.7	509.3	514.7	518.8	528.6	488.9	499.4	504.8	509.7	512.9
0.60	501.0	509.7	515.1	519.2	529.1	489.2	499.7	505.1	510.1	513.3
0.62	501.3	510.0	515.5	519.6	529.5	489.5	500.0	505.4	510.5	513.6
0.64	501.6	510.4	515.9	520.0	530.0	489.8	500.3	505.8	510.9	514.0
0.66	501.9	510.8	516.2	520.4	530.4	490.1	500.6	506.1	511.2	514.4
0.68	502.2	511.1	516.6	520.8	530.8	490.3	500.9	506.5	511.6	514.7
0.70	502.5	511.4	517.0	521.2	531.3	490.6	501.2	506.8	512.0	515.1
0.72	502.8	511.8	517.4	521.6	531.7	490.9	501.5	507.1	512.3	515.4
0.74	503.1	512.1	517.7	522.0	532.1	491.2	501.9	507.5	512.7	515.7
0.76	503.3	512.4	518.1	522.4	532.5	491.5	502.2	507.8	513.1	516.1
0.78	503.6	512.8	518.5	522.8	532.9	491.8	502.5	508.2	513.4	516.5
0.80	503.9	513.1	518.8	523.1	533.3	492.1	502.8	508.5	513.8	516.8
0.82	504.1	513.4	519.2	523.5	533.8	492.4	503.1	508.9	514.2	517.2
0.84	504.4	513.8	519.5	523.9	534.2	492.7	503.5	509.2	514.6	517.6
0.86	504.7	514.1	519.9	524.3	534.6	493.0	503.5	509.6	515.1	518.0
0.88	504.9	514.4	520.3	524.7	535.1	493.4	504.2	510.0	515.5	518.4
0.90	505.2	514.8	520.7	525.1	535.6	493.8	504.6	510.5	516.0	518.9
0.92	505.5	515.2	521.1	525.5	536.1	494.2	505.1	511.0	516.6	519.5
0.94	505.8	515.6	521.6	526.0	536.8	494.7	505.6	511.5	517.2	520.1
0.96	506.2	516.1	522.1	526.6	537.6	495.3	506.3	512.2	518.1	520.9
0.98	506.7	516.7	522.8	527.4	539.0	496.2	507.3	513.2	519.2	522.2
1.00	509.4	520.3	527.3	531.2	546.6	500.0	512.4	518.0	525.0	529.2

　　从图 4-14 可以看出,n-Al/RDX 和(n-Al+OA)/RDX 的分解反应活化能都随着转化率的增加而降低,转化率在 0.20~0.80 范围内活化能随转化率的变化较小,因此,为了能更好地揭示其反应机理,选取转化率范围在 0.20~0.80 进行动力学计算。

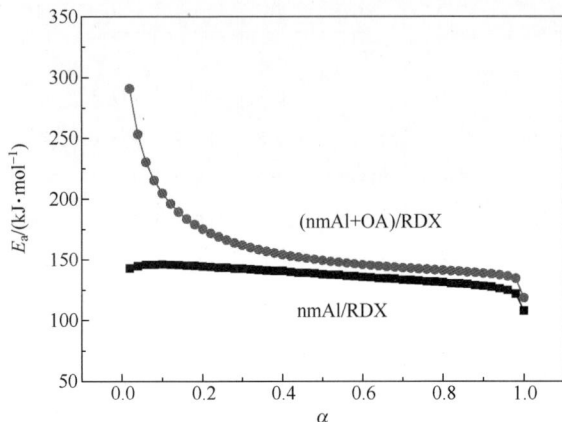

图 4-14　由 Flynn-Wall-Ozawa 法得到的 E_a-α 曲线

　　将表 4-11 中 α 在 0.20~0.80 范围内 n-Al/RDX 和(n-Al+OA)/RDX 的数据和 41 种机理函数分别代入表 4-1 式(1)~式(6)中,运用最小二乘法计算出不同升温速率(5K/min、10K/min、15K/min、20K/min 和 30K/min)下的 E_a、$\lg A$、r 和 Q(E_a 为表观活性能,A 为指数因子,r 为线性相关系数,Q 为平方误差)值,根据 r 与 Q 最优的标准,得到相应 41 个机理函数的动力学参数。

　　根据单一非等温 DSC 曲线所选机理函数形式而得的 E_a、$\lg A$、r 值与用多重扫描速率法(Kissinger 法和 Flynn-Wall-Ozawa 法)求得的值基本一致的原则,结果表明,在 41 个机理函数中,第 13 号函数是纳米铝粉/RDX 复合体系分解反应的最可几机理函数,第 5 号函数是油酸包覆处理后的纳米铝粉/RDX 复合体系分解反应的最可几机理函数[94-96],两机理函数的动力学参数计算结果列于表 4-12 中。

　　根据以上计算结果可知,n-Al/RDX 复合体系的热分解过程为随机成核和随后生长过程,其最可几机理函数为 $n=1/2$ 的 Avrami-Erofeev 方程,积分式为 $G(\alpha)=[-\ln(1-\alpha)]^{2/3}$,相应的微分式为 $f(\alpha)=3/2(1-\alpha)[-\ln(1-\alpha)]^{1/3}$,其中 α 表示转化率。将上述最可几机理函数的微分式 $f(\alpha)$ 及所求得的 E_α 和 A 的平均值分别代入方程 $\mathrm{d}\alpha/\mathrm{d}t=Af(\alpha)\mathrm{e}^{-E/RT}$,得其动力学方程

$$\mathrm{d}\alpha/\mathrm{d}t=10^{11.78}(1-\alpha)[-\ln(1-\alpha)]^{1/3}\mathrm{e}^{-16080.1/T}$$

表 4-12 n-Al/RDX 和(n-Al+OA)/RDX 的动力学参数

方 法	β/(K·min^{-1})	n-Al/RDX				n-Al/OA/RDX			
		E_a/(kJ·mol^{-1})	lg(A/s)	r	Q	E_a/(kJ·mol^{-1})	lg(A/s)	r	Q
Ordinary-integral	5	142.64	12.37	0.9990	0.0082	161.94	14.85	0.9993	0.0026
	10	132.59	11.46	0.9990	0.0053	150.39	13.54	0.9997	0.0014
	15	128.31	11.08	0.9989	0.0093	136.59	12.07	0.9999	0.0006
	20	128.31	11.20	0.9989	0.0093	127.07	11.04	0.9999	0.0002
	30	133.34	11.63	0.9998	0.0018	127.71	11.20	0.9999	0.0006
Mac Callum-Tanner	5	143.48	12.40	0.9991	0.0016	162.60	14.87	0.9993	0.0005
	10	133.45	11.49	0.9991	0.0010	151.14	13.56	0.9998	0.0003
	15	129.20	11.11	0.9990	0.0018	137.32	12.09	0.9999	0.0001
	20	129.20	11.24	0.9990	0.0018	127.82	11.06	0.9999	0.0001
	30	134.44	11.69	0.9998	0.0003	128.51	11.23	0.9992	0.0001
Šatava-Šesták	5	143.65	12.47	0.9991	0.0016	161.70	14.81	0.9993	0.0005
	10	134.18	11.62	0.9991	0.0016	150.88	13.57	0.9998	0.0003
	15	130.17	11.27	0.9990	0.0018	137.83	12.09	0.9999	0.0001
	20	130.17	11.40	0.9990	0.0178	128.86	11.23	0.9999	0.0001
	30	135.11	11.81	0.9998	0.0003	129.51	11.39	0.9999	0.0001
Agrawal	5	142.64	12.37	0.9990	0.0082	161.94	14.85	0.9993	0.0002
	10	132.93	11.46	0.9990	0.0083	150.39	13.54	0.9997	0.0014
	15	128.31	11.08	0.9989	0.0093	136.59	12.07	0.9999	0.0006
	20	128.31	11.20	0.9989	0.0093	127.07	11.04	0.9999	0.0002
	30	133.34	11.63	0.9998	0.0018	127.71	11.20	0.9999	0.0006
Mean		133.69	11.60			141.18	12.57		
Flynn-Wall-Ozawa		135.02		0.9931		141.55		0.9961	
Kissinger		133.38	11.58	0.9921		140.49	12.71	0.9957	

(n-Al+OA)/RDX 复合体系的热分解过程为三维扩散过程,其最可几机理函数为 $n=1/2$ 的 Jander 方程,积分式为 $G(\alpha)=[1-(1-\alpha)^{1/3}]^{1/2}$,相应的微分式为 $f(\alpha)=6(1-\alpha)^{2/3}[1-(1-\alpha)^{1/3}]^{1/2}$,其中 α 表示转化率。将上述最可几机理函数的微分式 $f(\alpha)$ 及所求得的 E_a 和 A 的平均值分别代入方程 $d\alpha/dt=Af(\alpha)e^{-E/RT}$,得其动力学方程

$$d\alpha/dt=10^{13.35}(1-\alpha)^{2/3}[1-(1-\alpha)^{1/3}]^{1/2}e^{-16981.0/T}$$

从上述计算结果可以看出,与 n-mAl/RDX 复合体系相比,(n-Al+OA)/RDX 复合体系的热分解反应表观活化能增大,这可能是因为纳米铝粉参与炸药的热分解反应,生成纳米铝的氧化物。这种氧化物又可以与 RDX 分子中 C—N 的中心原子形成四中心活化络合物。在活化中心力场的作用下,该络合分子容易发生形变,C—N 键断裂,发生"四中心协同反应",同时该反应产生的自由基也促进了 RDX 的自催化反应,从而加速了 RDX 的热分解[97]。

经油酸表面包覆后,在纳米铝粉表面会形成一层保护膜,从而对纳米铝粉与 RDX 的反应起到了一定的阻碍作用,间接降低了纳米铝粉对 RDX 的催化作用,从而使 RDX 的热分解反应活化能增大;但这同时也证明了油酸可在纳米铝粉表面形成一定的保护层,防止纳米铝粉在长期储存中发生进一步氧化而失活。

4.3.5　全氟十四烷酸包覆纳米铝粉(n-Al+FS)对 RDX 热分解特性的影响

1. 样品制备方法

将一定量的全氟十四烷酸(FS)包覆后的纳米铝粉分别加入一定量的环己烷中,超声波分散 30min;将 RDX(与纳米铝粉的质量比为 1:1)加入上述混合液中,继续超声波分散 10min,然后将混合液倒入玛瑙研钵中研磨 20min,将上述复合物(n-Al+FS)/RDX 放入真空干燥箱中干燥。待完全干燥后,继续研磨 10min 得到相应的样品。

2. 影响

图 4-15 是不同升温速率下(n-Al+FS)/RDX 的 DSC 曲线。由图 4-15 可以看出,随着升温速率的提高,(n-Al+FS)/RDX 的分解峰峰温均向高温方向移动。与图 4.1a 相比,在各升温速率下,(n-mAl+FS)/RDX 的分解峰峰温均高于 n-Al/RDX 的峰温,且峰顶较矮,这主要是由于铝粉为热的良导体,在 RDX 中混入铝粉后,由于金属铝的强导热作用,使得 RDX 的分解峰峰温降低,而纳米铝粉经 FS 表面包覆后,会在纳米铝粉表面形成一保护层,由于 FS 的导热效应较差,因此,其分解峰峰温较 n-Al/RDX 的分解峰峰温均高。

表 4-13 是分别采用 Kissinger 法与 Flynn-Wall-Ozawa 法计算得到的(n-Al+FS)/RDX 分解反应动力学参数。从表 4-13 可以看出,(n-Al+FS)/RDX 的分解反应表观活化能远大于 n-Al/RDX,这主要是由于纳米铝粉表面包覆的 FS 对纳米铝粉与 RDX 的反应起到了一定的抑制作用,使得 RDX 的分解反应表观活化能增大。

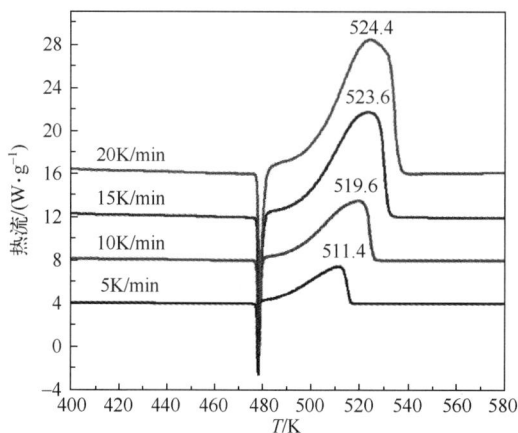

图 4-15　不同升温速率下(n-Al+FS)/RDX 的 DSC 曲线

表 4-13　(n-Al+FS)/RDX 的动力学参数

$\beta/(K \cdot min^{-1})$	T_p/K	方　法				
		Kissinger			Flynn-Wall-Ozawa	
		$E_a/(kJ \cdot mol^{-1})$	$\lg(A/s)$	r_k	$E_a/(kJ \cdot mol^{-1})$	r_o
5	511.4					
10	519.6	213.08	19.66	0.9833	210.81	0.9845
15	523.6					
20	524.4					

4.3.6　乙酰丙酮镍包覆纳米铝粉(n-Al+YBN)对 RDX 热分解特性的影响

本研究所用样品的制备与全氟十四烷包覆纳米铝粉研究中的样品制备方法一致。图 4-16 是不同升温速率下(n-Al+YBN)/RDX 的 DSC 曲线,可以看出,曲线在 380K 附近存在吸热峰,这主要是由乙酰丙酮镍在此温度范围内失去结晶水所产生的。从乙酰丙酮镍的 DSC 曲线(图 4-17)可以看出,乙酰丙酮镍分别在 364.0K 和 375.3K 处失去两个结晶水。从图 4-16 中还可以看出,在 474.0K 附近存在吸热峰,即 RDX 的熔化吸热峰。在(n-Al+YBN)/RDX 的主放热峰中存在一个肩峰,同时不同升温速率下(n-Al+YBN)/RDX 的主放热峰峰温也低于 n-Al/RDX 的分解峰温,这主要是由于乙酰丙酮镍在 470~570K 范围内发生吸热分解反应(图 4-16),使 RDX 放热分解峰峰温降低。

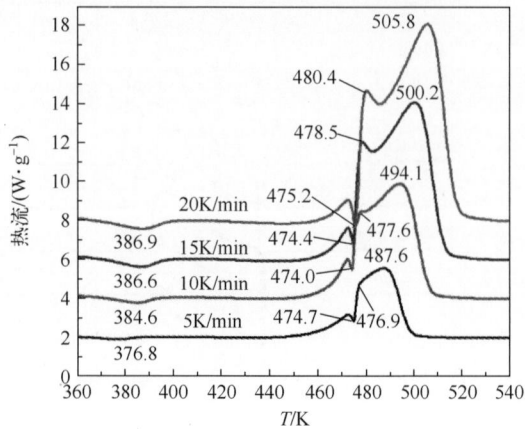

图 4-16　不同升温速率下(n-mAl+YBN)/RDX 的 DSC 曲线

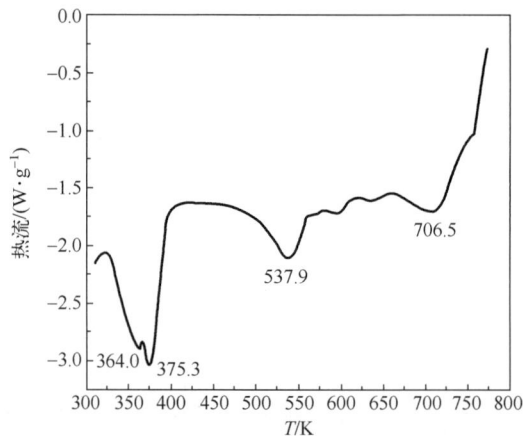

图 4-17　升温速率为 10K/min 时乙酰丙酮镍的 DSC 曲线

4.3.7　煤油包覆纳米铝粉(n-Al+MY)对 RDX 热分解特性的影响

本研究所用样品的制备与全氟十四烷包覆纳米铝粉研究中的样品制备方法一致。图 4-18 是不同升温速率下(n-Al+MY)/RDX 的 DSC 曲线,可以看出,随着升温速率的提高,(n-mAl+MY)/RDX 的峰温向向高温方向移动。在各升温速率下,(n-mAl+MY)/RDX 的分解峰峰温均略高于 n-Al/RDX 的峰温。

表 4-14 是分别采用 Kissinger 法与 Flynn-Wall-Ozawa 法计算得到的(n-Al+MY)/RDX 分解反应动力学参数。从表 4-14 中可以看出,(n-Al+MY)/RDX 的分解反应表观活化能大于 n-Al/RDX,这主要是由于纳米铝粉表面包覆的煤

油在一定程度上抑制了纳米铝粉与 RDX 的反应,使得 RDX 的分解反应表观活化能增大。

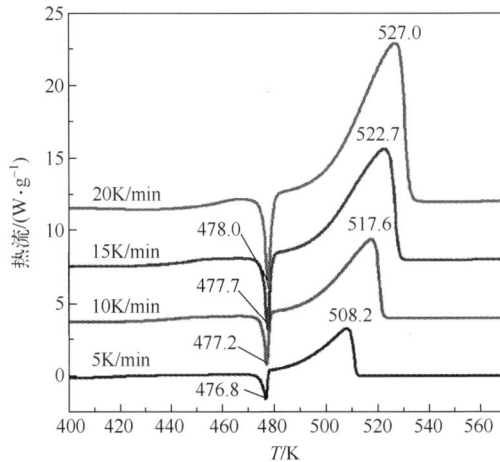

图 4-18　不同升温速率下(n-Al+MY)/RDX 的 DSC 曲线

表 4-14　(n-Al+MY)/RDX 的动力学参数

$\beta/(K \cdot min^{-1})$	T_p/K	方　　法				
		Kissinger			Flynn-Wall-Ozawa	
		$E_a/(kJ \cdot mol^{-1})$	lg(A/s)	r_k	$E_a/(kJ \cdot mol^{-1})$	r_o
5	508.2					
10	517.6	156.67	13.88	0.9997	157.16	0.9998
15	522.7					
20	527.0					

4.3.8　凡士林包覆纳米铝粉(n-Al+FSL)对 RDX 热分解特性的影响

本研究所用样品的制备与全氟十四烷包覆纳米铝粉研究中的样品制备方法一致。图 4-19 是不同升温速率下(n-Al+FSL)/RDX 的 DSC 曲线。随着升温速率的提高,(n-Al+FSL)/RDX 的分解峰峰温均向高温方向移动。在各升温速率下,(n-Al+FSL)/RDX 的分解峰峰温均略高于 n-Al/RDX,温度变化范围较小(3K 之内),这主要是由于凡士林的熔点较低,沸点在 589.15K 左右,在 RDX 熔化至分解结束的温度范围内其始终处于液相态,阻断了 n-Al 催化 RDX 分解的反应;同时,由于凡士林的含量较低,这种隔离效应又不太明显,故温度变化范围也较小。

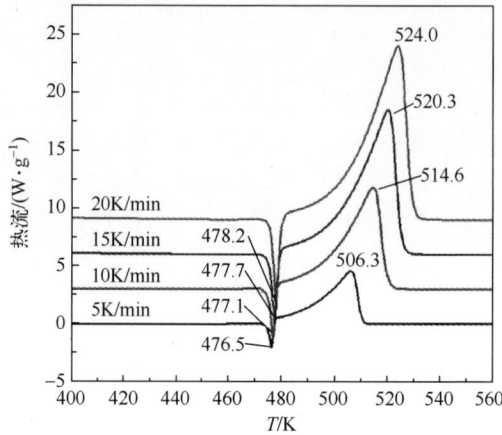

图 4-19 不同升温速率下(n-Al+FSL)/RDX 的 DSC 曲线

表 4-15 是分别采用 Kissinger 法与 Flynn-Wall-Ozawa 法计算得到的(n-Al+FSL)/RDX 分解反应动力学参数。从表 4-15 中可以看出,(n-Al+FSL)/RDX 的分解反应表观活化能大于 n-Al/RDX,这主要是由于纳米铝粉表面包覆的凡士林对纳米铝粉与 RDX 的反应起到了一定的抑制作用,使得 RDX 的分解反应表观活化能增大。

表 4-15 (n-Al+FSL)/RDX 的动力学参数

$\beta/(K \cdot min^{-1})$	T_p/K	方　　法				
		Kissinger			Flynn-Wall-Ozawa	
		$E_a/(kJ \cdot mol^{-1})$	$lg(A/s)$	r_k	$E_a/(kJ \cdot mol^{-1})$	r_o
5	506.3					
10	514.6	162.68	14.60	0.9988	168.84	0.9989
15	520.3					
20	524.0					

4.4 纳米金属粉对 HMX 热分解特性的影响

HMX 与 RDX 结构类似,分子式为 $C_4H_8O_8N_8$,是一种多晶型的化合物,四种晶型的稳定性依次为 β>α>γ>δ。β 型约在 195℃发生 β-γ 晶型转变,280℃液化,同时开始剧烈的液相放热分解,由于液化峰被剧烈的分解放热峰所掩盖,从 DSC 曲线上只能看到 HMX 的小的液化吸热峰,分解放热峰为 286℃。HMX 分解放热速率很快,DSC 曲线呈陡峭的尖峰。分解反应一旦开始,强烈的自催化反应使凝聚相温度骤升[10]。

4.4.1 HMX/金属粉的常压 DSC 研究

本节所用金属粉的粒度由日本 JSM-5800 型扫描电镜和丹东产 Y-4 Φ 型 X 射线衍射仪测试所得,平均粒度见表 4-16。样品采用工业纯 HMX,120 目。与金属粉的混合试样经研磨制备,试样量约为 0.5mg,以无水乙醇为分散剂。以下若不加说明,HMX 与金属粉的质量比为 3:2。

为比较不同类型的金属粉与 HMX 间的作用规律,进行了常压 DSC 实验,结果见表 4-17。n-Cu 表现出对 HMX 分解最强的催化作用(图 4-20),使 HMX 分解的起始温度降低了 33.42℃,分解峰向低温方向移动了 15.92℃,两者的差值 Δt 达 21.88℃。表明 n-Cu 主要催化了 HMX 凝聚相分解反应。其他金属粉对 HMX 分解的影响均不如 n-Cu 明显。

表 4-16 所用金属粉的平均直径

n-Al	n-Ni	n-Cu	g-Al	s-Ni	g-Cu
90nm	10nm	90nm	10μm	1.1μm	3μm

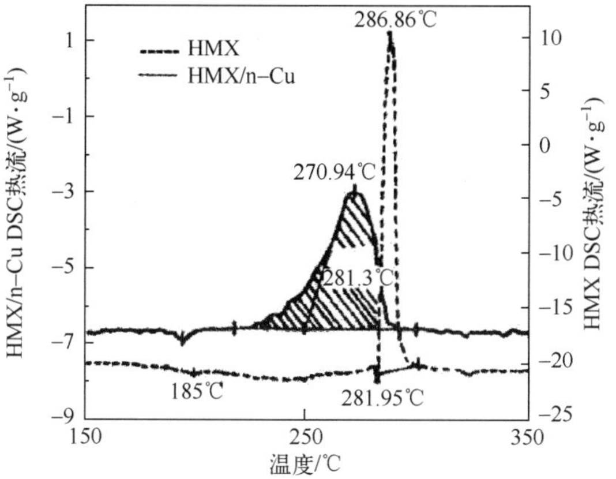

图 4-20 HMX 和 HMX/n-Cu 的 DSC 结果

HMX/金属粉混合体系中 HMX 的液化吸热峰始终存在,均位于 281℃附近。本节采用"前期分解热量百分比"这一参数来比较金属粉与凝聚相或与液相(气相)的相互作用(记为 PPH),该参数为 281℃之前的分解热量(图 4-20 中的阴影部分)与整体分解热量之比值。从表 4-17 可以看出,HMX/金属粉混合体系中,前期分解热量的百分比与 HMX/分解峰温向低温方向移动的大小(记为DTH)完全一致,而且纳米金属粉对 HMX 凝聚相分解效果较明显。对普通粒度的金属粉而言,g-Cu 的效果优于其他两种金属粉。

表 4-17　HMX 和 HMX/金属粉的 DSC 结果

样　品	t_1/℃	t_0/℃	t_p/℃	PPH/℃	DTH/℃	Δt/℃
HMX	282.05	282.48	286.86	1.52	0	4.38
HMX/n-Cu	281.83	249.06	270.94	80.7	15.92	21.88
HMX/n-Ni	281.09	263.69	283.68	38.5	3.18	19.99
HMX/n-Al	281.76	269.04	284.23	35	2.63	15.19
HMX/g-Cu	281.48	281.70	284.73	14.7	2.13	3.03
HMX/s-Ni	280.43	280.80	284.68	9.14	2.18	3.88

4.4.2　HMX/n-Cu 的常压热重研究

在热重曲线上选取三个特殊温度(分别为 HMX 和 HMX/n-Cu 的分解起始温度,分解峰值温度以及 HMX/n-Cu 的 DSC 分解峰温 270.94℃,表中分别记为 Onset,Peak,t_d),计算此时体系的失重百分比以及失重速率,结果见表 4-18。

表 4-18　HMX 和 HMX/n-Cu 的 TG 试验结果

样品	失重百分比/%			失重速率/(%·℃$^{-1}$)			温度/℃		
	Onset	Peak	t_d	Onset	Peak	t_d	Onset	Peak	t_d
HMX	2.52	31.4	0.48	1.618	11.60	0.120	281.07	286.79	-
HMX/n-Cu	8.75	48.25	21.7	0.371	1.578	0.895	257.45	283.12	270.94

与 HMX 相比较,HMX/n-Cu 的热分解起始温度提前了 23.61℃,DTG 分解峰值温度提前了 3.67℃,DTG 峰温对应的失重百分比提高了 16.85%,失重速率降低了 10.02%/℃。由 4.4.1 节的分析可知,HMX/n-Cu 的 DSC 分解峰温较HMX 提前了 15.92℃,而 DTG 峰温仅提前了 3.67℃,这是由于 HMX 凝聚相分解热失重与放热过程的控制步骤不同,在 HMX 单质的凝聚相分解过程中,气体产物会以气泡形式在固体 HMX 中保留很长时间,这样热失重过程的控制步骤将是相对较慢的气体产物的输运过程,而热速率的控制步骤则是相对较快的化

学分解过程[11],从而出现上述差异。

在 t_d 处,HMX/n-Cu 比 HMX 的失重百分比提高了 21.22%,失重速率提高了 0.77%/℃,这表明尽管 HMX 凝聚相分解的热失重与放热过程的步骤不同,但在 HMX/n-Cu 的最高热分解反应速率所对应的温度处,HMX/n-Cu 也对应着较高的失重百分比及失重速率(与 HMX 相比)。

4.4.3　n-Cu 含量对 HMX 热分解的影响

如表 4-19 所示,随着 n-Cu 含量增加,HMX 的起始分解温度以及峰值温度逐渐后移,两者的差值(Δt)以及 PPH 都逐渐减小。当 HMX/n-Cu 的比例为 2:1 时,出现了液相分解的尖锐放热峰;当 HMX/n-Cu 的比例从 3:2 变到 2:1 时,PPH 下降 35.6%,而当比例为 2:1、3:1 和 4:1 时,PPH 减少的幅度都在 10% 左右。

表 4-19　HMX 和 HMX/n-Cu 的 DSC 试验结果

样品 HMX/n-Cu	t_0/℃	t_p/℃	Δt/℃	PPH/(% · ℃$^{-1}$)
1:0	282.48	286.86	4.38	1.52
3:2	249.06	270.94	21.88	88.8
2:1	263.65	283.70	20.05	53.2
3:1	265.54	283.82	18.28	41.2
4:1	269.26	285.46	16.20	32.4

4.4.4　压强对 n-Cu 催化特性的影响

随着压强的提高,HMX 在高压下的分解产物不易扩散离开,而更易吸附于 HMX 液态表面,并且发生反应,表现出明显的自催化现象。压强越高自催化现象越明显,致使二次分解峰的出现。对于 HMX/n-Cu 混合体系,如表 4-20 所列,压强的增大,削弱了 n-Cu 对 HMX 凝聚相分解的促进作用,使液相分解在整体分解中所占比例增大,1MPa 以及更高压强下,HMX/n-Cu 的 DSC 曲线中,出现了液相分解的尖峰,而且液相分解并不出现二次分解反应峰。这是由于 HMX 持续分解受到了 n-Cu 的影响,在高压下,体系的温度梯度变大,铜活性组分微粒熔融,分散度降低,催化作用下降,因而 HMX 的前期凝聚相反应所占比例降低,分解峰后移,而 n-Cu 对于 HMX 液相分解的催化作用依然存在,使得 HMX 的二次分解反应可以忽略。

表 4-20　HMX 和 HMX/n-Cu 在不同压力下的 DSC 试验结果

样品 HMX/n-Cu		$t_0/℃$	$t_p/℃$	PPH/$(\% \cdot ℃^{-1})$
0.1MPa	HMX	282.48	286.86	1.52
	HMX/n-Cu	249.06	270.94	80.7
1MPa	HMX	280.37	285.33	0.80
	HMX/n-Cu	277.73	283.01	63.08
5MPa	HMX	277.15	283.10/284.60	0.23
	HMX/n-Cu	280.10	282.19	52.5

4.4.5　n-Cu 对 HMX 热分解动力学参数的影响

如图 4-21 所示,随着升温速率的提高,HMX/n-Cu 的混合体系中凝聚相分解反应被削弱,在升温速率为 20℃/min 时,就出现了液相分解反应峰,意味着反应的控制步骤不是由 n-Cu 催化的 HMX 的凝聚相分解反应,而是 HMX 的液相分解反应。由于凝聚相分解和液相分解反应基于不同的机理函数,而由热失重实验得出的 HMX 热分解的动力学参数又受到气体产物释放速率的影响[11],所以常用的基于不同升温速率的 DSC 或者 TG 实验的 Kissinger 方法并不适用于求解 HMX 及 HMX/n-Cu 的分解反应活化能。

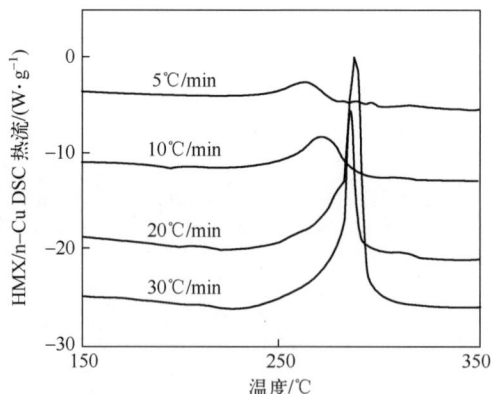

图 4-21　不同加热速率下 HMX/n-Cu 的 DSC 曲线

根据在 260~265℃温度区间的恒温 DSC 实验结果,利用 TA910 机载软件包,采用自催化模型来计算活化能,结果见表 4-21。n-Cu 使得 HMX 的分解表观活化能降低了 31kJ/mol,由于 n-Cu 使得 HMX 分解反应能垒降低,导致了 HMX 分解峰温的前移。

表 4-21　由恒温 DSC 结果得到的动力学参数

样　　品	活化能/(kJ·mol^{-1})	lg 频率因子/(min^{-1})
HMX	168±22	15.5±2.1
HMX/n-Cu	137±16	13.1±1.6

4.4.6　n-Cu 的催化作用机理

n-Cu 的催化作用机理可以用下列一次催化作用机理和二次催化作用机理来说明。

1. n-Cu 的一次催化作用机理

对于 HMX 的单分子分解,基于 BAC-MP4(四级修正的多体微扰理论)的量子化学计算指出,当-NO$_2$从 HMX 分子中被移走时,HMX 分子中与该—NO$_2$毗邻的 C—N 键的键能将从 350kJ/mol 减小到 75kJ/mol;而当 HMX 分子中—CH$_2$的一个 H 被移走时,毗邻 N—N 键的键能将下降到 8kJ/mol。随着颗粒粒径减小,比表面积增大,原子配位不饱和的表面原子数增多,致使表面出现大量的悬空键和不饱和键。n-Cu 晶体中存在着大量的孪晶缺陷和孔洞缺陷,孔洞缺陷主要存在于晶粒边缘以及三叉晶界处,因而,能级离散化的 n-Cu 与 HMX 分子中的—CH$_2$和—NO$_2$作用,导致 HMX 分子中 C—N 键及 N—N 键的键能变弱,促进了 HMX 的单分子分解,即一次催化作用[12]。

2. n-Cu 的二次催化作用机理

HMX 分解产物之间会涉及如下的反应[11]:

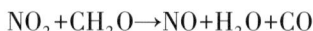

$$NO_2 + CH_2O \rightarrow NO + H_2O + CO$$

$$NO_2 + H_2 \rightarrow NO + H_2O$$

$$2NO_2 \rightarrow 2NO + O_2$$

Cu 容易与 NO 反应,促进上述气相区反应的进行,假定 Cu 催化以下两个反应:

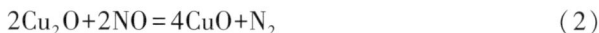

$$4Cu + 2NO = 2Cu_2O + N_2 \tag{1}$$

$$2Cu_2O + 2NO = 4CuO + N_2 \tag{2}$$

298.15K 时的标准吉布斯自由能 $\Delta_r G_m^0 = \sum v_B \Delta_f G_m^0(B)$,根据文献[13]中的数据,反应(1)的 $\Delta_r G_m^0 = -466.1$kJ/mol,反应(2)的 $\Delta_r G_m^0 = -389.46$kJ/mol,可见 $\Delta_r G_m^0$ 皆远小于零。DFT(密度泛函理论)[14]计算结果表明,NO 先在金属 Cu 表面生成 CuNO 以及 Cu(NO$_2$),之后分解为 N$_2$和 N$_2$O[15]。实验及理论计算都说明了反应(1)、(2)存在的合理性,也证明了 Cu 对 NO 的催化作用,于是提出了 n-

Cu 的二次催化作用,即认为 n-Cu 催化了 HMX 分解产物中氮氧化物的分解反应,从而进一步促进了 HMX 的凝聚相分解反应。这也解释了 g-Cu 具有一定的催化 HMX 凝聚相分解的能力。

从表 4-13 的实验结果来看,在 HMX/纳米金属粉混合体系中,HMX 的凝聚相分解反应明显增强,归因于纳米金属粉提供了更多的反应位点,这些位点包括两种类型,一种是局部热点作用,即由于纳米金属粉的高传热性,纳米金属粉与 HMX 的接触点周围形成的局部热点促进了 HMX 的分解;另一种是物理吸附作用,HMX 分子与其分解产物之间的相互作用使得 HMX 晶格不稳定,会对 HMX 分子凝聚相中初始分解的速率控制过程产生影响。因此 HMX 晶格的稳定性变差是因为物理吸附在金属粉表面的分解产物之间的静电力作用,粒度越小,吸附的气相产物增多,催化现象越明显[16]。

4.5　纳米金属粉对高氯酸铵(AP)热分解特性的影响

高氯酸铵(AP)是固体火箭推进剂中常用的氧化剂和高能组分,在 AP 系推进剂中占 60%~90% 的比例,其特性对固体推进剂的总体性能有重要影响,尤其是 AP 的热分解特性与推进剂的燃烧性能密切相关[17-20]。通过研究推进剂中含能材料的热分解特性可以推测推进剂的燃烧性能。推进技术的核心问题是推进剂的燃烧,添加少量催化剂是调节推进剂燃烧性能的有效方法[21-23]。

4.5.1　纳米金属粉对 AP 热分解的影响

纯 AP 的 DTA 曲线有 1 个吸热峰和 2 个放热峰。247℃左右的吸热峰为 AP 由斜方晶型转变为立方晶型的晶型转变峰;2 个放热峰分别对应于 AP 的低温、高温分解放热峰,低温分解为 AP 部分分解并生成中间产物;高温分解为 AP 完全分解为挥发性产物[24-26]。

1. n-Al 对 AP 热分解过程的影响

铝粉对 AP 体系存在"稀释"和热传导作用,会使能自加热的含能材料的热分解过程减缓。此外,粒径、混合方式和状态均对混合体系热分解有较大的影响。图 4-22 和图 4-23 分别是不同 AP 粒度(2μm 和 80~100μm)和不同混合方式的 AP/Al=4/1(质量比)体系的 TG-DTG 曲线,相应的数据见表 4-22。其中,混合方式包括:①利用乙醇作为介质将 2μm 的 AP 和 80~100μmAP 分别与 n-Al 和 g-Al 混合;②利用机械研磨混合 80~100μmAP 与 n-Al 和 g-Al。表中,T_p^1 为主分解峰峰温,T_p^2 为二次分解峰峰温。

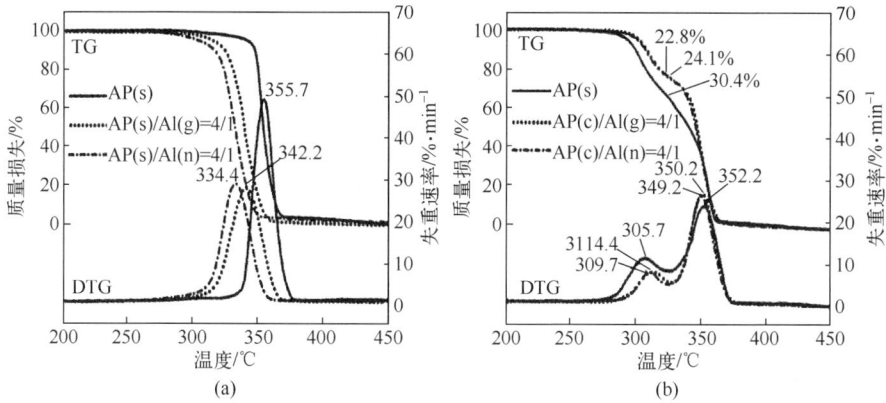

图 4-22　在乙醇中混合的 AP/Al 体系 TG-DTG 曲线

（a）AP(s)粒径=2μm；（b）AP(c)粒径=80~100μm。

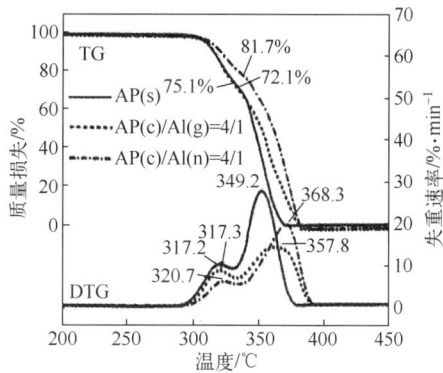

图 4-23　机械混合的 AP(cj)/AP 体系 TG-DTG 曲线

表 4-22　混合方式和状态对 AP/Al 体系 TG-DTG 特征量的影响

样　品	$T_p^1/℃$	$M_{1c}/\%$	$T_p^2/℃$
AP(s)（2μm,乙醇分散混合）	-	-	355.7
AP(s)/g-Al	-	-	342.2
AP(s)/n-Al	-	-	334.2
AP(c)（80~100μm,乙醇分散混合）	305.7	30.4	352.2
AP(c)/g-Al	311.4	24.1	350.2
AP(c)/n-Al	309.7	22.8	349.2
AP(cj)（80~100μm,机械研磨混合）	317.2	24.9	349.2
AP(cj)/g-Al	317.3	27.9	357.8
AP(cj)/n-Al	320.7	18.3	368.3

　　上述图表数据表明,乙醇混合 AP/Al 体系的第二阶段分解 DTG 峰温均有不同程度的下降,AP(s)/n-Al 体系下降尤甚,AP(s)的 TG 曲线大幅提前。虽然乙醇不能溶解 AP,也不能改变 AP 的粒径,但 Al 可以加速分解微溶并附着在其表面的 AP,该作用足以抵消 Al"稀释"和热传导作用降低的 AP 分解速率。在 Al 的作用下,大粒度 AP(c)的第一阶段分解推后,且混合体系的 T_p^1 均有不同程度的提高,归因于 AP 的分解机理和 Al 的吸附性能。铝粉可吸附相当一部分 AP 离解或升华产生的气相中间产物,使低温段 AP 分解质量损失速率极值温度升高,这就是铝粉使 AP(c)的第一个 DTG 峰温升高的原因。由于 Al 能降低吸附在其表面上的气相中间产物的反应能垒,使一系列氧化还原反应更易进行,因此使 AP 分解的第二阶段加速提前完成,即 T_p^2 和 T_e 均大幅度降低。当铝粉含量增大或粒度降低时,这种作用更加强烈。不通过溶剂而使用研磨方式机械混合时,大粒径 AP(cj)的两个 DTG 峰温具有不同程度的上升,TG 曲线也明显推后,这时金属铝的"稀释"和热传导作用就更加明显,n-Al 会使这种作用加强。

　　徐景龙等人[27]研究了 n-Al 对 AP 基高能推进剂热分解性能的影响。表 4-23 列出了各配方的热分解动力学参数和分解峰温。AP、RDX 的常压 DSC 图谱如图 4-24 和图 4-25 所示,不同配方的常压 DSC 图谱见图 4-26。配方 0 中 AP 与 RDX 的混合物在温度达到 194.40℃时发生爆燃放热,209.60℃时的放热峰为 RDX 的分解峰,比单质 RDX 的分解峰温提前了 31.20℃,这说明 AP 对 RDX 的热分解有较强的催化作用,AP 分解生成的 NH_3 与 RDX 分解生成的 NO_2 反应,促进了 RDX 的分解[28]。而 n-Al 的加入对位于 245.71℃的 AP 晶型转变峰温基本没有影响。除配方 2 外,n-Al 的加入对高能推进剂的分解活化能没有影响;但是 n-Al 的加入使高能推进剂的第一、第二分解峰的峰温均升高,同时增大了表观活化能,n-Al 对推进剂凝聚相反应无化学催化作用;这是因为大部分 n-Al 以团聚形式分散在黏合剂中,少部分散落在固体组分的表面,加热初期 n-Al 未与 AP、RDX 粒子充分接触,因此 AP 热分解特性和推进剂的燃烧性能不发生变化。

表 4-23　常压下 n-Al 对推进剂热分解性能的影响[28]

配方代号	纳米金属粉组成	第一分解		第二分解		$\Delta t/℃$
		$t_1/℃$	$E_1/(kJ \cdot mol^{-1})$	$t_2/℃$	$E_2/(kJ \cdot mol^{-1})$	
0	无	194.40	176.23	209.60	123.70	15.2
1	n-Al 1%	194.61	212.62	210.41	150.23	15.8
2	n-Al 2%	195.55	128.45	223.15	298.91	27.6
3	n-Ni 3%	202.41	192.78	213.51	198.81	11.1

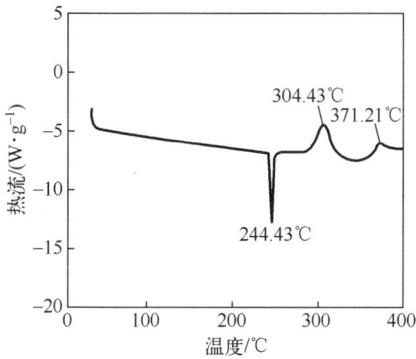

图 4-24　AP 热分解图[28]

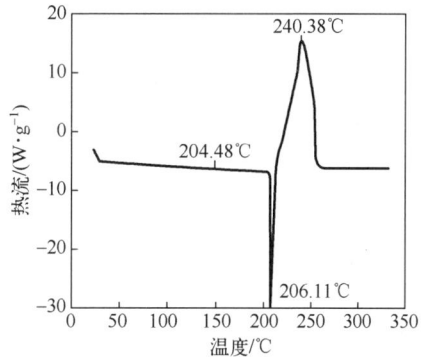

图 4-25　RDX 热分解图[28]

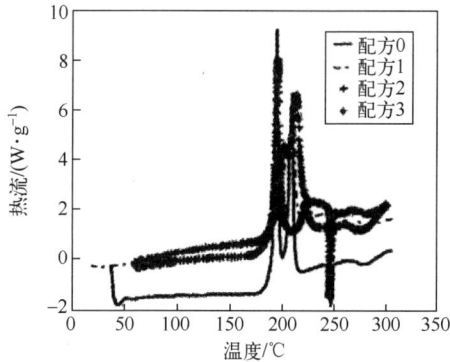

图 4-26　不同配方的常压热分解对比图谱[28]

2. n-Ni 对 AP 热分解特性的影响

已有研究通过 γ 射线辐照法成功制备了 n-Ni,并比较了 n-Ni(粒度为 16nm)和超细镍粉(粒度为 3μm)对 AP 热分解规律的影响[29,30]。图 4-27 给出了 AP 和 AP/金属粉的 TG-DTG 曲线,实验显示 AP 的热分解有两个明显的过程,在第一过程完成时伴随着约 25% 的失重,对应于 AP 的低温分解;剩余部分在 370℃ 左右完全分解,对应于 AP 的高温分解。n-Ni 较微米级镍粉对 AP 的分解具有更好的促进作用,在 AP/n-Ni 混合体系中,高温分解在 340℃ 左右结束,提前了 25.97℃,低温分解速率也大大提高;剧烈的分解反应使 AP 的低温与高温分解峰之间的波谷几乎消失,峰间距减小;混合体系 TG 曲线发生转折的温度大约为 315.40℃,所对应的失重率为 27.7%,折合成混合体系中纯 AP 的转化率大约为 34.6%,优于纯 AP,TG 曲线转折点所对应的温度(329℃)及转化率(25%)。

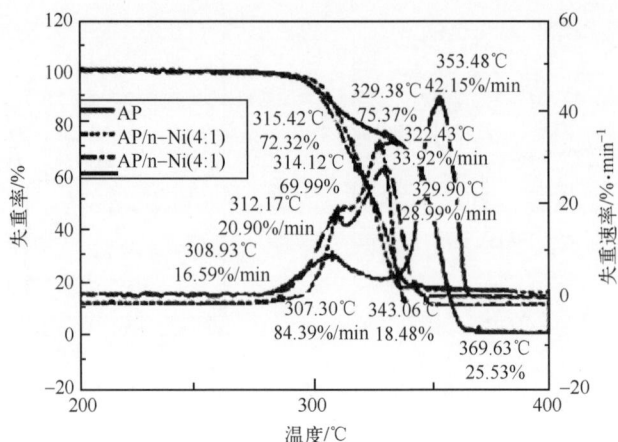

图 4-27　AP 和 AP/Ni 的 TG-DTG 曲线

图 4-28 给出了 280℃下 AP 和 AP/n-Ni(4:1)恒温失重(ITG)曲线。实验显示,AP 在恒温 10min 后开始失重,至 16min 失重约 14%,至 46min 失重约 25%,低温分解过程完成。此后分解反应进入抑制期,整体无明显失重。n-Ni 的加入,促进了 AP 的热分解,至 16min 时失重达 31%,至 46min 失重约 72%;同时,AP 在 280℃恒温条件下的反应抑制期被完全打破,当 AP 的质量损失超过 25% 之后,整体分解反应的平均速率依然维持在 1.4%/min 左右,直至完全分解,这与图 4-27 中 AP/n-Ni 虚线所反映的低温分解峰与高温分解峰之间波谷的消失是一致的。

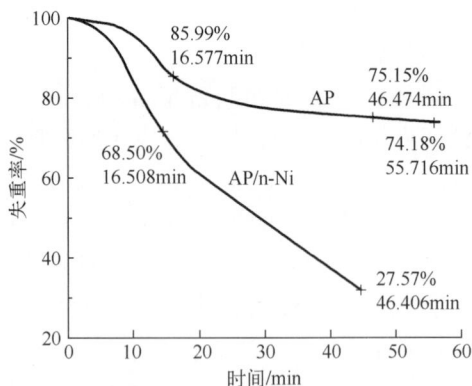

图 4-28　AP 和 AP/Ni 的 ITG 曲线(恒温 280℃)

图 4-29 为 0.1MPa 下 n-Ni 对 AP 热分解影响的 DSC 曲线。可以看出,常压 DSC(热流变化)实验结果与热失重结果一致。AP 在 244℃附近发生斜方晶

型向立方晶型的晶相转变(吸热峰),其后伴随着低温和高温分解两个放热阶段,与 TG 曲线上的两个失重阶段相对应,其中高温分解的后期伴随着一个很长的拖尾峰,使得整体的分解反应至 460℃ 才结束。n-Ni 的加入并不改变 AP 的晶型转变峰,但使 AP 的低温分解峰以及高温分解后的拖尾峰消失,整体分解表现为 322.35℃ 的单放热峰。

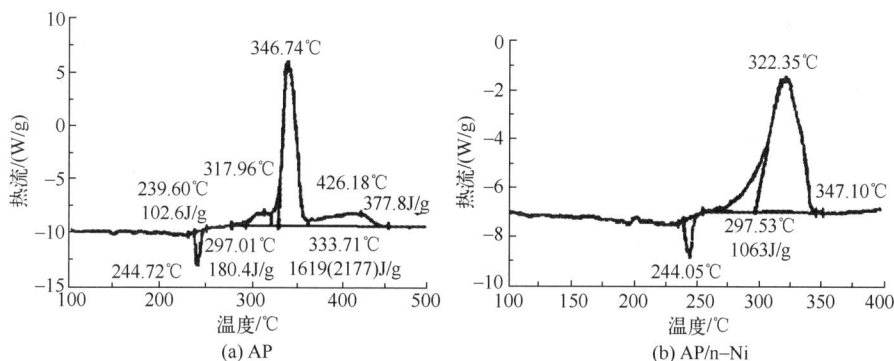

图 4-29　AP 和 AP/n-Ni 的 DSC 曲线

　　刘磊力等[31]研究了不同粒径镍粉对 AP 的 DTA 热分解曲线的影响。添加 30μm 和 20μm 尺寸的镍粉后,AP 的低温放热峰峰温分别降低了 6℃ 和 7℃,高温放热分解峰峰温分别降低了 33℃ 和 47℃。而 n-Ni 的添加使 AP 复合物的低温放热峰峰温增加了 5℃,高温放热分解峰峰温降低了 105℃。上述结果说明,微米尺度的镍粉对 AP 的低温热分解催化作用微弱,n-Ni 更表现出一定的阻碍作用;而两种尺度的镍粉均对 AP 的高温热分解表现出明显的催化效果,其中 n-Ni 的催化效果更加显著。

　　徐景龙等人[27]的研究表明,不同于 n-Al 的加入使推进剂的两个分解峰的峰温差值分别增大 0.6℃ 和 12.4℃,n-Ni 的加入使放热峰的相对强度发生变化,且推进剂两分解峰的峰温差值降低 4.1℃。分析认为,推进剂放热使得温度升高,促进黏合剂分解及 n-Ni 与 AP 的接触,n-Ni 的存在使 AP 的低温分解速率提高,高温分解峰峰温降低,从而加速了推进剂样品的分解,提高了燃速和放热。

3. n-Cu 对 AP 热分解特性的影响

　　铜粉的添加对 AP 的晶型转化过程基本没有影响,但对 AP 的分解过程产生了明显的影响,可使 AP 的低温和高温分解峰温度降低,说明 n-Cu 对 AP 的低温和高温分解反应产生了明显的催化作用[25]。杜虹等人[32]研究了 AP/n-Cu

复合的热分解特性,见图 4-30。结果表明,n-Cu 的含量越大,放热峰越高。n-Cu 含量为 1%、5%、10%时,n-Cu/AP 复合粒子的低温放热峰温度分别为 293.4℃,287.6℃,303.4℃,呈现先降低后增加的趋势,但是低温分解温度均低于纯 AP。在 n-Cu 含量对 AP 高温分解的影响方面,当 n-Cu 含量由 1%增加至 5%时,AP 的高温分解温度出现了较大程度的降低,说明催化作用随 n-Cu 含量的增加得到了明显的增强;当 n-Cu 含量增加至 10%时,AP 的高温分解温度继续降低,但是降低的幅度变小,说明此时 n-Cu 对 AP 高温分解的催化作用随含量的增加而增强的趋势减小,而且当 n-Cu 的含量为 10%时,低温放热峰和高温放热峰有重叠的趋势。n-Cu 对 AP 热分解的催化效果显著,因而在 AP 系推进剂中使用 n-Cu 作为燃烧催化剂,有望大幅度提高其燃速。

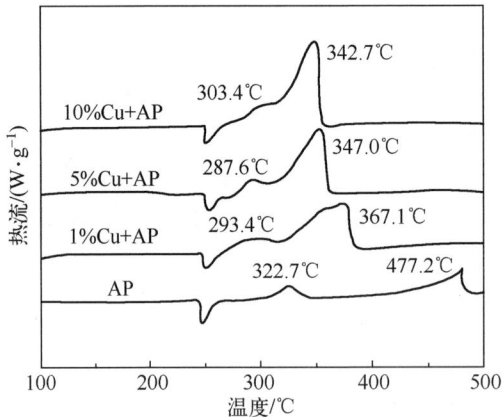

图 4-30　纳米 Cu 粉与 AP 复合物的 DTA 曲线[32]

4. n-Co 对 AP 热分解特性的影响

杜虹等人[32]还对 n-Co/AP 复合粒子的热分解行为进行了研究,结果如图 4-31 所示。从图中可以看出,加入 n-Co 后,AP 的放热峰峰宽变窄,高度明显增加。这说明,各种含量的 n-Co 均使 AP 的高温热分解峰温度大幅度降低(最多达 188.5℃),AP 的高温、低温分解峰均出现了重叠现象,n-Co 含量为 5%时最为明显。此外,在 1%～5%的范围内,随着 n-Co 含量的增加,催化效果呈明显上升的趋势,但达到 10%时,催化效果随含量的增加而下降。综上所述,认为 5%是 n-Co 的最佳添加量。

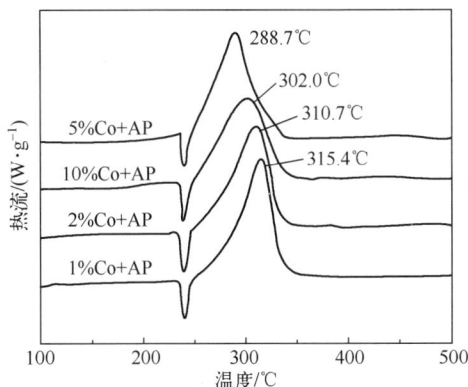

图 4-31　n-Co 与 AP 复合物的 DTA 曲线[32]

4.5.2　纳米金属粉对 AP 热分解动力学的影响

基于 0.1MPa 下,不同升温速率(10℃/min,20℃/min,30℃/min)的 AP 以及 AP/n-Ni 的热失重实验数据,用 TA2950 机载软件计算了 AP 以及 AP/n-Ni 在不同反应深度的表观活化能 E 及 $\lg A$,结果见表 4-24。可以看出,n-Ni 降低了 AP 在不同反应深度的表观活化能,反应能垒降低,使得 AP 的分解反应更易进行,也使得其分解峰峰温相应降低[30]。

表 4-24　AP 和 AP/n-Ni 热分解的动力学参数

$a\%$	10℃/min		20℃/min		30℃/min	
样品	AP	AP/n-Ni	AP	AP/n-Ni	AP	AP/n-Ni
$\lg A$ /min⁻¹	14.1	10.89	16.32	12.11	14.7	14.10
$E/(kJ \cdot mol^{-1})$	170.6	136.6	194.7	148.1	178.2	166.6

刘磊力等人[25]根据文献[33]采用 Kissinger 法计算得出的表观活化能 E_0 见表 4-25。在 DTA 实验中,升温速率分别为 5℃/min、10℃/min、20℃/min 和 30℃/min。计算结果表明,n-Cu、n-Ni 和 n-Al 分别使 AP 的高温分解表观活化能降低了 25kJ/mol、9kJ/mol 和 5kJ/mol。表观活化能的降低,表明纳米金属粉使 AP 的高温分解更易进行。n-Cu 还使 AP 的低温分解表观活化能降低了 5kJ/mol,而 n-Ni 和 n-Al 却使低温分解表观活化能有所增加。纳米金属粉还可使 AP 的总表观分解热显著增加,n-Ni、n-Cu 和 n-Al 与 AP 复合后,AP 的总表观分解热分别增加了 0.884kJ/g、0.764kJ/g 和 0.467kJ/g。

表 4-25　AP 和 AP/金属粉复合物的 DTA 数据及动力学参数[25]

样　品	t_L/℃	t_H/℃	ΔH/ $(kJ \cdot g^{-1})$	E_{0L}/ $(kJ \cdot mol^{-1})$	E_{0H}/ $(kJ \cdot mol^{-1})$	Q/$(kJ \cdot g^{-1})$
AP	322.7	477.2	0.436	100	177	0.436
AP/n-Ni(50nm)	326.6	364.3	1.32	108	168	1.32
AP/n-Cu(80nm)	287.6	347	1.20	95	152	1.20
AP/n-Al(30nm)	328.6	425.4	0.903	118	172	0.903

4.5.3　纳米金属粉影响 AP 热分解的作用机理

一般认为,AP 的热分解分为低温和高温两个过程[34]。AP 的低温热分解阶段主要是固—气多相反应,存在解离与升华过程:

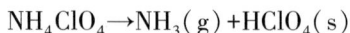

$$NH_4ClO_4^- \rightarrow NH_3(s) + HClO_4(s)$$
$$NH_4ClO_4 \rightarrow NH_3(g) + HClO_4(s)$$

在 AP 的高温分解阶段,进入气相的 NH_3 和 $HClO_4$ 接着发生系列反应:

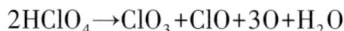

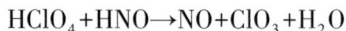

$$2HClO_4 \rightarrow ClO_3 + ClO + 3O + H_2O$$
$$2ClO \rightarrow O_2 + Cl_2$$
$$NH_3 + 2O \rightarrow HNO + H_2O$$
$$HClO_4 + HNO \rightarrow NO + ClO_3 + H_2O$$

一般而言,小粒径的金属粉对 AP 高温分解反应的催化作用较强。这是因为,纳米级颗粒粒径很小,比表面积巨大,配位不饱和的表面原子数较多,导致表面具有更多的催化活性位点,催化活性很高。AP 的高温分解反应主要是气相反应,纳米金属粉可以吸附气相反应物分子(如 NH_3 等)于其表面,从而有利于相应气相反应的进行和能量释放。因此,上述讨论的纳米金属粉均对 AP 的高温分解反应显示出一定的催化效果[25]。

其中,n-Ni 对 AP 热分解的影响还与其晶体结构、能带结构和吸附转移等相关。AP(微米级)/Ni(纳米级)在分解过程中表现为三维成核成长(核成长因子 $n=3$),AP 表现为二维成核成长($n=2$),因此 n-Ni 的加入使固态 AP 表面热分解过程中的 n 数目增加,这可能是由于 n-Ni 表面存在的大量晶体缺陷,改变了晶体点阵的周期性,从而改变了晶体的能带结构,导致 n-Ni 晶体表面载流子增加,更明显地促进了 n-Ni 对氧化还原过程的催化作用,使得固态 AP 表面吸附的 $NH_3(g)$ 和 $HClO_4(g)$ 的解吸变得容易,相应的反应速率也随之升高[29]。

谈玲华等人[35]利用能带理论和吸附理论初步分析了镍对 AP 的热分解催化机理,认为在高温时,d 轨道缺电子的 Ni 粉与 NH_3 及大量生成的 HNO 等形成络合物,削弱了 H—O 键,使 NH_3 与 O、HNO 与 $HClO_4$ 等的反应活化能降低,从而使 AP 的高温放热峰提前。n-Ni 对 AP 的催化作用更显著,这是由于 n-Ni 可吸附产物中的其他气体分解产物,有助于气体产物间的反应,从而使高温放热峰提前得更多。

n-Cu 的作用机理与 n-Ni 有相似之处。n-Cu 具有大量的晶格缺陷,缺陷处的 Cu 原子处于不饱和状态,容易吸附具有多余电子的物质而趋于稳定[36]。在 AP 分子中,N 具有孤对电子,因此,n-Cu 对 N 的吸引力有助于削弱 N—X 键,使之易断裂,有利于产物 NH_3 生成。在 AP 的高温和低温分解阶段生成的氮氧化物容易与 Cu 反应($4Cu+2NO=2Cu_2O+N_2$,$2Cu_2O+2NO=4CuO+N_2$),因此,n-Cu 通过催化 AP 分解产物中氮氧化物的分解,促进了 AP 的分解反应。n-Cu 对 AP 的高温和低温分解反应均表现出很好的催化活性[10]。

4.6　纳米金属粉对 ADN 热分解特性的影响

4.6.1　纳米金属粉对 ADN 热分解过程的影响

ADN(二硝酰胺铵,$NH_4N(NO_2)_2$)是一种新型的高能无氯氧化剂,可以替代 AP 作为氧化剂在推进剂中使用,具有高燃速、燃烧产物无烟等优良特点[37-39]。

n-Al 作为一种新型金属燃料,由于其较高的能量密度、优异的热释放及低温抗氧化能力,在推进剂及炸药中的应用受到国内外学者的广泛关注[40],本节将讨论 n-Al 对 ADN 热分解性能的影响[41-45]。对所用的 n-Al 的 XRD 表征结果表明,n-Al 属立方晶系,表面包覆有无定型 Al_2O_3 氧化物及部分表面活性剂 Span-85,同时制备的 n-Al 试样中含少量 $AlCl_3 \cdot 6H_2O$ 杂质。通过 Scherrer 公式计算求得 n-Al 的平均粒径为 58.6nm。图 4-32 是 ADN、n-Al/ADN 在不同升温速率下的 DSC 曲线。为消除溶剂丙酮对上述两种情况 ADN 热分解性能的影响,对 ADN 进行丙酮重结晶处理。从图 4-32 可以看出,添加 n-Al 后,DSC 曲线形状发生了变化,但熔融吸热峰几乎相同。ADN 分解的 DSC 曲线出现了明显的二级肩峰,且在 481.02~522.99K 出现了吸热分解峰,这是 ADN 分解的中间产物 AN(硝酸铵)的热分解峰;n-Al/ADN 分解的 DSC 曲线没有观察到吸热分解过程,这是由于 n-Al 优良的导热性使放热分解加快,掩盖了吸热过程,且 ADN 分解的多重峰变为单一的尖峰,这说明 n-Al 的加入改变了 ADN 的分解放热特性[46]。

表 4-26 给出了在不同升温速率下 ADN、n-Al/ADN 的外延起始温度(T_{eo})、拐点温度(T_i)、峰顶温度(T_p)、分解终止温度(T_f)、分解焓变(ΔH)等热分解特

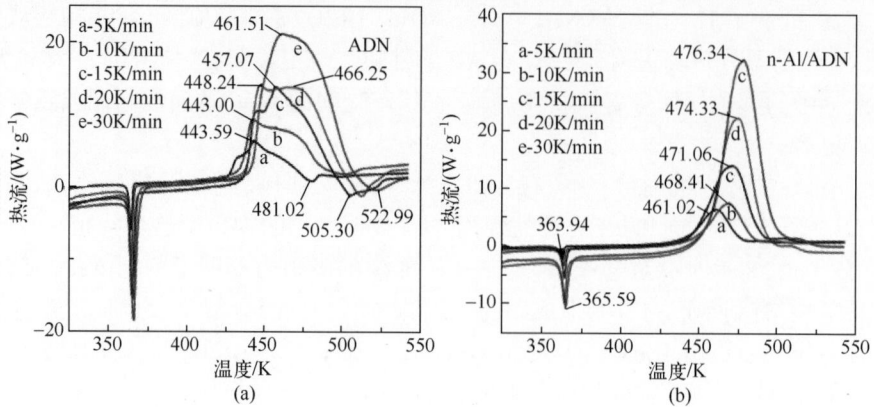

图 4-32　ADN(a)和 n-Al/ADN(b)在不同升温速率下的 DSC 曲线

征参数。可以看出,随着升温速率的增加,DSC 曲线的热分解外延起始温度、拐点温度、峰温、终止温度均向高温方向移动。同时,在不同升温速率下,n-Al 的引入提高了 ADN 分解的外延起始温度、拐点温度以及峰顶温度,表现出阻碍作用,但分解终止温度明显降低,ADN 分解温度区间变窄。由于 n-Al 在 ADN 分解温度范围内熔化吸热,从而相对于纯 ADN 分解焓变有所降低。

表 4-26　ADN 和 n-Al/ADN 的热分析特征参数

样　品	$\beta/$ $(℃ \cdot min^{-1})$	T_{eo}/K	T_i/K	T_p/K	T_f/K	$\Delta H/$ $(J \cdot g^{-1})$
ADN	5	426.8	429.6	442.9	474.9	1615
	10	435.3	439.6	443.1	493.0	1706
	15	438.5	441.1	445.6	503.6	1827
	20	439.2	442.8	448.3	506.4	1907
	30	442.6	445.5	461.9	509.2	1952
n-Al/AND	5	443.7	451.7	460.9	475.0	1265
	10	449.3	459.7	468.4	483.6	1361
	15	451.2	459.7	471.1	486.2	1467
	20	455.5	463.5	475.5	489.6	1575
	30	458.8	456.7	477.8	494.4	1663

梁寒曙等人[47]采用 DSC 和 TG 研究了 n-Cu 催化剂对 ADN 热分解的影响。TEM 表征 n-Cu 的平均粒径为 10nm。DSC 结果表明(图 4-33),纯 ADN 在 95℃附近出现 1 个吸热峰,它是由 ADN 熔化吸热造成的,而 ADN 的热分解在

212.6℃处形成了1个大的放热峰。一般认为,ADN 的热分解分为2个过程,首先分解生成 NO 和 AN,此过程为放热过程;生成的 AN 进一步分解,为吸热过程。对于纯 ADN 样品,由于升温速率较快,AN 分解的吸热峰被掩盖,因而整个分解过程仅表现为1个放热峰。而 n-Cu 对 ADN 热分解起到较好的催化作用[48]。如图 4-34 所示,其可以将 ADN 热分解峰温从 212.6℃提前至 126.3℃,降低了 86.3℃;n-Cu 使 ADN 的热分解呈现出2个明显的热分解过程,但仅对其第一步分解过程有明显催化作用,而对 ADN 分解的中间产物 AN 的吸热分解没有明显影响。

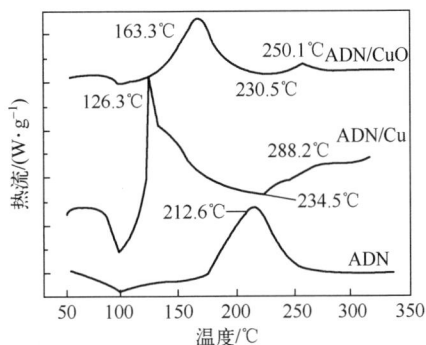

图 4-33 ADN 和 n-Cu/ADN 的 DSC 曲线[47]

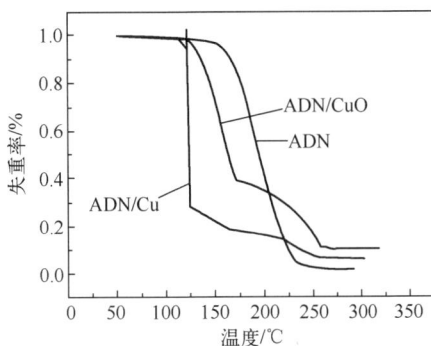

图 4-34 ADN 和 n-Cu/ADN 的热失重曲线[47]

段红珍等人[49]研究了 n-Co 对 ADN 热分解的催化性能,结果表明,随着 n-Co 添加量增加,分解峰峰温有明显提前的趋势。且随着 n-Co 比例的增大,表观分解热增大。随着加入 n-Co 的增多,失重提前,大大提高了热分解的反应速率。图 4-36、图 4-37 分别是 ADN 和不同质量分数 n-Co 形成的 n-Co/ADN 复合粒子的 DSC 与 TG 曲线,可见 ADN 的分解峰峰温为 200.05℃,而加入 2%n-

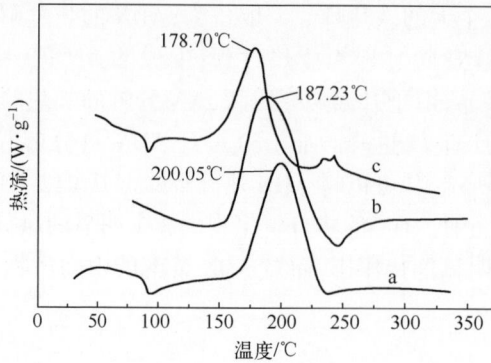

图 4-35　DSC 曲线

（a）ADN；（b）ADN+n-Co(2wt%)；（c）ADN+n-Co(5wt%)[49]。

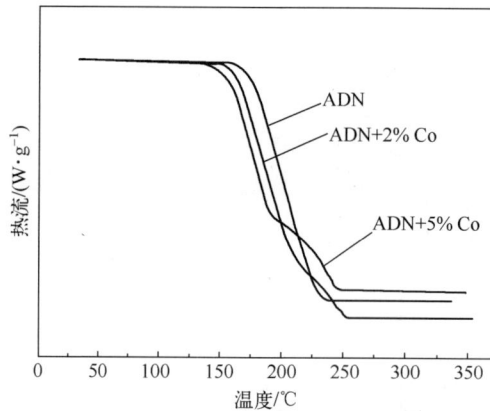

图 4-36　ADN 和 n-Co/ADN 的热失重曲线[49]

Co 的 ADN 复合物的分解峰峰温为 187.23℃，加入 5%n-Co 的 ADN 复合物的分解峰峰温为 178.70℃，可以看出随着 n-Co 添加量加大，分解峰峰温有明显提前的趋势。从分解峰峰温看，2%和 5%的 n-Co 分别使 ADN 的分解峰峰温提前了12.82℃与 21.35℃。

4.6.2　纳米金属粉催化 ADN 热分解的机理

ADN 热分解过程主要发生的反应为[38,50]：

$$ADN \rightarrow NH_3 + HDN$$

$$ADN \rightarrow NH_3 + N_2O + HNO_3$$

$$ADN \rightarrow N_2O + AN$$

$$HDN \rightarrow N_2O + HNO_3$$

$$HDN \rightarrow N_2O + HNNO$$

$$NH_3 + HNO_3 \rightarrow AN$$

其中,HDN 为分解的中间产物,其不稳定,生成后快速分解,而在反应过程中生成的 NH_3、HNO_3 能快速发生反应,生成 AN。纳米金属粉对 ADN 热分解表现出良好的催化性能,原因可能在于纳米金属粉加速了氧化剂 ADN 热分解反应过程中的质子转移过程,从而促进了 ADN 的起始分解,使其在极短的时间内完成。此外,n-Co 等过渡金属的特性使它们的原子和离子有形成络合物的倾向,通常在参与催化反应时形成络合物;这使得上述反应中产物 NH_3 的浓度减小,有利于 ADN 的分解,因而降低了 ADN 的分解峰温度,分解速度加快[49]。

4.7　纳米金属粉对 GAP 热分解特性的影响

GAP/AN 基推进剂有许多优良特性,但存在燃速低、压力指数和温度敏感系数高的问题,难以应用。为此,一些研究者常用添加燃速催化剂的办法来改善GAP 推进剂的燃烧性能。本节通过 DSC 研究 n-Cu、n-Ni、n-Al 以及普通铜粉和铝粉对 GAP 热分解特性的影响,以期为燃速催化剂的选择提供热分解依据[51]。

4.7.1　气氛对 GAP/金属粉分解特性的影响

GAP/金属粉(1.5∶1)体系在不同气氛(空气、普氮和高纯氮)中升温到500℃进行热分解表征结果显示,气氛对低温区(<300℃)的分解峰没有影响(220℃的峰值温度属于 GAP 分解放热峰),而对高温区(>400℃)放热峰影响很大。以 GAP/n-Cu 为例(图 4-37 和图 4-38),在空气气氛中,高温区有一个很大的放热峰,此峰起始温度为400℃,峰值温度为477.0℃,由于仪器限制,此峰峰形不完整;在普氮气氛中,高温区放热峰的起始温度为450℃,500℃时仍未出现峰值;而在高纯氮气氛中,高温区无放热峰。从三种气氛低温区 GAP 分解放热峰的一致性来看,在高纯氮气氛中高温区不存在放热峰这一现象,并非由仪器不同引起,而是由气氛差异造成的。

由于 n-Cu 粒度小,与 GAP 充分混合后易被黏度较大的 GAP 液体包裹。在空气气氛中加热 GAP/n-Cu 时,GAP 先分解,暴露出的 n-Cu 在高温下与氧气接触发生氧化反应,从而在高温区产生放热峰;在普氮气氛(氮气含量为99%)中,由于存在少量的氧气,比表面积大、活性高的 n-Cu 仍可被氧化而形成放热峰,同时因为普氮中氧含量比空气中氧含量低得多,所以此放热峰后移;而在高纯氮

气(氮气含量大于 99.9%)中,可以认为没有氧气存在,因此即使将温度升到
500℃,铜仍然不能被氧化,也就没有放热峰的出现。

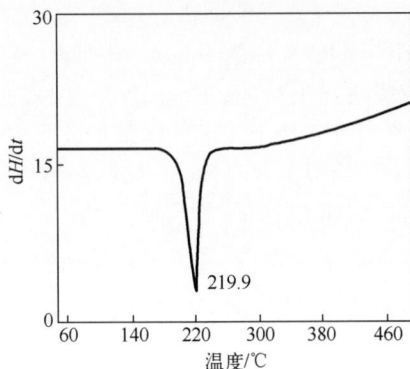

图 4-37　AP 和 AP/金属粉复合物的 DTA 曲线

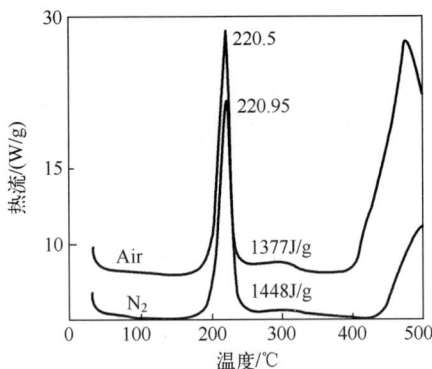

图 4-38　AP 和 AP/金属粉复合物的 DTA 曲线

　　为了证实这一猜测,对 GAP/n-Cu 样品做了如下实验:在不同气氛中,采集
300℃(低温放热峰已结束)和 500℃(高温放热峰正在出现)时的热分解残留
物,用 XPS 测定残留物中 Cu 的存在形式。结果表明,300℃采集的不同气氛的
残留物中,Cu 仍以零价铜的形式存在;500℃时在空气和普氮气氛中为氧化铜和
零价铜的混合物,而在高纯氮气中仍是零价铜。此实验结果与预想的一致。

4.7.2　不同金属粉对 GAP 热分解的影响

　　不同金属粉对 GAP 热分解影响的实验结果见表 4-27。其中峰温为峰值温
度,ΔT 为峰值温度与起始温度之差,GAP/金属粉=1.5:1(质量比)。从峰温来
看,n-Cu 的影响最为显著,它使 GAP 的分解峰温提前了 33.2℃,普通铜的影响

程度次之,其他金属粉对 GAP 的分解峰温度基本没有影响。从 GAP 分解峰的起始温度来看,n-Cu 和普通铜使 GAP 分解峰的起始温度分别提前了 22.5℃和 19.6℃;n-Ni 和普通镍对 GAP 的起始峰温没有影响;n-Al 与普通铝使 GAP 的起始峰温分别后移了 14.1℃和 10.1℃。而从 ΔT 来看,含 n-Cu、普通铜、n-Al、普通铝的样品的 ΔT 均比 GAP 的小,而 n-Ni、普通镍对 GAP 的 ΔT 影响很小。从以上分析可以看出,n-Cu 极大地促进了 GAP 的分解,而且使 GAP 分解峰的放热量增大了许多,因此 n-Cu 在使 GAP 推进剂燃速增加的同时,对推进剂的安定性可能会产生不利影响。

表 4-27　GAP 和 GAP/金属粉的 DSC 数据

样　品	峰温/℃	峰初始温度/℃	ΔT/℃
GAP	253.7	184.4	69.3
GAP+Cu(90nm)	220.5	161.9	58.6
GAP+Cu(3μm)	240.8	174.8	66.0
GAP+Cu(80nm)	253.7	184.3	69.4
GAP+Cu(1.1μm)	252.2	181.1	71.1
GAP+Al(1.5μm)	254.1	198.5	55.6
GAP+Al(4μm)	253.6	194.4	59.2

4.7.3　GAP/金属粉样品的热失重行为

GAP 及其与金属粉的热失重实验结果见表 4-28。同 GAP 相比,GAP/n-Cu 和 GAP/普通铜的初始失重温度和第一、第二阶段的 DTG 峰温均提前,其中 GAP/n-Cu 提前了约 30℃;镍和铝对 GAP 的 DTG 峰温影响不大,这与表 4-27 的 DSC 数据基本一致。比较 GAP/金属粉和 GAP 自身各阶段的质量损失百分比,GAP/金属粉的第一阶段质量损失约为 24%,该质量损失是 GAP 受热分解造成的,折合为 GAP 的质量损失,约为 40%,这与 GAP 第一阶段质量损失(39.3%)非常接近;GAP/金属粉的第二阶段质量损失,同样折合为 GAP 的质量损失,约为 56.7%,这与 GAP 第二阶段的质量损失(57.8%)也非常接近。这说明金属粉没有改变 GAP 分解的阶段性,只是对 GAP 的分解温度有影响。

表 4-28　GAP 和 GAP/金属粉(1.5∶1)的 TGA 数据

样　品	第 一 阶 段			第 二 阶 段		
	DTG/℃	温度/℃	失重/%	DTG/℃	温度/℃	失重/%
GAP	238.7	277.7	39.3	337.3	850.0	57.8
GAP/Cu(90nm)	207.7	249.2	24.0	281.6	850.0	34.6

（续）

样　品	第 一 阶 段			第 二 阶 段		
	DTG/℃	温度/℃	失重/%	DTG/℃	温度/℃	失重/%
GAP+Cu(3μm)	229.1	268.5	23.0	321.4	850.0	35.3
GAP/Ni(80nm)	240.8	276.2	24.9	314.3	850.0	33.8
GAP+Ni(1.1μm)	240.8	288.8	24.8	329.8	850.0	34.6
GAP/Al(1.5μm)	242.3	274.5	26.0	330.0	850.0	33.5
GAP+Al(4μm)	242.2	279.0	24.8	330.2	850.0	33.7

4.7.4　n-Cu 的添加量对 GAP 热分解的影响

因为 n-Cu 对 GAP 热分解的影响程度最大,故研究 n-Cu 添加量对 GAP 热分解的影响,结果见表4-29。可以看出,随着 n-Cu 含量的减少,GAP/n-Cu 的分解峰峰温、起始温度均后移,ΔT 逐渐增大,即反应速率逐渐减小。但 GAP/n-Cu 的质量比从 5:1 变到 15:1 时,GAP 分解峰峰温和 ΔT 均呈现出跳跃性的变化,而从 1.5:1 到 5:1、从 15:1 到 20:1 峰温的移动幅度仅为 2~3℃,ΔT 的变化也仅为 0.3~1.3℃,这说明 n-Cu 的添加量与其对 GAP 热分解峰峰温的影响程度并不成线性关系。

表 4-29　不同含量 n-Cu 的 GAP/n-Cu 样品的 DSC 数据

样　品	峰温度/℃	起始温度/℃	ΔT/℃
GAP	253.7	184.4	69.3
GAP/Cu=1.5:1	220.5	161.9	58.6
GAP/Cu=5:1	222.6	163.7	58.9
GAP/Cu=15:1	234.6	165.3	69.3
GAP/Cu=20:1	237.1	166.5	70.6

4.7.5　n-Cu 对 GAP 热分解的作用机理研究

n-Cu 使 GAP 初始温度和分解峰峰温大幅降低,这可能是因为 n-Cu 与 GAP 形成的络合物中间体降低了 GAP 的分解活化能,从而使 GAP 的分解容易进行。根据实验结果,初步认为 n-Cu 是在液相与 GAP 发生络合作用的。理由如下:

倘若金属粉在 GAP 液体中同 GAP 相互作用,那么 GAP/n-Cu 的热失重温度将比 GAP 自身的失重温度提前。表 4-25 中的 GAP/n-Cu 的 DTG 温度的确提前了,这说明 n-Cu 和 GAP 在液相中相互作用,而 n-Cu 与 GAP 发生作用是在 GAP 分解的初期,这种作用使 GAP 分解的第一阶段 DTG 峰温提前,带动 GAP 后阶段分解温度也相应提前。

　　GAP 是一种黏性液体,它粘附在金属粉上。在加热的情况下,GAP 和金属粉之间的物理粘附可能转变为化学粘附,即通过化学吸附使 GAP 分子(或原子)与金属粉表面上的活性中心形成活化络合物,降低反应的活化能,促进 GAP 的分解。文献[52]指出,N_2、$C \equiv O$、$RC \equiv N$ 和 $RN \equiv C$ 倾向于端基络合(称为 ω1 型)。双氮最易以单端基或双端基与过渡金属络合,只在少数情况下两个端基位置被封闭,或与两个过渡金属原子(2Ni)进行双侧基络合。由此可以推断,金属 Cu 的催化作用,可能是因为 GAP 分子中的叠氮基团以单端基同 Cu 原子络合,在 Cu 原子和 N 原子之间形成配位键(Cu-N(1) ≡N(2) -N(3) -R),使得 N(2) 和 N(3) 之间的键被削弱而容易断裂,从而降低了 GAP 分解反应活化能,使 GAP 分解峰温提前;Ni 和 Cu 具有相似的电子结构,金属 Ni 对 GAP 分解峰温没有影响,是因为 N(1)、N(2)同两个 Ni 原子进行双侧基络合,即

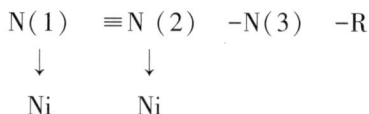

$$N(1) \quad \equiv N(2) \quad -N(3) \quad -R$$
$$\downarrow \qquad\quad \downarrow$$
$$Ni \qquad\quad Ni$$

　　由于 GAP 是高分子化合物,它的 R 键所占的空间同叠氮基团相比要大得多。由于空间位阻效应,R 链阻碍叠氮基团同 Ni 原子形成络合物,故而金属镍对 GAP 的热分解没有影响。金属 Al 无 d 轨道,不能同 GAP 形成络合物,因此对 GAP 的热分解也没有促进作用。n-Cu 同普通铜相比,比表面积增大,活性中心增多,更容易同 GAP 的叠氮基团形成络合键,因此 n-Cu 的催化效果比普通铜要显著。

参考文献

[1]　Isert S,Xin L,Xie J,et al. The Effect of Decorated Graphene Addition on the Burning Rate of Ammonium Perchlorate Composite Propellants [J]. Combustion & Flame, 2017, 183: 322-329.

[2]　Dey A,Athar J,Varma P,et al. Graphene-iron Oxide Nanocomposite (GINC): an Efficient Catalyst for Ammonium Perchlorate (AP) Decomposition and Burn Rate Enhancer for AP Based Composite Propellant[J]. Rsc Advances,2015,5(3):723-724.

[3]　Sabourin J L,Dabbs D M,Yetter R A,et al. Functionalized Graphene Sheet Colloids for Enhanced Fuel/Propellant Combustion[J]. Acs. Nano,2009,3(12):3945-54.

[4]　李泉. 纳米粒子[J]. 化学通报,1995(6):32-34.

［5］ 连舜华. 超微细氧化剂对改善固体推进剂燃烧性能的作用［J］. 推进技术,1992,13(3):72-78.

［6］ 田德余,朱慧,邓鹏图,等. 新型含铜催化剂对 RDX/HTPB 推进剂燃速影响的研究［J］. 推进技术,1995(6):74-77.

［7］ 赵凤起,陈沛,杨栋,等. 纳米金属粉对 RDX 热分解特性的影响［J］. 南京理工大学学报(自然科学版),2001,25(4):420-423.

［8］ 张志琨,崔作林. 纳米 Cu 和 Ag 的缺陷研究［J］. 中国科学,1997(5):424-429.

［9］ 洪伟良,刘剑洪,陈沛,等. 纳米 CuO 的制备及其对 RDX 热分解特性的影响［J］. 推进技术,2001,22(3):254-257.

［10］ 江治,李疏芬,赵凤起,等. 纳米金属粉对 HMX 热分解特性的影响［J］. 推进技术,2002,23(3):258-261.

［11］ Behrens, Richard. Thermal Decomposition of Energetic Materials: Temporal Behaviors of the Rates of Formation of the Gaseous Pyrolysis Products from Condensed-phase Decomposition of Octahydro-1,3,5,7-tetranitro-1,3,5,7-tetrazocine［J］. The Journal of Physical Chemistry,1990,94(17): 6706-6718.

［12］ Kung H,Sanders P G,Weertman J R. Transmission Electron Microscopy Characterization of Nanocrystalline Copper［J］. Office of Scientific & Technical Information Technical Reports,1999.

［13］ 傅献彩. 物理化学(第四版)上册［M］. 北京:高等教育出版社,1990.

［14］ Mingfei Zhou,Andrews L. Reactions of Laser-Ablated Cu with NO: Infrared Spectra and Density Functional Calculations of CuNO+,CuNO,Cu(NO)$_2$,and Cu(NO)$_{2-}$ in Solid Neon and Argon［J］. Journal of Physical Chemistry A,2000,104(12):2618-2625.

［15］ So S K,Franchy R,Ho W. Photodesorption of NO from Ag(111) and Cu(111)［J］. Journal of Chemical Physics,1991,95(2):1385-1399.

［16］ Karpowicz R J,Brill T B. The beta to Delta Transformation of HMX - Its Thermal Analysis and Relationship to Propellants［J］. AIAA Journal,2012,20(11):1586-1591.

［17］ Li N,Cao M,Wu Q,et al. A Facile One-step Method to Produce Ni/graphene Nanocomposites and their Application to the Thermal Decomposition of Ammonium perchlorate［J］. Crystengcomm,2011,14(2):428-434.

［18］ 段红珍,蔺向阳,徐磊,等. 纳米核壳金属粉的制备及对高氯酸铵的热分解效应［J］. 稀有金属材料与工程,2007,36(10):001878-1880.

［19］ Shusser M,Culick F C,Cohen N S. Combustion Response of Ammonium Perchlorate composite propellants［J］. Journal of Propulsion & Power,2002,18(5):1093-1100.

［20］ Fitzgerald R P,Brewster M Q. Flame and Surface structure of Laminate Propellants with Coarse and Fine Ammonium Perchlorate［J］. Combustion & Flame, 2004, 136(3): 313-326.

［21］ Abhijit Dey,Vinit Nangare,Priyesh V More,et al. A graphene Titanium Dioxide Nanocomposite (GTNC): One Pot Green Synthesis and its Application in a Solid Rocket Propellant［J］. RSC Advances,2015,5(78),63777-63785.

[22] 郝海霞,姚二岗,王宝兴,等 . 含纳米金属粉 AP/HTPB 复合固体推进剂的激光点火特性[J]. 含能材料,2015,23(9):908-914.

[23] 高东磊,张炜,朱慧,等.纳米铝粉在复合推进剂中的应用[J].固体火箭技术,2007,30(5):420-423.

[24] 曹新富,李凤生,杨毅,等 . 纳米 Co-B 非晶态合金对高氯酸铵分解的催化性能[J]. 催化学报,2006,27(2):000157-160.

[25] 刘磊力,李凤生,谈玲华,等 . 纳米金属粉对高氯酸铵热分解特性的影响[J]. 应用化学,2004,21(5):488-492.

[26] 李凤生,刘磊力,马振叶 . 纳米金属粉及 Fe_2O_3 对高氯酸铵热分解的催化性能研究[J]. 过程工程学报,2004,4(z1):123-128.

[27] 徐景龙,阳建红,王华 . 含纳米金属粉高能推进剂热分解性能和燃烧火焰结构分析[J]. 飞航导弹,2006(12):47-49.

[28] 李疏芬,方翀 . AP 与 HMX 作用的"连锁互动"机制[J]. 推进技术,2002,23(1):79-83.

[29] 李疏芬,江治,赵凤起,等 . 纳米金属粉对高氯酸铵热分解动力学的影响[J]. 化学物理学报(英文版),2004,17(5):623-628.

[30] 江治,李疏芬,赵凤起,等 . 纳米镍粉对高氯酸铵热分解的影响[J]. 推进技术,2003,24(5):460-463.

[31] 刘磊力,李凤生,谈玲华,等 . 纳米 Ni 和 Ni-B 非晶合金的制备及对高氯酸铵热分解特性的影响[J]. 兵工学报,2004,25(4):428-430.

[32] 杜虹,赵淑贤,雷蕾 . 纳米金属粉催化 AP 热分解研究[J]. 内蒙古大学学报(自然版),2009,40(4):419-424.

[33] 云主惠,周政懋 . 热分析动力学数据处理[J]. 火炸药,1983(2):26-37.

[34] 李茸,刘祥萱,王煊军 . 纳米金属催化机理[J]. 化学推进剂与高分子材料,2007,5(6):9-13.

[35] 谈玲华,李勤华,杨毅,等 . 纳米镍粉的制备及其催化性能研究[J]. 固体火箭技术,2004,27(3):198-200.

[36] 张志琨,崔作林 . 纳米 Cu 和 Ag 的缺陷研究[J]. 中国科学:1997(5):424-429.

[37] 黄洪勇 . 高能氧化剂二硝酰胺铵研究进展[J]. 上海航天,2005 (4):31.

[38] Yang R,Thakre P,Yang V. Thermal Decomposition and Combustion of Ammonium Dinitramide (Review)[J]. Combustion Explosion & Shock Waves,2005,41(6):657-679.

[39] 徐容,聂福德 . ADN 的热分解性能研究[J]. 含能材料,2000,8(4):175-177.

[40] 姚二岗,赵凤起,高红旭,等 . 高活性纳米金属铝的研究进展[J]. 纳米科技,2012(4):72-80.

[41] Gromov A A,Strokova Y I,Ditts A A. A Passivation Films on Particles of Electroexplosion Aluminum Nanopowders:A review[J]. Russian Journal of Physical Chemistry B,2010,4(1):156-169.

[42] Wang Z,Fan A L,Tian W H,et al. Synthesis and structural features of Ni-Al Nanoparticles

by Hydrogen Plasma - metal Reaction[J]. Materials Letters, 2006, 60 (17 - 18): 2227-2231.

[43] 舒波,夏书标,蔡晓兰,等. 片状铝粉制备的研究[J]. 南方金属,2006(3):21-23.

[44] Chung S W,Guliants E A,Bunker C E,et al. Size-dependent Nanoparticle Reaction Enthalpy.

[45] 李鑫,赵凤起,罗阳,等. 纳米铝粉的固相化学还原法制备、表征及对 ADN 热分解性能的影响[J]. 稀有金属材料与工程,2015,44(6):1474-1478.

[46] 刘子如. 含能材料热分析[M]. 北京:国防工业出版社,2008.

[47] 梁寒曙,刘冠鹏. 纳米金属 Cu 对 ADN 热分解的影响[J]. 材料导报,2014,28(12):42-45.

[48] 曹军,丁雨田,郭廷彪. 铜线性能及键合参数对键合质量的影响[J]. 材料科学与工艺,2012,20(4):76-79.

[49] 段红珍. 纳米铁系金属粉和复合粉体的制备及对推进剂的催化性能研究[D]. 南京:南京理工大学,2008.

[50] 万代红,府勤,黄洪勇. 高能氧化剂二硝酰胺铵的热分解研究[J]. 推进技术,2003,24(5):464-466.

[51] 陈沛,赵凤起,杨栋,等. 纳米级金属粉对 GAP 热分解特性的影响[J]. 推进技术,2000,21(5):73-76.

[52] Jonas K, Brauer D J, Krueger C, et al. "Side - on" dinitrogen - transition metal complexes——The molecular structure of { C₆H₅[Na · O (C₂H₅)₂]₂ [(C₆H₅)₂ Ni]₂ N₂ NaLi₆(OC₂H₅)₄ · O (C₂H₅)₂₂[J]. Journal of the American Chemical Society, 1976, 98(1).

[53] 刘磊力,李凤生,杨毅,等. 纳米金属和复合金属粉对 AP/HTPB 推进剂热分解的影响[J]. 推进技术,2005,26(5):458-461.

[54] 谢剑宏,赵文胜,邹霄泓,等. 未固化 AP/Al/HTPB 推进剂燃速预示法——DSC 法[J]. 固体火箭技术,2002,25(3):48-50.

[55] Singh G,Felix S P. Studies of Energetic Compounds,Part 29:Effect of NTO and its Salts on the Combustion and Condensed Phase Thermolysis of Composite Solid Propellants,HTPB-AP[J]. Combustion & Flame,2003,132(3):422-432.

[56] Galwey A K,Jacobs P W M. The Thermal Decomposition of Ammonium Perchlorate at Low Temperatures[J]. Proceedings of the Royal Society of London, 1960, 254 (1279): 455-469.

[57] Bircumshaw L L,Newman B H. The Thermal Decomposition of Ammonium Perchlorate. I. Introduction,Experimental,Analysis of Gaseous Products,and Thermal Decomposition Experiments[J]. Proceedings of the Royal Society A Mathematical Physical & Engineering Sciences,1954,227(227):115-132.

第5章 纳米金属粉在双基推进剂中的应用

5.1 引言

双基推进剂(Double Base Propellant, DB Propellant)是以硝酸酯(通常为丙酸醇三硝酸酯,俗称硝化甘油)和纤维素硝酸酯(也称硝化纤维素,当以棉纤维为原料时,俗称硝化棉)为主要组分,添加一定量功能添加剂组成的一种均质推进剂,是推进剂的一个重要品种。

5.2 纳米金属粉与双基推进剂主要组分的相容性

推进剂属于火炸药,存在一定的危险性。纳米金属粉等新材料在推进剂中应用前,必须考虑其和推进剂含能组分的相容性,只有相容才能在推进剂中应用。相关文献已经研究了 n-Cu、n-Ni、n-Al、n-Ag 和双基推进剂主要组分的相容性[1-5]。

本节采用热分解法(DSC 法)研究了 n-Ti 和推进剂主要组分的相容性。DSC 法的基本原理是测试物质的热分解峰温,通过热分解峰温的对比,得出物质之间是否相容的结论。评价标准[6]见表 5-1。

表 5-1 相容性判断标准

标准($\Delta T_p = T_{p1} - T_{p2}$)	等级	相 容 性
$\Delta T_p \leqslant 2$	A	相容,可以安全使用
$3 \leqslant \Delta T_p \leqslant 5$	B	基本相容,可以制样、测试,但不能长期储存
$6 \leqslant \Delta T_p \leqslant 15$	C	不相容,不能使用
$\Delta T_p \geqslant 15$	D	极度不相容

采用 DSC 法进行了 n-Ti 与 Cl-20、HMX、DNTF、RDX、吸收药及 PET、PEG、HTPB 的热分解性能测试,测试的曲线图见图 5-1,测试结果见表 5-2。

表 5-2 标出了图 5-1 中对应的峰温,如 n-Ti 与 HTPB 混合物的分解峰温有3 个,因此在表 5-2 中对应地标出了 3 个峰温 383.73℃、424.36℃ 和 478.90℃。可以看出,n-Ti 使吸收药以外的 8 种物质热分解峰温前移。

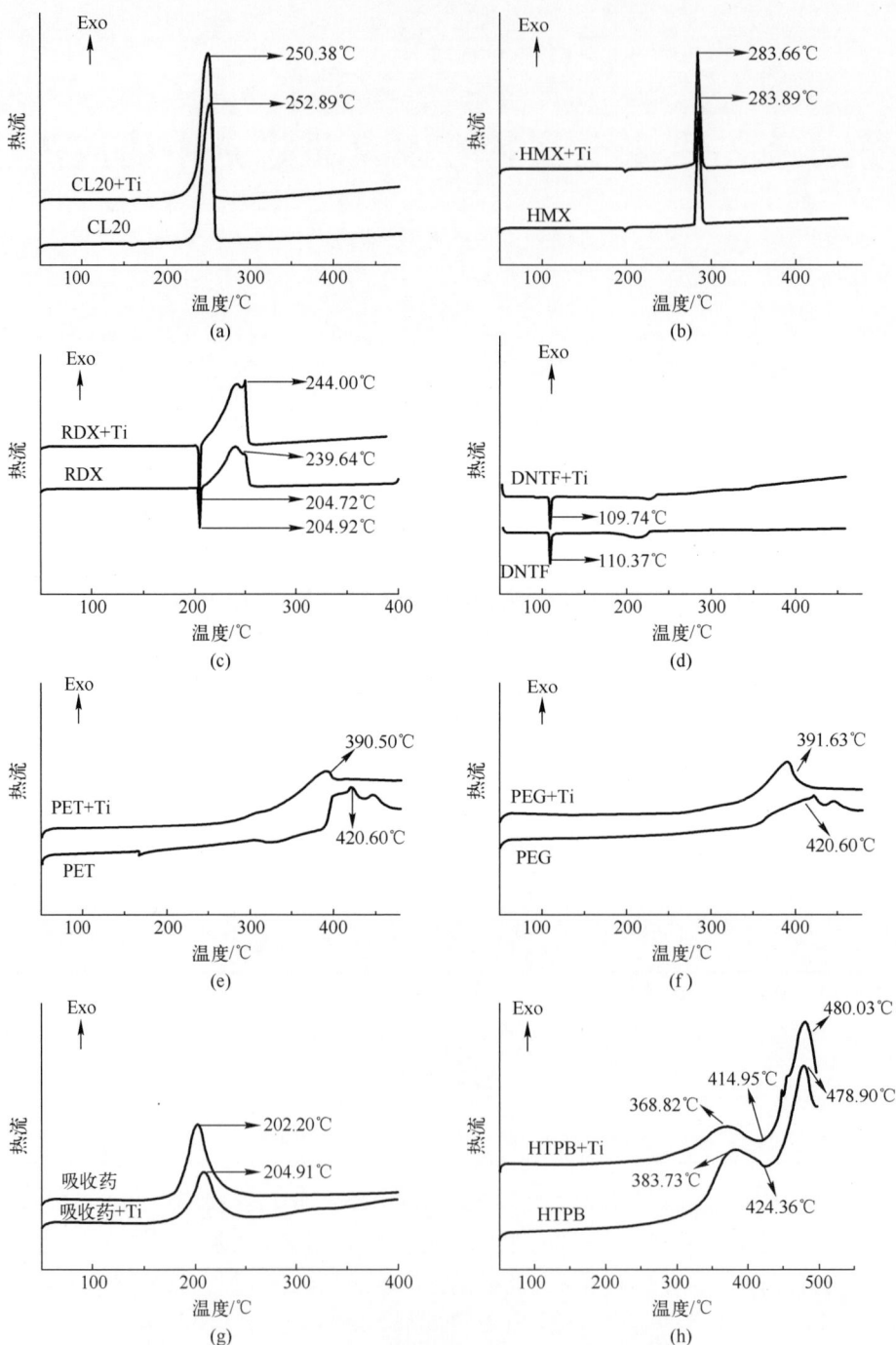

图 5-1　n-Ti 与推进剂主要组分的热分解曲线

表 5-2　n-Ti 与推进剂主要组分的相容性

单独组分, T_{p1}	混合物, T_{p2}	压强 /MPa	分解峰温/℃			等级
			T_{p1}	T_{p2}	$\Delta T_p = T_{p1} - T_{p2}$	
Cl-20	n-Ti/Cl-20	0.1	252.89	250.38	2.51	A
HMX	n-Ti/HMX	0.1	283.89	283.66	0.23	A
RDX	n-Ti/RDX	0.1	204.92,239.64	204.72,244.0	0.2,-4.36	A
DNTF	n-Ti/DNTF	0.1	110.37	109.74	0.63	A
PET	n-Ti/PET	0.1	420.60	390.50	30.1	D
PEG	n-Ti/PEG	0.1	420.60	391.63	28.97	D
吸收药	n-Ti/吸收药	0.1	202.40	204.91	-0.51	A
HTPB	n-Ti/HTPB	0.1	383.73,424.36, 478.90	368.82,414.95, 480.03	14.82,9.41, -1.13	C

从图 5-1 和表 5-2 可以看出,n-Ti 与 Cl-20、HMX、RDX、DNTF 及吸收药相容,与 HTPB 不相容。根据表 5-1 的判断方法,n-Ti 与 PET、PEG 极度不相容。但 DSC 方法只是判断含能化合物相容性的方法之一,不能绝对地判断。如 PET 和 PEG 具有相当的挥发性,在挥发的过程中也与环境产生热交换,这可能对 DSC 方法产生较大的影响,实验结果因此会产生偏差。

5.3　纳米金属粉对双基推进剂工艺性能的影响

双基推进剂中一般含有硝化纤维素、硝化甘油、二硝基甲苯、中定剂、工艺附加物(凡士林、硬脂酸锌)、弹道改良剂(金属盐、金属氧化物)等,有的推进剂中还含有硝化二乙二醇、吉纳、邻苯二甲酸二甲酯等。在这些组分中,硝化纤维素是非晶态的线性聚合物,其分子本身柔顺性较差,玻璃化温度较高,在未达到黏流态前就已分解,因此不能用升高温度的办法使其塑化成型,而只能借助难挥发或挥发性溶剂如硝化甘油或丙酮、醇醚溶剂等,使硝化纤维素分子链间的作用力减小,玻璃化温度降低,再在较高的温度和压力下达到黏流态,使分子链或链段发生滑移(即流动),这就具备了塑化成型的必要条件。硝化纤维素分子具有多分散性,且相对分子量较大,聚合度常在 250~1000,体积比一般低分子大几千至几十万倍。由于其分子庞大,运动速度要比低分子慢得多,分子间力也大得多,它不能像低分子那样扩散到溶剂中去,溶剂分子扩散到硝化纤维素分子间也比较困难,因而溶解速度很慢,有时表面溶解,而内部尚未扩散进去,使成分不均匀。因此如何加快溶解速度,保持成分均匀,是双基推进剂制造工艺的关键。另外,为了改善推进剂的弹道性能,常常加入固态的弹道改良剂,如氧化镁、碳酸钙等。在制造过程中如何使它们均匀地分散在推进剂中,并使它们附着在硝化纤维素上,以确保均匀性和重现性,也是制造工艺的关键[7]。

目前,双基推进剂的工艺主要分为浇铸和压伸两种。1888年诺贝尔首先用硝化纤维素吸收硝化甘油,制成双基药团。再用当时橡胶工业所用的压延机碾制成片,用于发射炮弹。但是,此推进剂存在两个问题:①对炮管的烧蚀比较严重;②在碾片时着火率较高。为此在配方中添加了用来降低爆温、减轻烧蚀的二硝基甲苯,并加入凡士林作为工艺附加物以增加其润滑性能,降低着火率。这就是一直沿用至今的迫击炮用发射药制造工艺。

随着科学的发展,双基推进剂的制造工艺也在不断完善。为了使硝化甘油在硝化纤维素中分散均匀,一种方法是借助于挥发性溶剂使其分散均匀,成型后再将挥发性溶剂驱除,即"溶剂法"。这种工艺一般成型压力较低,爆炸危险性小。溶剂法生产过程中不与水接触,可加入水溶性组分,更容易实现推进剂弹道性能的调节,但由于最后要将溶剂驱除,药型弧厚不能过大,因此这种工艺只适于制造小尺寸的药柱,且溶剂回收设备昂贵。另一种方法是借助于水使硝化甘油分散于硝化纤维素中,然后进行压延、压伸,生产过程中不需加挥发性溶剂,即"无溶剂法",在这类方法中又以吸收—螺旋压伸成型工艺较为先进。此外,无溶剂法还包括另一种工艺——浇铸工艺。采用浇铸工艺可制成直径大至几米的大型或形状比较复杂的药柱,它还可以直接浇铸在发动机内,充分利用发动机的空间,达到最大的装填系数,以获得最大的比冲。

本节主要讨论纳米金属粉对双基推进剂制造工艺中吸收和光辊压延工序的影响。吸收工序是指:在一定体积的容器内以热水为介质,按照一定的顺序和时间间隔,加入硝化棉、硝化甘油、中定剂、增塑剂、弹道调节剂、工艺添加剂等,将各种原材料在热水介质中通过搅拌等手段分散均匀,然后通过降温使水溶液中溶解的少量硝化甘油转移到硝化棉中,减少硝化甘油的溶解损失,最后出料,将大量的水过滤掉。

光辊压延工序是将吸收好的药料在光辊压延机上经过高温高压碾压,使药料驱水塑化,药料在压延机中受到两个辊子的挤压,药料从辊子中间向辊子的两端运动,并发生物理化学变化,其水分含量逐渐变小,硝化纤维素和硝化甘油发生深层次的作用,逐渐塑化。反复碾压,塑化程度逐渐加深直至完全塑化。事实上,在双基推进剂的制备中,除光辊压延外,沟槽压延也可用于塑化过程。沟槽压延是将药料在沟槽压延机上高温高压碾压,工作原理与光辊压延机相似,不同的是辊子刻有沟槽,使药料以沟槽为基点吸附在辊子上,同时辊子两端有大量的成型孔,药料从成型孔中挤出,由旋转的圆盘刀切割成柱状药粒,然后送至切割机内切碎。光辊压延的特点是适合少量样品制备。而沟槽压延最大的特点是可以连续化生产,一般在大批量制备中应用。由于光辊压延与沟槽压延具有很大的相似度,可以用光辊压延来预估推进剂的工艺性能。因此,光辊压延工艺广泛应用于科研阶段的小样品制备,并以此来评价推进剂(尤其是螺压推进剂)的工艺性能。

5.3.1　纳米金属粉对双基推进剂吸收工艺的影响

纳米金属粉具有高活性和尺寸微小的特性,在吸收时如果将纳米金属粉直接加入吸收锅,其将会和吸收介质——热水(约60℃)反应,使纳米金属粉的活性损失,导致能量或催化活性降低。此外,目前在吸收结束后的放料过程中,一般采取布袋盛装的方法。由于纳米金属粉的粒径微小,很容易从布袋的缝隙中随水流失;可以观察到,从布袋滤出的水明显与不加纳米材料的配方装在布袋中滤出的清水不同,一般带有颜色。

5.3.2　纳米金属粉对双基推进剂光辊压延工艺的影响

光辊压延是推进剂制备小样,进行研究常用的一道工序,也是检验推进剂工艺性能、力学性能的一道重要工序,通过光辊压延工艺可以检验推进剂能否进行放大,从而进行下一道工艺——沟槽压延。

对研究用的几种纳米金属粉进行了扫描电镜测试,电镜图片如图5-2所示。

图 5-2　n-Ag (a)、n-Cu (b)、n-Ni (c)、n-Ti (d) 和 n-Al (e)扫描电镜图

五种纳米金属粉(n-Ag、n-Cu、n-Ni、n-Ti、n-Al)形貌表征如图5-2所示。从图中可以看出,n-Ag 粉呈片状和椭球状,一些部分尺寸较大,超过100n;n-Cu 粉呈现球状,有部分大颗粒;n-Ni 粉颗粒大小较均匀,颗粒近似为球形;n-Ti 粉呈椭球状,有部分大颗粒;n-Al 粉呈现球状和纤维状两种状态。

表5-3 列出了几种纳米金属对推进剂光辊压延工艺的影响。可以看出,0.6%(质量分数)的纳米金属粉(n- Cu /n-Ni/n-Ti /n- Al /n-Ag)对双基推进剂的光辊压延工艺性能无明显影响。

表5-3 几种纳米金属对双基推进剂光辊压延工艺的影响

序号	纳米材料种类	纳米材料含量/%	光辊成张所需遍数	胶化所需遍数	塑化质量
1	—	0	8	17	良好
2	n-Cu	0.6	8	17	良好
3	n-Ni	0.6	8	17	良好
4	n-Ti	0.6	8	17	良好
5	n-Al	0.6	8	17	良好
6	n-Ag	0.6	8	17	良好

5.4 纳米金属粉对双基推进剂能量性能的影响

计算了加入纳米铝粉对双基推进剂能量性能的影响,其中纳米铝粉的有效铝含量按70%计算。配方及能量性能见表5-4。

表5-4 纳米铝粉配方及能量性能理论计算

编号	组分及质量分数/%								计算爆热 /(kJ·kg^{-1})
	NC	NG	C$_2$	V	DINA	Pb-Cu-C	n-Al	有效 Al	
1	44.5	34	1.5	1.0	3.0	6/9	10	7	5195.35
2	45.5	35	1.5	1.0	3.0	6/8.4	8	5.6	5086.44
3	46.5	36	1.5	1.0	3.0	6/7.8	6	4.2	4977.23
4	47.5	37	1.5	1.0	3.0	6/7.2	4	2.8	4867.68
5	48.5	38	1.5	1.0	3.0	6/6.6	2	1.4	4782.46
6	49.5	39	1.5	1.0	3.0	6/6	0	0	4647.30

根据表5-4的数据作图5-3。

通过表5-4可以看出,n-Al 的含量在0~10%范围内,即有效铝含量在0~7%范围内时,推进剂的能量随铝及有效铝含量的增加而提高,基本呈线性关系。

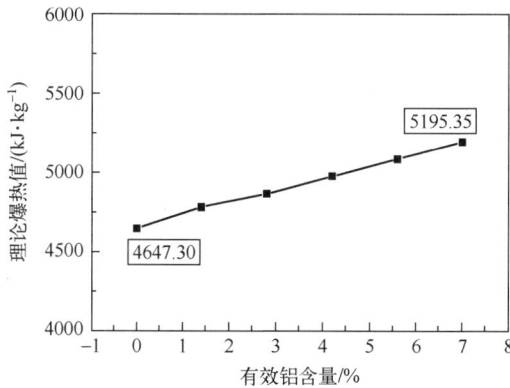

图 5-3　有效铝含量对双基推进剂能量的影响

5.5　纳米金属粉对双基推进剂燃烧性能的影响

5.5.1　不同纳米金属粉对双基推进剂燃烧性能的影响

　　燃烧性能是推进剂一项十分重要的性能。推进剂的工作要求是通过不同方法和途径,使其按照设计的燃面,有序稳定地燃烧,产生高温燃气,燃气再按照设计好的通道喷射,产生动力推动导弹前进、涡轮叶片转动,或利用高温燃气点燃下一级推进剂。在这一过程中,推进剂的稳定可靠燃烧是关键,不稳定的燃烧会使得燃烧室压力急剧升高,严重的甚至导致发动机解体。

　　针对推进剂燃烧时的火焰结构和燃速与配方本身及外部条件的关系研究表明,无论是匀质推进剂或是非匀质推进剂,它们的燃烧过程和机理都十分复杂。对于双基和改性双基推进剂,一般采用燃速公式 $u = ap^n$(u 为燃速,a 为常数,p 为压强,n 为压强指数)来表示燃速与对应压强之间的关系。在实际测试过程中,测试不同压强点(p_1、p_2 等)的燃速(u_1、u_2 等),然后通过回归法计算出压强指数 n。本书若无特别说明,都采用该燃速公式。

　　采取在双基推进剂中引入纳米金属粉,考察这几种材料对燃烧性能的影响,设计的配方见表 5-5。

　　表 5-5 中的配方经过吸收—光棍压延工艺制备的燃速药条,采用 GJB 770B—2005 方法 706.1"燃速靶线法"测试样品燃速。将已处理的 $\phi 5 \mathrm{mm} \times 160 \mathrm{mm}$ 药柱包覆后,在氮气气氛中测量燃速;再根据燃速公式 $u = ap^n$,计算压强指数 n。根据测得的燃速和对应的压强,作图得图 5-4。

表 5-5　含不同纳米材料的双基推进剂配方

配方序号	组分及质量分数/%						
	NC+ NG	其他	n-Cu	n-Ni	n-Ti	n-Al	n-Ag
YZF-8	88	12					
YZF-9	88	12	0.6				
YZF-10	88	12		0.6			
YZF-11	88	12			0.6		
YZF-12	88	12				0.6	
YZF-13	88	12					0.6

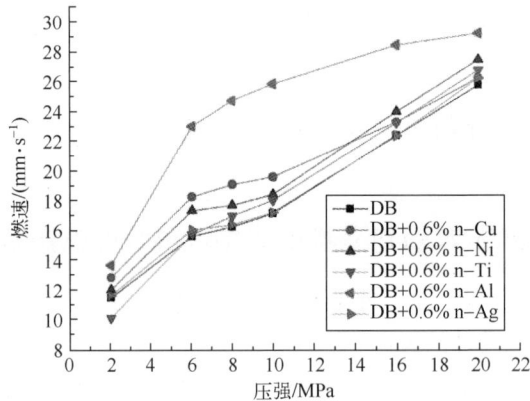

图 5-4　n-Cu 对 DB 推进剂燃烧性能的影响

从图 5-4 可以看出,加入 n-Cu 能显著提高 DB 推进剂在 2~10MPa 范围内的燃速,其中 8MPa 下的燃速提高 2.85mm/s;16~20MPa 范围内的燃速也有所提高,但幅度比 2~10MPa 范围内的小,其中,20MPa 燃速提高 0.51mm/s。此外,加入 n-Cu 后推进剂的压强指数降低,其中 6~10MPa 范围内的压强指数从 0.19 降低到 0.13,而 10~20MPa 范围内的压强指数则从 0.60 降为 0.45。

DB 推进剂中加入 n-Ni 能提高推进剂在 6~10MPa 范围内的燃速,其中 6MPa 处的燃速提高 1.72mm/s;同时,此范围内的压强指数也有所降低。在 10~20MPa 范围内,加入 n-Ni 使推进剂的燃速有所提高,但压强指数基本保持不变。

引入 n-Al 可以在 2~20MPa 全范围内提高 DB 推进剂的燃速;2MPa 下燃速提高的幅度相对较小;6~10MPa 范围内提高的幅度较大,其中 6MPa 下的燃速由 15.58mm/s 增加到 22.99mm/s,相对提高 47.6%;10MPa 下的燃速由 17.12mm/s 增加到 25.84mm/s,相对提高了 50.9%;16~20MPa 范围内推进剂的燃速提高幅度相对较小。此外,10~20MPa 范围内的燃速压强指数由 0.61 降为 0.16。

在 DB 推进剂中加入 n-Ag 后,推进剂在 2~10MPa 范围内的燃速提高,16MPa 处的燃速下降,而 20MPa 处的燃速再次增加。在 2MPa、6MPa、8MPa、10MPa、16MPa 和 20MPa 下燃速增幅依次为 0.16mm/s、0.03mm/s、0.14mm/s、0.06mm/s、-0.02mm/s 和 0.47mm/s。此外,n-Ag 使 DB 推进剂平台区的压强指数进一步降低,从 0.20 降为 0.16。考虑测试误差的影响,可以认为 n-Ag 对 DB 推进剂燃烧性能影响不明显。

加入 n-Ti 后,DB 推进剂在 2MPa 下的燃速降低了 1.38mm/s,而 6~20MPa 范围内的燃速则有所提高。在 6~20MPa 范围内,20MPa 下燃速提升最大,为 1.03mm/s。此外,不利的是,推进剂在 2~20MPa 全范围内的压强指数增大,由 0.34 增大为 0.40。

综合对比 n-Cu、n-Ni、n-Ti、n-Al、n-Ag 对 DB 推进剂燃烧性能的影响,数据分析见表 5-6。

表 5-6　n-Cu、n-Ni、n-Ti、n-Al、n-Ag 对 DB 推进剂燃烧性能的影响对比

材料	DB 推进剂		
	$u/(\mathrm{mm \cdot s^{-1}})(10\mathrm{MPa})$	平均燃速增加值(6~10MPa)/(mm·s^{-1})	$n(6{\sim}10\mathrm{MPa})$
空白配方	17.12	0	0.19
n-Cu	19.57	2.66	0.14
n-Ni	17.99	1.49	0.13
n-Ti	17.99	0.58	0.27
n-Al	25.84	8.22	0.23
n-Ag	17.18	0.22	0.15

从表 5-6 可以看出,u_{blank} 和 n_{blank} 分别是不含纳米材料的双基推进剂的燃速及压强指数,$u_{\mathrm{n-Ag}}$、$u_{\mathrm{n-Cu}}$、$u_{\mathrm{n-Ni}}$、$u_{\mathrm{n-Ti}}$ 以及 $u_{\mathrm{n-Al}}$ 是含对应的纳米金属材料的推进剂的燃速;$n_{\mathrm{n-Ag}}$、$n_{\mathrm{n-Cu}}$、$n_{\mathrm{n-Ni}}$、$n_{\mathrm{n-Ti}}$ 和 $n_{\mathrm{n-Al}}$ 是对应的压强指数。对双基推进剂 10MPa 的燃速而言,$u_{\mathrm{n-Al}}>u_{\mathrm{n-Cu}}>u_{\mathrm{n-Ni}}=u_{\mathrm{n-Ti}}>u_{\mathrm{n-Ag}}>u_{\mathrm{blank}}$;对双基推进剂 6~10MPa 的压强指数而言,$n_{\mathrm{n-Ni}}<n_{\mathrm{n-Cu}}<n_{\mathrm{n-Ag}}<n_{\mathrm{blank}}<n_{\mathrm{n-Al}}<n_{\mathrm{n-Ti}}$。

如表 5-6 数据所列,n-Al 对提高双基推进剂燃速的效果明显大于另外几种纳米材料,加入 0.6% 的 n-Al 可以将双基推进剂 10MPa 下的燃速从 17.12mm/s 增加到 25.84mm/s。然而,由于 n-Al 对水、氧较为敏感,其对推进剂燃烧性能的增强效果可能随着时间降低。综合考虑不同纳米金属粉对于推进剂燃速和燃速压强指数的影响规律以及金属粉本身的稳定性,n-Ni 是改善双基推进剂燃烧性

能的较好选择。

5.5.2 微米/纳米镍粉对双基推进剂燃烧性能的影响比较

研究了微米镍粉(μ-Ni)及纳米镍粉(n-Ni)对双基推进剂燃烧性能的影响,结果如图 5-5 所示。

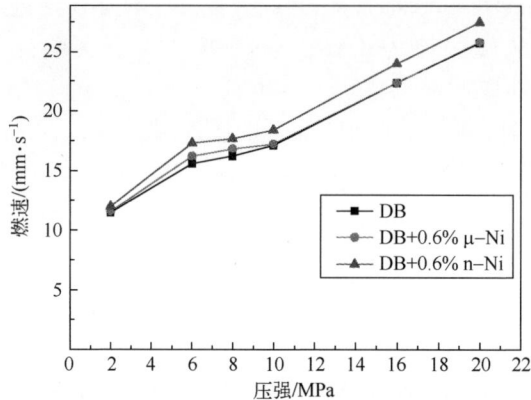

图 5-5 μ-Ni 及 n-Ni 对 DB 推进剂燃烧性能的影响

从图 5-5 可以看出,在 DB 推进剂中加入 n-Ni 可以提高推进剂在 6 ~ 10MPa 范围内的燃速,其中 6MPa 下燃速提高 1.72mm/s,压强指数也有所下降。加入 μ-Ni 虽然也能提高 DB 推进剂的燃速,但幅度很小。相比 μ-Ni,n-Ni 提高 DB 推进剂燃速的效果更好。

5.6 纳米镍粉对双基推进剂力学性能的影响

除燃烧性能外,力学性能也是评价推进剂的重要指标。研究了 n-Ni 对双基推进剂拉伸性能的影响,设计的配方见表 5-7。

表 5-7 双基推进剂配方

配方序号	组分及质量分数/%	
	NC+ NG+C_2	n-Ni
3	100	
4	100	0.7

按照 GJB 770B—2005 方法 417.1 进行抗拉强度、抗冲击强度测试,测试结果见表 5-8。

表 5-8　推进剂抗拉强度、延伸率

样 品 编 号	实验温度/℃	抗拉强度 σ_m/MPa	延伸率 ε_m/%
3	-40	40	8.81%
	20	5.0	22.05%
4	-40	29.8	7.14%
	20	4.5	24.5%

从表 5-7 和表 5-8 可以看出,加入 n-Ni 使得双基推进剂药片在-40℃下的抗拉强度由 40MPa 降低为 29.8MPa,降低幅度为 25.5%;延伸率由 8.81% 降低为 7.14%,相对降低 19.0%。在 20℃下的抗拉强度由 5MPa 降低为 4.5MPa,降低幅度为 10%;延伸率由 22.05% 提高为 24.5%,相对增加 11.1%。可见,加入 n-Ni 会使推进剂常温及低温的抗拉强度降低,低温的延伸率降低,常温的延伸率提高。

5.7　纳米镍粉对双基推进剂燃烧性能影响的机理

针对镍粉影响推进剂燃烧性能的机理开展了研究。向双基推进剂中加入 0.1% 镍粉(2 μm)后,推进剂的燃速未发生明显变化,但是其燃烧波结构相比未添加催化剂的推进剂(参比样)发生了改变,燃烧表面与发光火焰阵面间的距离变短,而且该距离随背景压强变化的规律也有所不同。参比样在 1.5MPa 下,燃面与火焰间距离为 8mm,该距离随着压力的增加而快速降低(到 4.0MPa 降低为 1mm)。对于添加镍粉作为催化剂的推进剂样品,其燃烧时,随着背景压强增大,推进剂火焰与燃面间距离基本保持不变(0.3mm)。

此外,研究发现,参比样燃烧时,其暗区温度随着燃烧室背景压强的增加而升高;压强为 0.3MPa 时,暗区温度为 1300K;当压强增至 2MPa 时,暗区温度为 1500K。而对于含 1% 纳米镍粉催化剂的推进剂,其暗区温度大幅上升(0.3MPa 下超过 2500K),这可能是因为暗区与高温发光火焰区距离很近。然而,加入镍粉后,燃烧表面上方 0.2~0.3mm 以上嘶嘶区的温度梯度并没有发生变化,这表明从嘶嘶区反馈到燃烧表面的热流也没有变化。因此,可以认为镍粉主要作用于双基推进剂燃烧中的暗区反应,对嘶嘶区和凝聚相的反应无明显效果。

当双基推进剂在低压下燃烧时(0.5MPa),不会产生发光火焰。然而,加入金属镍或有机镍化合物后,在相同压力下燃烧表面出现发光火焰。镍催化剂的作用是加速 NO 与气态烃生成 N_2、H_2O、CO_2、CO 的暗区反应,从而提高燃烧速率,但不会加速 NO_2 与醛生成 NO、H_2、CO 的嘶嘶区反应。这与铅化合物催化剂主要作用于燃烧过程中凝聚相和嘶嘶区的反应明显不同。

参考文献

[1]　江治,李疏芬,赵凤起,等. 纳米金属粉对 HMX 热分解特性的影响[J]. 推进技术, 2002,23(3):258-261.

[2]　刘磊力,李凤生,杨毅,等. 纳米金属和复合金属粉对 AP/HTPB 推进剂热分解的影响 [J]. 推进技术,2005,26(5):458-461.

[3]　李凤生,刘磊力. 纳米金属粉对 AP 及 AP/HTPB 推进剂热分解的催化性能研究[J]. 含能材料,2004,12(s1):253-256.

[4]　李凤生,刘磊力,马振叶. 纳米金属粉及 Fe₂O₃对高氯酸铵热分解的催化性能研究[J]. 过程工程学报,2004,4(s1):123-128.

[5]　胥会祥,周文静,王晓红,等. Nano-Al 与 HTPB、GAP 和 PET 相互作用研究[J]. 固体 火箭技术,2013,36(5):666-671.

[6]　Beach N E,Canfield V K. Compatibility of Explosives with Poly-mers (Ⅲ)[J]. Plastic Rep. ,1971,40:73-76.

[7]　张端庆. 固体火箭推进剂[M]. 北京:兵器工业出版社,1991.

[8]　袁志锋,王江宁,张超,等. 纳米材料对双基和改性双基推进剂燃烧性能的影响[J]. 火炸药学报,2013,36(3):69-72.

第6章　纳米金属粉在改性双基
推进剂中的应用

6.1　引言

在固体推进剂的发展过程中,改性双基推进剂是20世纪50年代后期在双基推进剂(Double Base Propellant)和复合推进剂(Composite Propellant)技术的基础上发展起来的一种新型推进剂,它是双基推进剂和复合推进剂互相结合的产物,是目前固体推进剂的一个重要品种。

改性双基推进剂可分为两种类型,一种是复合改性双基推进剂(Composite Modified Double Base Propellant,CMDB)推进剂,另一种是交联改性双基(Cross-linked Modified Double Base Propellan,XLDB)推进剂,有的国家所称的复合双基(Composite Double Base,CDB)推进剂也属于XLDB推进剂的范畴。CMDB推进剂是以硝化纤维素和硝化甘油塑溶胶为黏合剂,加入氧化剂、高能炸药和金属燃料及其他添加剂所形成的一种不交联的固体推进剂。在CMDB推进剂组分中,最基本的组分是硝化纤维素和硝化甘油,还有高氯酸铵(AP)、铝粉和硝胺炸药,后三者视不同CMDB推进剂品种,其加入与否或用量多少有所不同,目前广泛应用的有RDX(或HMX)-CMDB推进剂、AP-CMDB推进剂、RDX-Al-CMDB推进剂等。XLDB推进剂是在CMDB推进剂中加入交联剂而形成的一种交联固体推进剂,它既保持了CMDB的能量水平,也使其力学性能,特别是低温延伸率明显提高,成为改性双基推进剂的一个新品种。此外,根据对推进剂性能的不同要求,改性双基推进剂也可分为高能改性双基推进剂、高燃速改性双基推进剂、低特征改性双基推进剂、低感度改性双基推进剂等。

改性双基推进剂可以采用多种工艺技术制造,最常用的是无溶剂挤出成型工艺和浇铸法制造工艺。改性双基推进剂的无溶剂挤出工艺是指在不加入挥发性溶剂的条件下,向硝化纤维素中加入硝化甘油(或硝化二乙二醇或者其他硝酸酯、或多种硝酸酯混合),再加入固体填料,通过挤出机赋予推进剂一定形状的工艺,它主要由两部分组成,第一部分将各种原料在水中制成浆状混合物,称为吸收药制造;第二部分是吸收药驱除水分,塑化和挤出成型,称为推进剂成型。

该工艺制造的推进剂具有弹道性能重现性好、可靠性高、制造成本低等特点。改性双基推进剂的浇铸工艺分为充隙浇铸工艺(简称粒铸工艺)和配浆浇铸工艺,这两种工艺的差别甚大,但从本质上来看,都包括造粒、混合、浇铸及固化几个过程。浇铸工艺的特点:①可制备大尺寸的形状复杂的药柱;②浇铸工艺的适应性广,配方组分的变化范围大;③浇铸药浆是一种以高氯酸铵、硝胺或铝粉为分散相,以黏合剂、增塑剂等液体组分为连续相的高固体含量悬浮液。

6.2　纳米金属粉对改性双基推进剂工艺性能的影响

改性双基推进剂的制备工艺主要分为浇铸、粒铸和无溶剂压伸三种,本节主要讨论这三种工艺中共有的吸收工序和光辊压延工序中纳米金属粉的影响。

6.2.1　纳米金属粉对吸收工序的影响

纳米金属粉对改性双基推进剂制造过程中的吸收工序的影响与对双基推进剂的类似。同样,由于纳米金属粉具有高活性和尺寸微小的特性,如果在吸收时将纳米金属粉直接加入吸收锅,其将会和热水(约60℃)反应,使纳米金属粉的活性损失,导致能量或催化活性降低。此外,在吸收结束后的放料过程中,纳米金属粉也很容易从布袋的缝隙中随水流失;可以观察到,从布袋滤出的水明显与不加纳米材料的配方装在布袋中滤出的清水不同,一般带有颜色。因此,纳米金属粉加入吸收锅的方式对工艺性能没有明显影响,但由于纳米金属粉等纳米级组分的损失,可能导致推进剂的性能与设计的不一致。

6.2.2　纳米金属粉对光辊压延工序的影响

光辊压延是推进剂制备小样,进行研究常用的一道工序,也是检验推进剂工艺性能、力学性能的一道重要工序,通过光辊压延工艺可以检验推进剂是否能进行放大,是沟槽压延的重要实践依据。

表6-1列出了几种纳米金属对改性双基推进剂光辊压延工艺的影响。可以看出,0.6%的纳米金属粉(n-Cu/n-Ni/n-Ti/n-Al/n-Ag)对改性双基推进剂的光辊压延工艺性能无明显影响。

表6-1　几种纳米金属对改性双基推进剂光辊压延工艺的影响

序号	纳米材料种类	纳米材料含量/%	光辊成张所需遍数	胶化所需遍数	塑化质量
1	—	0	9	15	良好
2	n-Cu	0.6	9	15	良好
3	n-Ni	0.6	9	15	良好

（续）

序号	纳米材料种类	纳米材料含量/%	光辊成张所需遍数	胶化所需遍数	塑化质量
4	n-Ti	0.6	9	15	良好
5	n-Al	0.6	9	15	良好
6	n-Ag	0.6	9	15	良好

6.3　纳米金属粉对改性双基推进剂能量性能的影响

以纳米铝粉为例,计算了纳米铝粉对含 RDX 的改性双基推进剂能量的影响,计算结果见表6-2。

表6-2　配方及能量性能理论计算

编号	组分及质量分数/%									计算爆热/(kJ·kg^{-1})
	NC	NG	C$_2$	V	DINA	RDX	Pb-Cu-C	n-Al	有效铝含量	
1	32	21	1.5	1.0	3.0	26	5.5/8.5	10	7	5645.78
2	33	22	1.5	1.0	3.0	26	5.5/7.9	8	5.6	5550.61
3	34	23	1.5	1.0	3.0	26	5.5/7.3	6	4.2	5405.93
4	35	24	1.5	1.0	3.0	26	5.5/6.9	4	2.8	5204.57
5	36	25	1.5	1.0	3.0	26	5.5/6.2	2	1.4	5112.55
6	37	26	1.5	1.0	3.0	26	5.5/5.5	0	0	5065.02

根据表6-2的数据作图6-1。

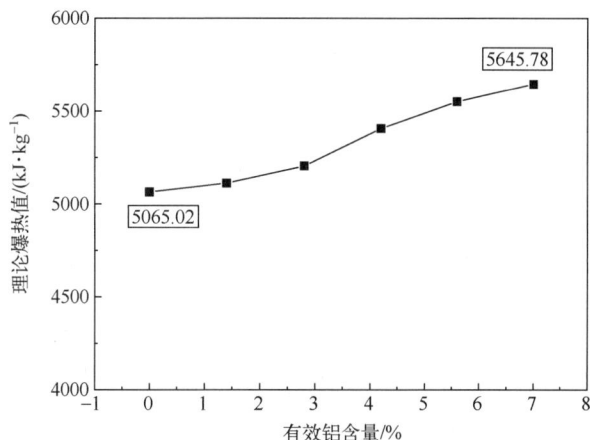

图6-1　有效铝含量对改性双基推进理论爆热值的影响

通过表 6-2 及图 6-1 可以看出,n-Al 的含量在 0~10% 范围内,有效铝含量在 0~7% 范围内,推进剂的能量随铝及有效铝含量的增加而提高,加入 7% 的有效铝含量使改性双基推进剂的爆热从 5065.02kJ/kg 增加至 5645.78kJ/kg,增加爆热约 580kJ/kg,相对增加 11.5%。

6.4　纳米金属粉对改性双基推进剂燃烧性能的影响

改性双基推进剂在各种战术导弹中有着广泛的用途,改性双基推进剂的燃烧性能良好是其能正常稳定工作的必要条件之一。

6.4.1　不同纳米金属粉对 RDX-CMDB 推进剂燃烧性能的影响比较

为研究不同纳米金属粉对改性双基推进剂燃烧性能的影响,选取 RDX-CMDB 推进剂作为研究对象,向 RDX-CMDB 推进剂中引入纳米金属粉,配方见表 6-3。

表 6-3　含不同纳米材料的 RDX-CMDB 推进剂配方

配方序号	组分及质量分数/%							
	NC+NG	RDX	其他	n-Cu	n-Ni	n-Ti	n-Al	n-Ag
YZF-1	61	26	13					
YZF-2	61	26	13	0.6				
YZF-3	61	26	13		0.6			
YZF-4	61	26	13			0.6		
YZF-5	61	26	13				0.6	
YZF-6	61	26	13					0.6

从图 6-2 可以看出,在 RDX-CMDB 推进剂中加入 n-Cu 可以在 2~16MPa 的压强范围内提高推进剂的燃速,其中低压下燃速提高的幅度更大一些;2MPa 下,燃速可以提高 0.85mm/s,而 16MPa 下燃速仅提高 0.3mm/s。在 20MPa 下,n-Cu 的引入使得推进剂的燃速降低。此外,n-Cu 的引入使得 2~20MPa 范围内的压强指数有所降低,其中 6~10MPa 范围内压强指数从 0.26 降低为 0.23,而 10~20MPa 范围内压强指数从 0.46 降低为 0.38。考虑测试误差的影响,n-Cu 对 RDX-CMDB 推进剂燃烧性能的影响不明显。

n-Ni 对 RDX-CMDB 推进剂燃烧性能的影响规律与 n-Cu 不同。在 RDX-CMDB 推进剂中引入 n-Ni 后,其在 2~20MPa 范围内的燃速均有所提高,但 2~10MPa 范围内的提高幅度较大,而 10~20MPa 范围内的提高幅度较小。此外,值得注意的是,n-Ni 非常有效地降低了 RDX-CMDB 推进剂在 2~20MPa 范

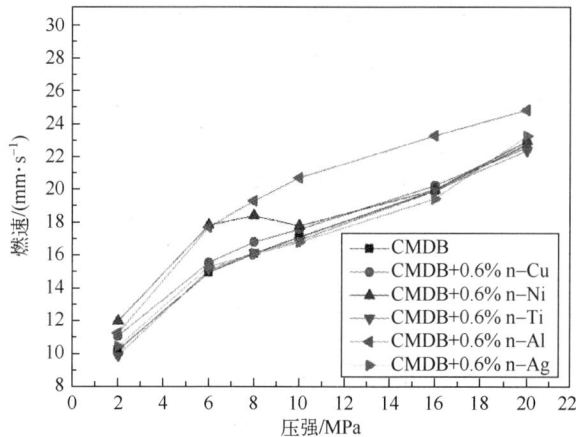

图 6-2　纳米金属粉对改性双基推进剂燃烧性能的影响

围内的燃速压强指数,其中 6～10MPa 范围内的压强指数由 0.26 降为 -0.02,8～10MPa 范围内的压强指数从 0.20 降为 -0.15,出现了麦撒燃烧效应,这对于其应用是非常有利的。

　　向配方中引入 n-Al 可以使 RDX-CMDB 推进剂在 2～20MPa 全范围内燃速提高,但 2MPa 下燃速提高的幅度较小,6～16MPa 范围内增加幅度较大;其中,燃速在 6MPa 下提高 2.74mm/s,10MPa 下提高 3.58mm/s,16MPa 下提高 3.34mm/s,20MPa 下提高 2.07mm/s。n-Al 对燃速压强指数的影响规律与 n-Cu 和 n-Ni 都不同,含 n-Al 的推进剂燃速压强指数在 2～10MPa 范围内更高,在 10～20MPa 范围内则更低。

　　在 RDX-CMDB 推进剂中引入 n-Ag 后,推进剂在 2～6MPa 下的燃速略有增加,增加值不超过 0.5mm/s;8MPa 下,n-Ag 对燃速的影响不明显;随着压强继续增加,燃速在 10～16MPa 范围内下降,但 20MPa 下的燃速高于不含催化剂的推进剂。在燃速压强指数方面,添加 n-Ag 后,6～16MPa 范围内的压强指数下降,其中 6～10MPa 范围内的压强指数从 0.26 降为 0.18,出现了平台燃烧。

　　向 RDX-CMDB 推进剂中加入 n-Ti 后,2MPa、10MPa、16MPa、20MPa 压强下的燃速下降;而 6MPa 和 8MPa 下的燃速虽有一定程度增加,但幅度都较小。其中,20MPa 下的燃速下降幅度最大,下降值为 0.38mm/s,相对下降 1.7%;6MPa 下的燃速增加幅度最大,增加值为 0.14mm/s,相对增加 0.9%。可见,n-Ti 对 RDX-CMDB 推进剂燃速影响较小。此外,n-Ti 对压强指数的影响也较小,2～20MPa 范围内的压强指数仅从 0.33 增加到 0.34。考虑测试误差的影响,可以认为 n-Ti 对 RDX-CMDB 推进剂燃烧性能的影响不明显。

　　为了进一步对比不同纳米金属粉对 RDX-CMDB 推进剂燃烧性能的影响效果,选取 10MPa 下的燃速、平均燃速增加值以及 6~10 MPa 范围内的燃速压强指数三个参数进行比较,其中平均燃速增加值是指添加纳米材料的推进剂在6MPa、8MPa 和 10MPa 下的燃速平均值与不添加纳米材料推进剂燃速的差值。n-Cu、n-Ni、n-Ti、n-Al、n-Ag 对 RDX-CMDB 推进剂燃烧性能的影响对比见表 6-4。其中,u_{blank} 和 n_{blank} 分别是不含纳米材料的改性双基推进剂的燃速及压强指数,u_{n-Ag}、u_{n-Cu}、u_{n-Ni}、u_{n-Ti} 以及 u_{n-Al} 是含对应的纳米金属材料的推进剂的燃速,n_{n-Ag}、n_{n-Cu}、n_{n-Ni}、n_{n-Ti} 和 n_{n-Al} 是对应的压强指数。

表 6-4　n-Cu、n-Ni、n-Ti、n-Al、n-Ag 对 RDX-CMDB 推进剂燃烧性能的影响对比

材　　料	RDX-CMDB 推进剂		
	$u/(\text{mm} \cdot \text{s}^{-1})(10\text{MPa})$	平均燃速增加值(6~10MPa)/$(\text{mm} \cdot \text{s}^{-1})$	$n(6\sim10\text{MPa})$
空白配方	17.12	0	0.26
n-Cu	16.81	0.02	0.19
n-Ni	17.57	0.59	0.24
n-Ti	17.79	1.95	-0.02
n-Al	16.92	-0.29	0.22
n-Ag	20.70	3.18	0.30

　　从表 6-4 可以看出,对改性双基推进剂 10MPa 的燃速排序为 $u_{n-Al}>u_{n-Ni}>u_{n-Cu}>u_{blank}>u_{n-Ti}>u_{n-Ag}$;对改性双基推进剂 6~10MPa 范围内的压强指数排序为 $n_{n-Ni}<n_{n-Ag}<n_{n-Ti}<n_{n-Cu}<n_{blank}<n_{n-Al}$。

　　可见,在 n-Ni、n-Cu、n-Al、n-Ti 和 n-Ag 这几种材料中,n-Ni 降低 RDX-CMDB 推进剂压强指数的效果最好。0.6% 的 n-Ni 可以将 RDX-CMDB 推进剂6~10MPa 范围内的压强指数降低达 107.7%,具体数据为从 0.26 降低至 -0.02。

　　此外,也有文献[1]报道了 n-Al 对於浆浇注 RDX-CMDB 推进剂(RDX 含量为 35%)燃烧性能的影响,并与普通铝粉进行了对比,见表 6-5。

表 6-5　铝粉的粒径对推进剂燃烧性能的影响

铝粉种类及含量		燃速/$(\text{mm} \cdot \text{s}^{-1})$				
普通铝粉/%	纳米铝粉/%	3MPa	7MPa	10MPa	13MPa	15MPa
0	0	8.03	15.38	19.58	21.49	22.47
1	0	7.03	13.98	16.77	20.60	22.46
0	1	6.54	14.28	19.28	23.23	26.20

(续)

铝粉种类及含量		燃速/(mm·s⁻¹)				
普通铝粉/%	纳米铝粉/%	3MPa	7MPa	10MPa	13MPa	15MPa
1	1	11.12	19.00	22.51	23.94	26.46
1	1.5	10.34	18.52	21.96	23.85	26.37
1.5	1	9.85	17.27	21.08	23.76	26.04

由表 6-4 可以看出,铝粉的加入,使 RDX-CMDB 推进剂的燃烧性能发生了较大的变化。当普通铝粉与纳米铝粉单独作用时,推进剂燃速波动大,压力指数均大于 0.60。加入普通铝粉后,燃速增长率出现了负增长,这种负增长随着压力的升高逐渐变小(由-14.2%增加到-0.04%)。加入纳米铝粉后低压段仍为负增长,但当压力增到 13MPa 以上时,燃速增长率则迅速增加(由 8.1%增加到16.6%)。而当普通铝粉与纳米铝粉以 1:1 级配时,推进剂低压段燃速大幅度提高,高压段燃速则变化不大,因而降低了压力指数。

6.4.2 微米/纳米镍粉对 RDX-CMDB 推进剂燃烧性能的影响

为了进一步解释 n-Ni 对 RDX-CMDB 推进剂燃烧性能的影响,首先研究了微米镍粉(μ-Ni)及纳米镍(n-Ni)对 RDX-CMDB 推进剂燃烧性能的影响,结果见图 6-3。

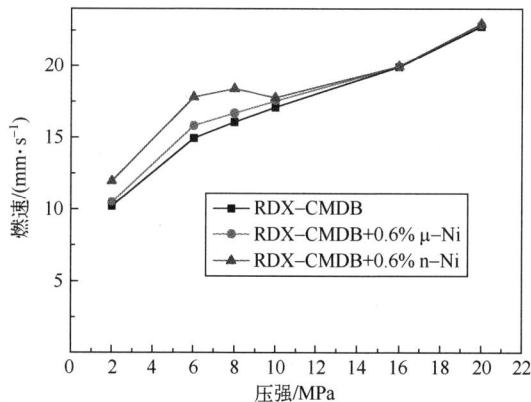

图 6-3   μ-Ni 及 n-Ni 对 RDX-CMDB 推进剂燃烧性能的影响

从图 6-3 可以看出,在 RDX-CMDB 推进剂中引入 n-Ni 后,2~10MPa 范围内燃速提升幅度较大,10~20MPa 范围内燃速仅有小幅度提升,导致 2~20MPa 范围内的压强指数降低。其中,6~10MPa 范围内的压强指数由 0.26 降为

-0.02,8~10MPa 范围内压强指数由 0.20 降为-0.15,出现了麦撒燃烧。与 n-Ni 不同,加入 μ-Ni 尽管在 2~20MPa 范围内都可提高推进剂的燃速,但幅度都较小,最大不超过 1mm/s,并且对压强指数影响不大。对比 μ-Ni 和 n-Ni,n-Ni 对改善 RDX-CMDB 推进剂燃烧性能的效果更好。n-Ni 和 μ-Ni 对推进剂燃烧性能的影响区别可归因于 n-Ni 粒径小、活性高,从而导致其具有更好的催化效果。

　　为进一步评价 n-Ni 对推进剂燃烧的作用效果,研究了 n-Ni 含量对 RDX-CMDB 推进剂燃烧性能的影响,结果如图 6-4 所示。

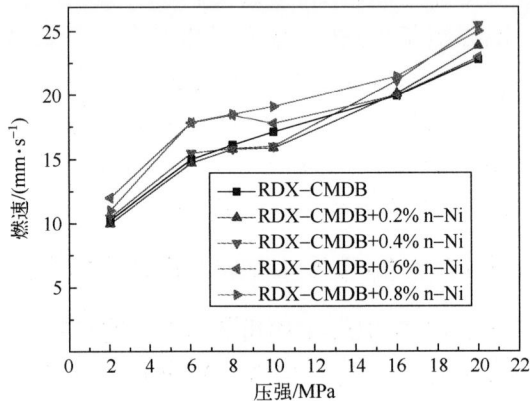

图 6-4　n-Ni 含量对 RDX-CMDB 推进剂燃烧性能的影响

　　从图 6-4 可以看出,在 RDX-CMDB 推进剂中加入 0.2% 的 n-Ni 后,2~10MPa 范围内推进剂的燃速有一定程度降低,其中 10MPa 下的燃速降低量最大,可达 1.26mm/s。在更高的压强下,0.2% 的 n-Ni 表现出不同效果,16~20MPa 范围内,推进剂的燃速提高,其中 16MPa、20MPa 下的燃速分别提高 0.18mm/s、1.07mm/s。此外,与上文结果一致的是,加入 0.2% 的 n-Ni 后,推进剂 6~10MPa 范围内的压强指数从 0.26 降为 0.14。

　　随着 n-Ni 的质量分数从 0.2% 增加至 0.8%,推进剂在 6~16MPa 压强范围内的燃速随其含量的增加而增加,其中 10MPa 下燃速提高幅度最大,可达 3.24mm/s。值得注意的是,2MPa 和 20MPa 下的燃速均呈现先增加后降低的规律,并在 n-Ni 含量为 0.6% 时燃速达到最高。此外,推进剂在 6~10MPa 范围内的燃速压强指数呈现先降低后提高的趋势,并在 n-Ni 含量为 0.6% 时降到最低,可达 -0.02,而此时 8~10MPa 范围内压强指数也可降为 -0.15。与 6~10MPa 的压强范围不同,10~16MPa 范围内推进剂的燃速压强指数则是先增加后降低,先从 0.51 增加至 0.59,然后在 0.6% 和 0.8% 时都降低至 0.25。总体来看,当 n-Ni 含量为 0.6%时,推进剂的压强指数降至最低,同时也保持了较高的燃速,可认为 0.6%是 n-Ni 的优化添加量。

6.4.3 n-Ni 对 Al-CMDB 及 CL-20-CMDB 推进剂燃烧性能的影响

如前所述,n-Ni 对 CMDB 推进剂的燃烧性能有较大的提升可能性,因此进一步对 n-Ni 在不同复合改性双基推进剂中的应用进行了相应研究。本节选取的是目前应用广泛和代表未来发展方向的 Al-CMDB 推进剂和 CL-20-CMDB 推进剂,推进剂配方见表 6-6。

表 6-6   推进剂配方组成

配方编号	质量分数/%				
	NC+NG	其他	Al	CL-20	n-Ni
1	82.5	12	5.5		0
2	82.5	11.7	5.5		0.3
3	82.5	11.5	5.5		0.5
4	82.5	11.3	5.5		0.7
5	82.5	11.1	5.5		0.9
6	73.4	26.6		0	
7	73.4	11.6		15	
8	73.4	11.1		15	0.5
9	73.4	10.9		15	0.7
10	73.4	10.7		15	0.9

n-Ni 含量对 Al-CMDB 推进剂燃烧性能的影响结果见表 6-7。可以看出,在 Al-CMDB 推进剂中加入质量分数 0.3%的 n-Ni 能大幅度提高推进剂在中低压区的燃速,其中 8MPa 下燃速提高 7.31mm/s;高压区燃速的提高幅度比中低压区要小,20MPa 下燃速提高 3.48mm/s。同时,添加 n-Ni 还显著降低了压强指数,8~20MPa 范围内的压强指数从 0.43 降为 0.25。此外,发现随着 n-Ni 含量从质量分数 0.3%逐渐增加到 0.9%,推进剂的燃速先增后降,但燃速峰值所对应的 n-Ni 含量随压强变化;在 4MPa 时,Al-CMDB 推进剂的燃速在 n-Ni 含量为 0.7%时达到最高,当含量超过 0.7%时推进剂的燃速反而下降;在 10MPa 下,燃速也是当 n-Ni 含量为 0.7%时最高,达到 35.59mm/s;在 20MPa 的压强下,燃速的峰值出现在 n-Ni 含量为 0.5%处,推进剂的燃速达到最高,当 n-Ni 含量大于 0.5%时推进剂的燃速随压强下降。在燃速压强指数方面,8~20MPa 范围内压强指数随 n-Ni 含量的增加逐渐从 0.43 降至 0.13,降低幅度达

69.8%。综合考虑推进剂的实际工作状态,认为 n-Ni 为 0.7%对于推进剂的整体性能最有利。

表 6-7 　n-Ni 对 Al-CMDB 推进剂燃烧性能的影响

样品	质量分数(n-Ni)/%	$u/(\text{mm} \cdot \text{s}^{-1})$						n		
		4MPa	8MPa	10MPa	12MPa	15MPa	20MPa	8~20MPa	8~15MPa	15~20MPa
1	0	19.38	22.25	27.14	28.90	30.85	34.07	0.43	0.51	0.35
2	0.3	24.35	29.54	32.61	33.95	35.93	37.55	0.25	0.30	0.15
3	0.5	26.43	30.24	35.25	36.51	37.93	38.17	0.23	0.35	0.02
4	0.7	28.01	32.52	35.59	36.94	38.31	37.97	0.17	0.26	-0.03
5	0.9	25.37	29.68	32.75	33.05	33.52	33.90	0.13	0.18	0.04

基于表 6-7 数据,可利用公式 $Z = u_{\text{cat}}/u_0$ 计算 n-Ni 对 Al-CMDB 推进剂各压强点燃速的增速效率,式中,u_{cat} 为含 n-Ni 的推进剂燃速,u_0 为不含 n-Ni 的推进剂燃速。结果表明,n-Ni 对 Al-CMDB 推进剂在 4~15MPa 范围内的增速效率随着 n-Ni 质量分数的增加,呈现先增加后减少的规律;其中,当 n-Ni 含量为 0.7%时,8MPa 下的增速效率最高,为 1.46;当 n-Ni 质量分数超过 0.7%时,催化效率下降。

CL-20 是新型含能材料,其能量水平高于 RDX 和 HMX,将其引入 CMDB 推进剂可以显著提升推进剂的能量性能,代表了 CMDB 推进剂高能化的方向。然而,CL-20-CMDB 推进剂的燃烧性能有待提高,尚不能满足应用的要求。因此,研究了 n-Ni 对 CL-20-CMDB 推进剂燃烧性能的影响,结果见表 6-8。

表 6-8 　n-Ni 对 CL-20-CMDB 推进剂燃烧性能的影响

样品	质量分数/%		$u/(\text{mm} \cdot \text{s}^{-1})$						n	
	CL-20	n-Ni	4MPa	8MPa	10MPa	12MPa	15MPa	20MPa	8~20MPa	15~20MPa
6	0		20.30	23.67	24.63	24.81	24.85	26.21	0.09	0.19
7	15		19.74	23.98	25.41	26.01	26.30	27.53	0.14	0.16
8	15	0.5	22.57	26.99	28.17	27.78	27.76	27.62	0.01	-0.02
9	15	0.7	21.05	26.49	27.51	27.62	27.70	27.84	0.05	0.02
10	15	0.9	20.58	24.75	27.40	28.13	27.75	28.34	0.12	0.07

从表 6-8 可以看出,在 CL-20-CMDB 推进剂中加入 0.5%含量的 n-Ni 能显著提高推进剂 4~10MPa 范围内的燃速,其中 10MPa 下燃速提高 2.76mm/s;同时,8~20MPa 范围内的压强指数从 0.14 降低至 0.01;10~20MPa 范围内还出现了麦撒燃烧现象。随着 n-Ni 含量从 0.5%增加到 0.9%,4~10MPa 范围内的

燃速下降;10~15MPa 范围内的燃速先降低然后增加,20MPa 下燃速持续增加,整个测试范围内的压强指数不断增大。

在 4MPa 下,推进剂的燃速随 n-Ni 含量的增加呈现先增后减的规律;推进剂的燃速峰值出现在 n-Ni 含量为 0.5% 时,超过 0.5% 时燃速下降。8~10MPa 的压强范围内,燃速存在同样的规律。压强为 12~15MPa 时,推进剂的燃速随 n-Ni 含量的增加先减少后增加;而当压强为 20MPa 时,燃速随 n-Ni 含量的增加而略有增大。

同样计算了 n-Ni 对推进剂的增速效率,当 n-Ni 含量为 0.5% 时,对推进剂在 4~10MPa 以及 15MPa 下的燃烧催化效果最好,n-Ni 含量超过 0.5% 时催化效率下降。在 12MPa 和 20MPa 下,催化效率的变化规律有所不同,随 n-Ni 含量的增加先降后增,当 n-Ni 含量为 0.9% 时推进剂在 12MPa 和 20MPa 下的燃速最高,增速效率同时达到最高。

6.4.4　n-Cu 含量对 RDX-CMDB 推进剂燃烧性能的影响

如 6.4.1 节所示,n-Cu 也可以促进 RDX-CMDB 推进剂的燃烧。类似地,研究了 n-Cu 含量对 RDX-CMDB 推进剂燃烧性能的影响,其结果如图 6-5 所示。

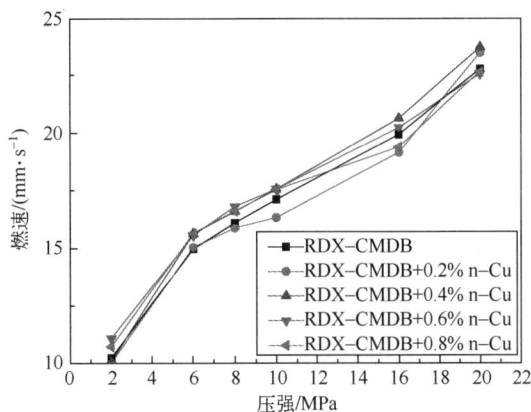

图 6-5　n-Cu 含量对 RDX-CMDB 推进剂燃烧性能的影响

从图 6-5 可以看出,未加 n-Cu 的 RDX-CMDB 推进剂在 2~6MPa 产生超速燃速,在 6~10MPa 产生近似平台燃烧,在 10~20MPa 推进剂的燃速大幅度增加,压强指数迅速增大。在 RDX-CMDB 推进剂中加入 n-Cu 后,推进剂的燃烧发生了变化;2MPa 和 8~10MPa 范围内的燃速下降,6MPa 和 20MPa 下的燃速提高,但燃速变化幅度都较小,不超过 1mm/s;6~10MPa 范围内压强指数从 0.26

下降为 0.16。

若进一步提高 n-Cu 催化剂的添加量,随着 n-Cu 的质量分数从 0.2% 增加至 0.8%,推进剂的燃速呈现先增加然后增速放缓的规律。不同的是,在 2MPa 下和 8~16MPa 范围内,燃速峰值出现在 n-Cu 质量分数为 0.6% 时;在 6MPa 及 20MPa 下,燃速则在 n-Cu 质量分数为 0.8% 时达到最高。此外,结果显示,6~16MPa 范围内的压强指数随着 n-Cu 含量的提高有变小的趋势,当质量分数为 0.8% 时压强指数降到最小,为 0.22。

6.5　n-Ni 对 RDX-CMDB 推进剂力学性能的影响

力学性能也是推进剂非常重要的性能指标,其与推进剂的工艺性能和安全性能密切相关。若推进剂力学性能不满足要求,可能导致发动机工作不稳定,在某些特殊要求环境(如高过载)甚至可能导致发动机解体。

为研究 n-Ni 对 CMDB 推进剂力学性能的影响,向 RDX-CMDB 推进剂配方中引入纳米镍粉,考察其对推进剂拉伸性能的影响,设计的推进剂配方见表 6-9。

表 6-9　RDX-CMDB 推进剂配方

配方序号	组分及质量分数/%		
	NC+ NG+C_2	RDX	nm-Ni
3	70	30	0
4	70	30	0.7

按照 GJB 770B—2005 方法 417.1 对获得的推进剂试样进行抗拉强度、抗冲击强度测试,测试结果见表 6-10。

表 6-10　推进剂抗拉强度、伸长率

样品编号	实验温度/℃	抗拉强度 σ_m/MPa	伸长率 ε_m/%
3	−40	29.4	4.6%
	20	5.5	12.0%
4	−40	22.8	4.4%
	20	4.5	7.9%

表 6-10 可以看出,加入 n-Ni 可以将 −40℃ 下含 RDX 改性双基药片的抗拉强度由 29.4MPa 降低为 22.8MPa,降低幅度为 22.4%;延伸率由 4.6% 降低至 4.4%,相对降低 4.3%。20℃ 下,n-Ni 使推进剂的抗拉强度由 5.5MPa 降低为

4.5MPa,降低幅度为 18.1%;延伸率由 12.0% 降低至 7.9%,相对降低 34.2%。由此可见,n-Ni 会使 RDX-CMDB 推进剂在常温及低温的抗拉强度及延伸率均降低,对力学性能有不良影响。

6.6　纳米金属粉在改性双基推进剂中的反应机理

6.6.1　n-Ni 在 RDX-CMDB 推进剂燃烧中的作用机理

　　RDX-CMDB 推进剂是一种应用广泛的改性双基推进剂,具有能量较高、质量一致性好、燃烧性能良好等优点,在防空导弹、反坦克导弹以及空舰导弹上都有应用。为揭示 n-Ni 影响 RDX-CMDB 推进剂燃烧性能的机理,选择了基础 RDX-CMDB 推进剂配方(YZF-1)和含 n-Ni 的 RDX-CMDB 推进剂配方(YZF-3)作为研究对象,其中配方 YZF-3 基于配方 YZF-1,并加入质量分数 0.6% 的 n-Ni。对上述两个推进剂配方,获取了其燃烧火焰照片、燃烧波曲线、熄火表面形貌及组成以及 DSC 曲线。2MPa 和 4MPa 下的燃烧火焰照片如图 6-6 所示,燃烧波曲线如图 6-7 所示,熄火表面形貌及能谱测试结果如图 6-8 所示,熄火表面元素分析结果见表 6-7,热分解 DSC 曲线如图 6-9 所示。

　　YZF-1 和 YZF-3 的推进剂配方组成见表 6-11。

表 6-11　YZF-1 和 YZF-3 推进剂配方组成

配方序号	组分及质量分数/%			
	NC+NG	RDX	其他	n-Ni
YZF-1	61	26	13	
YZF-3	61	26	13	0.6

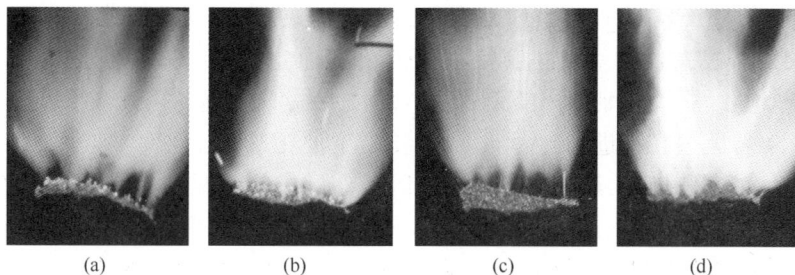

图 6-6　含和不含 n-Ni 的 RDX-CMDB 推进剂的火焰照片
(a) YZF-1,2MPa; (b) YZF-1,4MPa; (c) YZF-3,2MPa; (d)YZF-3,4MPa。

从图 6-6 可以看出,与不含催化剂的 RDX-CMDB 推进剂燃烧火焰相比, n-Ni 加入 RDX-CMDB 推进剂后,2MPa 下的火焰照片中有明显的白色亮线出现,这应该是推进剂中某些组分燃烧更加剧烈并被喷射出来。此外,对比两种推进剂在 2MPa 和 4MPa 下的燃烧火焰图可以发现,加入 n-Ni 使 RDX-CMDB 推进剂火焰更加明亮,由原来黄色的火焰部分转变为白色。

从图 6-7 可以看出,加入 n-Ni 使 RDX-CMDB 推进剂的燃面燃温在 2MPa 和 4MPa 下都得到了提高,特别是低压下的燃面温度提高较为明显。n-Ni 对 RDX-CMDB 推进剂火焰温度的影响不明显,但推进剂从燃烧达到火焰温度稳定的时间大幅度缩短,这说明其反应速率更快、更加剧烈。

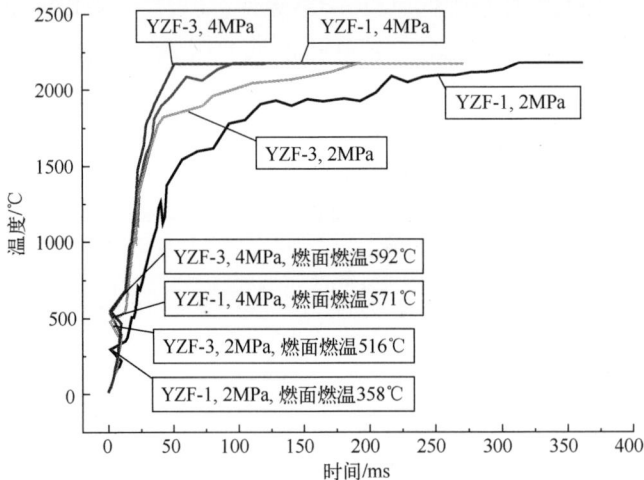

图 6-7   n-Ni 对 RDX-CMDB 推进剂燃烧波的影响

配方 YZF-1 和 YZF-3 的熄火表面元素含量见表 6-12,其中 W_t 为重量百分含量,W_n 为分子数量百分含量。从图 6-8 熄火表面全貌能谱图及表 6-12 元素含量可以看出,加入 n-Ni 后,RDX-CMDB 推进剂熄火表面的碳元素和镍元素含量明显增大。需要特别指出的是,熄火表面的镍含量明显超出其在配方中的值,这意味着镍元素在推进剂燃面上富集,参与了催化反应。碳对推进剂的燃烧性能有较大的影响,C 元素可以在推进剂的燃面形成碳骨架作为催化剂活性组分富集床,可以防止催化剂活性成分凝聚,更好地催化推进剂的燃烧。已有研究证实,推进剂燃面燃烧时产生的碳对推进剂的燃烧起着十分关键的作用[14,15],燃面的碳骨架甚至可以使气相区的导热率提高约 19 倍[14]。由于 n-Ni 具有很高的比表面积,认为其吸附了更多的碳在燃面形成碳骨架。而正是燃面富集的 Ni 和 C,使得 YZF-3 配方的燃烧性能显著优于 YZF-1。

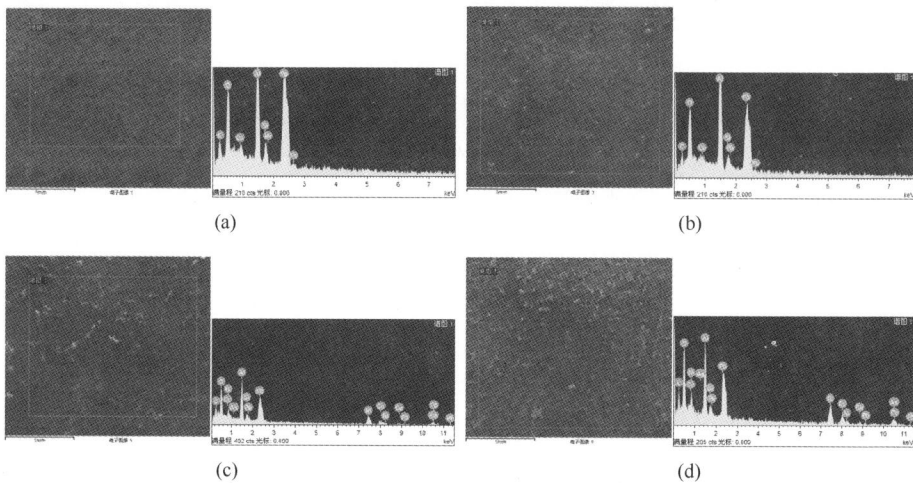

(a)　　　　　　　　　　　　　　　　(b)

(c)　　　　　　　　　　　　　　　　(d)

图 6-8　配方 YZF-1/YZF-3 熄火表面全貌能谱图

(a) YZF-1(2MPa)能谱图；(b) YZF-1(4MPa)能谱图；(c) YZF-3(4MPa)能谱图；

(d) YZF-3(4MPa)能谱图。

表 6-12　配方 YZF-1/YZF-3 熄火表面元素含量

配方	压强/MPa	C		O		Al		Cu		Pb		Ni	
		W_t/%	W_n/%	W_t/%	W_n/%	W_t/%	W_n/%	W_t/%	W_n/%	W_t/%	W_n/%	W_t/%	W_n/%
YZF-1	2	15.94	33.91	29.19	46.63	10.37	9.82	9.02	3.63	33.38	4.12	—	—
	4	9.89	22.03	32.98	65.66	17.55	20.72	10.84	5.43	36.34	5.59	—	—
YZF-3	2	21.91	40.73	29.46	41.11	9.79	8.10	7.04	2.47	18.85	2.03	12.30	4.68
	4	20.25	37.94	30.71	43.20	10.85	9.05	6.04	2.14	19.56	2.12	10.66	4.09

利用热分析对 n-Ni 的作用机理进行了进一步研究(图 6-9)，发现 n-Ni 使 RDX-CMDB 推进剂的分解放热主峰温及肩峰峰温都后移，主峰峰温从 210.9℃ 后移 2.3℃ 到 213.2℃，肩峰峰温从 242.8℃ 后移 2.9℃ 到 245.7℃，即 n-Ni 并未促进 RDX-CMDB 推进剂的热分解反应。但同时，n-Ni 使 RDX-CMDB 推进剂的分解放热量从 1303J/g 增加到 1859J/g，相对增加 42.7%。

综合上述实验结果，认为 n-Ni 加入 RDX-CMDB 推进剂后，参与了催化燃烧反应，提高了推进剂的分解热，使推进剂燃面温度升高，推进剂燃面得到的热反馈增加，因此提高了推进剂低压的燃速。

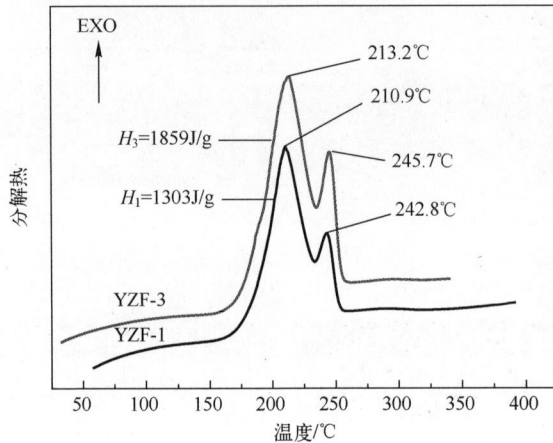

图 6-9　配方 YZF-1 及 YZF-3 的 DSC 曲线及分解放热量

6.6.2　n-Ni 在 Al-CMDB 推进剂燃烧中的作用机理

　　Al-CMDB 推进剂也是一种应用广泛的改性双基推进剂,具有能量较高、质量一致性好、燃烧性能良好等优点,在防空导弹、反坦克导弹以及舰空导弹上都有应用。n-Ni 对 Al-CMDB 推进剂的燃烧性能有着明显的提升效果,研究 n-Ni 对 Al-CMDB 推进剂的燃烧机理,可能找出 n-Ni 提高推进剂燃速以及降低推进剂压强指数的具体原因,对调节推进剂的燃烧性能有指导性意义。为揭示 n-Ni 的作用,设计推进剂配方(表 6-13),即含 n-Ni 的配方 1(样品 1)和不含 n-Ni 的配方 4(样品 4)。

表 6-13　推进剂配方组成

配方编号	质量分数/%			
	NC+NG	其他	Al	n-Ni
1	82.5	12	5.5	0
4	82.5	11.3	5.5	0.7

　　考虑到在 4MPa 推进剂的燃速差异较大,因此选择在 4MPa 对配方 1 和配方 4 拍摄火焰照片,结果见图 6-10,燃烧波测试结果见图 6-11,熄火表面电镜照片见图 6-12,DSC 曲线见图 6-13。

　　从图 6-10 可以看出,n-Ni 加入 Al-CMDB 推进剂后,火焰照片中出现了更多的铝粉燃烧亮线。铝粉燃烧产生白色的亮线是因为铝粉受热液化后一边燃烧、一边被燃气吹出产生,亮线越多,说明铝粉的燃烧效率越高。由此可见,引入 n-Ni 后,推进剂燃烧火焰中铝粉燃烧更加剧烈,且更多的铝粉在贴近燃面处燃

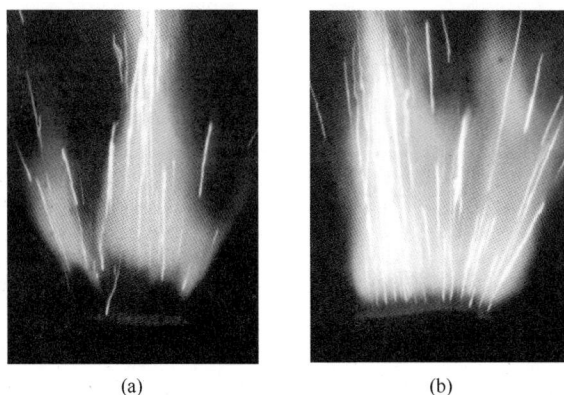

(a)　　　　　　　　　　　(b)

图 6-10　不含和含 n-Ni 的 Al-CMDB 推进剂的火焰照片

(a) 配方 1；(b) 配方 4。

烧。此外，当 n-Ni 存在时，推进剂燃烧火焰亮度大幅度增加，暗区明显变短，说明燃烧表面附近反应剧烈。

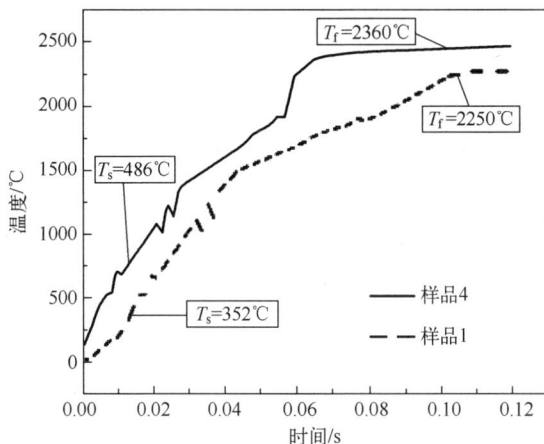

图 6-11　n-Ni 对 Al-CMDB 推进剂燃烧波的影响图

　　燃烧波曲线也可以给出推进剂燃烧时的重要信息。从图 6-11 可以看出，加入 n-Ni 后 Al-CMDB 推进剂的燃面温度 T_s 由 352℃提高到 486℃，火焰温度 T_f 则从 2250℃提高到 2360℃，可以看出，温度梯度明显增大，说明 n-Ni 参与了燃烧反应，并且提高了 Al-CMDB 推进剂的燃面温度、火焰温度。

　　从图 6-12 可以看出，加入 n-Ni 后，Al-CMDB 推进剂的熄火表面发生了明显变化。单个珊瑚状颗粒的面积变小，这意味着其比表面积增大，可以为催化剂提供更多附着位置。能谱测试显示熄火表面的碳元素从质量分数 28.4%增加到 34.7%,镍元素从 0 增加到 7.6%,这说明 n-Ni 参加了燃面的催化反应,其作用机理与在 RDX-CMDB 推进剂中的类似,使得镍和碳在燃面富集,有效改善了燃烧性能。为进一步获得镍作用机理的相关数据,后续进行了 DSC 实验。

(a)   (b)

图 6-12 不含和含 n-Ni 的 Al-CMDB 推进剂的熄火表面电镜照片
(a) 样品 1;(b) 样品 4。

从图 6-13 中的热分解曲线可以观察得到,n-Ni 对推进剂的分解热影响显著,从 2661J/g 增加到 3153J/g,提高了 18.5%。因此,认为 n-Ni 引入 Al-CMDB 推进剂后,参与了催化反应:n-Ni 促进了暗区的反应,使得推进剂的分解热增大、燃面温度升高,更多的铝粉在接近推进剂燃面处燃烧,而铝粉燃烧放出大量

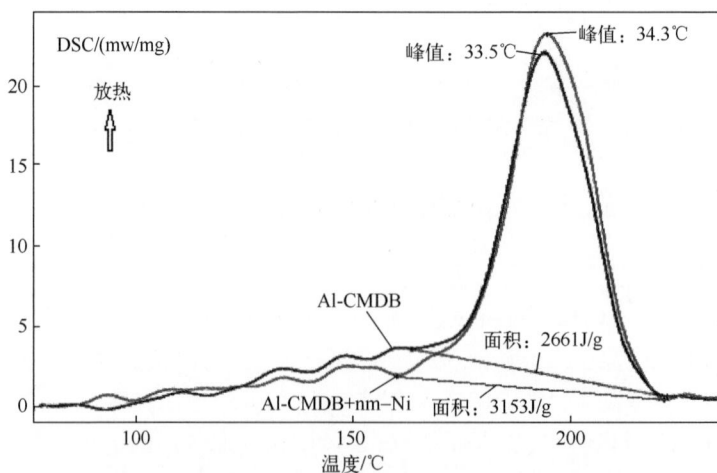

图 6-13 含和不含 n-Ni 的 Al-CMDB 推进剂的热分解曲线

的热,提高了火焰温度;另外,由于暗区温度和火焰温度升高,推进剂燃面受到的热反馈增加,反过来促进了推进剂的热分解,提高了推进剂的燃速。

6.7　n-Ni 在改性双基推进剂中的工程化应用研究

由于 n-Ni 对于不同 CMDB 推进剂表现出了较好的燃烧催化效果,尝试将其在推进剂中进行工程化应用。新材料在推进剂中应用首先要考虑的是制备含新材料推进剂后,其安全性是否满足要求,只有安全性良好才能继续下一步的研究,否则易导致人身、财产安全事故。因此,通过真空安定性法、甲基紫法及维也里法测试了推进剂的热安定性,同时测试了推进剂的撞击感度(用特性落高表示,数值越高,感度越低)和摩擦感度。

1. 含 n-Ni 的 Al-CMDB 推进剂的真空安定性

测试了含 n-Ni 的 Al-CMDB 推进剂的真空安定性,结果见表 6-14。

表 6-14　含 n-Ni 的 Al-CMDB 推进剂的真空安定性

样品名称	样品量 /g	实验温度 /℃	实验时间 /h	放气量 /mL	评价	配方主要组成	
						NC+NG/%	Al/%
XPf-8y	5	90	40	4.98	合格	83	5.5
XPf-8	5	90	40	4.15	合格	83	5.5
XPf-5	5	90	40	3.90	合格	83	5.5

由以上数据可以看出,真空安定性法测试显示,含 n-Ni 的 Al-CMDB 推进剂的热安定性良好。

2. 含 n-Ni 的 CMDB 推进剂的甲基紫、维也里安定性

含 n-Ni 的 Al-CMDB 和 RDX-CMDB 推进剂化学安定性的测试结果见表 6-15。

表 6-15　含 n-Ni 的 Al-CMDB 和 RDX-CMDB 推进剂甲基紫、维也里安定性

编号	甲基紫变色 时间/min	5h 爆燃	5S 爆发点 /℃	维也里变色 时间/h	配方主要组成		
					NC+NG/%	Al/%	RDX/%
XPf-28	81	不燃不爆			63.4	—	24
XPf-28A	82	不燃不爆			63.4	—	24
XPf-28B	81	不燃不爆			63.4	—	24
XPf-28C	82	不燃不爆			63.4	—	24
XPf-29	67	不燃不爆			83	5.5	

（续）

编号	甲基紫变色时间/min	5h 爆燃	5S 爆发点/℃	维也里变色时间/h	配方主要组成		
					NC+NG/%	Al/%	RDX/%
XPf-29A	69	不燃不爆			83	5.5	—
XPf-29B	70	不燃不爆			83	5.5	—
XPf-29C	68	不燃不爆			83	5.5	—
XPf-81	66	不燃不爆			83	5.5	—
XPf-16A	83	不燃不爆		62.5	83	5.5	—
XPf-22	75	不燃不爆			75	5.5	10
XPf-8		不燃不爆	258	68.5（重复法）	83	5.5	—
XPf-5		不燃不爆		69.5（重复法）	83	5.5	—
XXDD-201001		不燃不爆		7（简单法）	75	5	10

以上数据说明,含 n-Ni 的 Al-CMDB、RDX-CMDB 推进剂热化学安定性良好。

3. 含 n-Ni 的 CMDB 推进剂的机械感度

对含 n-Ni 的 Al-CMDB、RDX-CMDB 推进剂的机械感度(撞击感度、摩擦感度)进行了测试,以表征其安全性。测试结果见表 6-16。

表 6-16　含 n-Ni 的 Al-CMDB、RDX-CMDB 推进剂机械感度

编　号	特性落高 H_{50}/cm	摩擦感度 P/%	配方主要组成		
			NC+NG/%	RDX/%	Al/%
XPf-8	6.8	96	83	—	5.5
XPf-5	12.6	96	83	—	5.5
XXDD-201001	11.0	72	75	10	5

几种已定型推进剂机械感度的测试结果见表 6-17。

表 6-17　几种已定型推进剂的机械感度

推进剂牌号	特性落高 H_{50}/cm	摩擦感度 P/%
XX-5	15.5	58
XX-7	19.0	54
XX02	16.0	64
XX-30	12.0	92

由表6-16和表6-17可知,推进剂配方的机械感度在可安全使用的范围内。

综合热安定性和机械感度可以看出,含n-Ni的Al-CMDB及RDX-CMDB推进剂热安定性和机械感度良好,可以进行下一步研究工作。

在进行热安定性和机械感度研究的基础上,进行了15kg级工艺放大和60kg工艺放大研究,并相应地进行了燃速、爆热、比容、力学性能、热安定性等物理化学性能实验,在测试诸多数据的前提条件下,设计了装药形状尺寸,进行了Φ50mm发动机实验和Φ130mm发动机实验。

4. 15kg放大工艺研究及Φ50mm发动机实验

针对设计的含n-Ni的CMDB推进剂配方,进行了15kg的放大工艺研究,按照典型的螺压推进剂工艺进行了吸收—熟化—离心驱水—混同—压延—压伸的工艺,制备外径为45mm,内孔为圆孔的推进剂装药;并利用装药设计技术,设计了装药的外形尺寸、燃面及包覆层,对推进剂采用不饱和树脂进行了外圆包覆。采用相应的国军标方法测试了推进剂各种物理化学性能和内弹道性能。

1) 配方基本特性

配方的基本组成见表6-18。

表6-18 基本配方

配方	NC+NG	Al	RDX	其他
组分/%	75	5	10	10

配方的密度、爆热、比容见表6-19。

表6-19 密度、爆热、比容实测值

密度/($g \cdot cm^{-3}$)	爆热/($kJ \cdot kg^{-1}$)	比容/($L \cdot kg^{-1}$)
1.706	5100	621

2) 配方燃烧性能

(1) 燃速仪燃速:在20℃,利用燃速仪测试的推进剂燃速见表6-20。

表6-20 燃速仪燃速实测值(20℃)

压强/MPa	5	10	15	20
燃速/($mm \cdot s^{-1}$)	26.71	35.01	37.04	34.72
压强指数		0.39	0.14	-0.22

(2) 发动机燃速:在20℃,在进行发动机内弹道实验时推进剂的燃速见表6-21。

表 6-21　发动机燃速实测值

发动机实验序号	2	1	5	6	4	3
发动机燃烧平均压强/MPa	10.5	10.7	14.0	15.0	15.4	16.3
燃速/(mm·s^{-1})	31.7	32.83	34.7	34.7	34.8	34.8

3) 配方力学性能

在+50℃、+20℃、−40℃条件下测试了推进剂的抗拉强度、抗压强度、抗冲强度,计算了伸长率、压缩率,测试值见表 6-22。

表 6-22　推进剂力学性能实测值

温度/℃	抗拉强度/MPa	伸长率/%	抗压强度/MPa	压缩率/%	抗冲强度/(kJ·cm^{-2})
+50	2.25	35.4	10.05	55	不断
+20	9.33	18.4	38.49	46.5	不断
−40	32.34	3.57	181.8	40.4	2.94

4) 配方安定性

用甲基紫法测得推进剂安定性见表 6-23。

表 6-23　化学安定性实测值

测试方法	实测值/min
甲基紫法	75

5) 配方 ϕ50mm 发动机实验

在不同燃烧平均压强条件下进行了 ϕ50mm 发动机实验,其中比冲按弹道摆法测试。实验结果见表 6-24。

表 6-24　ϕ50mm 发动机比冲实测值

发动机实验序号	2	5	6	4	3
发动机燃烧平均压强/MPa	10.5	14.0	15.0	15.4	16.3
比冲/s	227.6	231.0	233.1	230.4	231.5

在上述测试推进剂的各种性能条件下,进行了 ϕ50mm 发动机实验,6 次实验的发动机曲线见图 6-14。

可以看出,通过工艺放大,制备出 15kg 含 n-Ni 的 Al/RDX-CMDB 推进剂,燃烧性能优异,安定性、力学性能满足应用条件,发动机 P-t 曲线(尤其是工作压强在 14MPa 以上)平整光滑,完全满足使用要求。

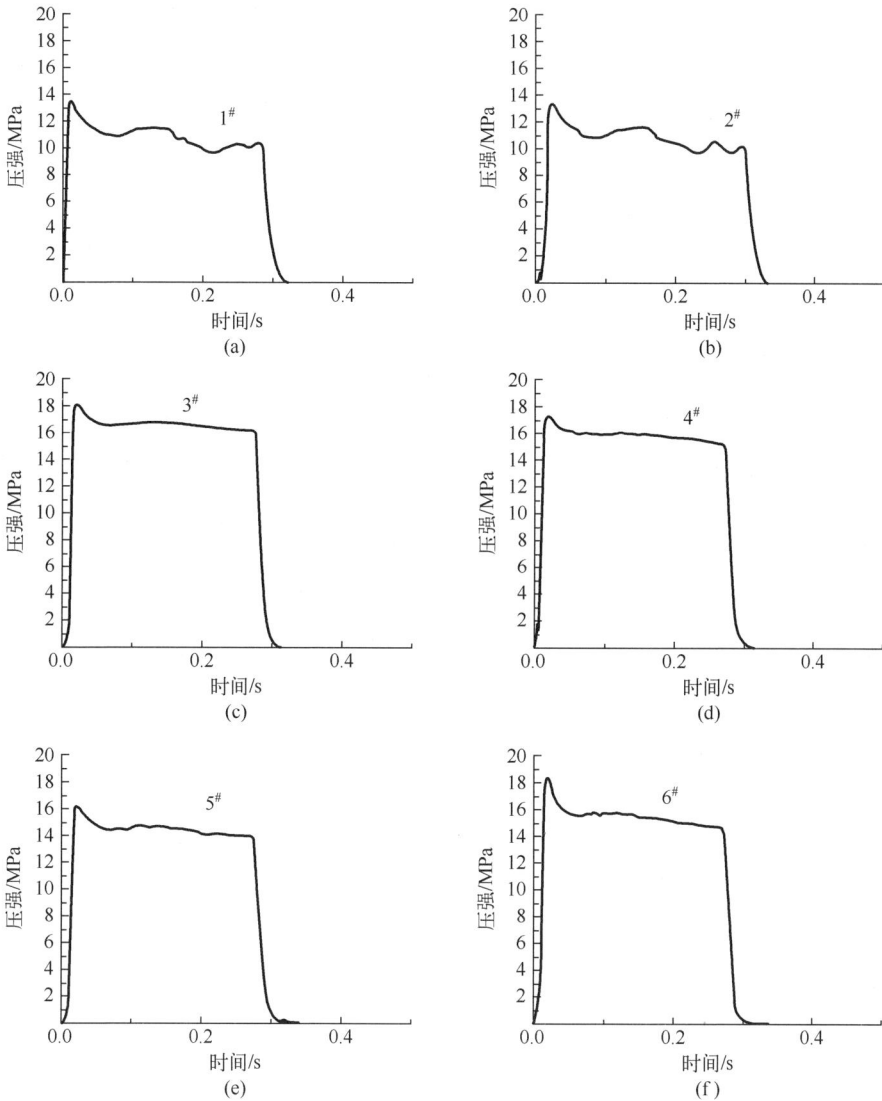

图 6-14　φ50mm 发动机压强-时间曲线

（a）1#装药发动机 p-t 曲线；（b）2#装药发动机 p-t 曲线；（c）3#装药发动机 p-t 曲线；

（d）4#装药发动机 p-t 曲线；（e）5#装药发动机 p-t 曲线；（f）6#装药发动机 p-t 曲线。

5. 60kg 放大工艺研究及 φ130mm 发动机实验

在进行 15kg 工艺放大和 φ50mm 发动机实验并取得成功后，说明该推进剂的制造工艺流程是可行的，但 15kg 的产量尚不能满足应用需求，因此进行了 60kg 工艺放大研究及 φ130mm 发动机实验，并且在 15kg 的基础上进行了配方微调,使推进剂的燃速更高,更加接近防空导弹、单兵武器等对高燃速低特征信号推进剂的需求。

1) 推进剂基本配方

配方基本组成见表6-25。

表6-25　推进剂基本配方

配方	NC+NG	Al	RDX	其他
组分/%	75	5	10	10

2) 工艺放大

针对设计的配方,进行了60kg放大工艺研究,按照典型的螺压工艺进行了吸收—熟化—离心驱水—混同—压延—压伸的工艺,制备外径为116mm,内孔为星孔的推进剂装药,并设计了装药的外形尺寸、燃面及包覆层,对推进剂采用不饱和树脂进行了外圆包覆。采用相应的国军标方法测试了推进剂的物理化学性能和内弹道性能。

3) 推进剂能量特性

测试了推进剂的能量性能,见表6-26。

表6-26　推进剂的密度、爆热及比容

密度/$(g \cdot cm^{-3})$	爆热/$(kJ \cdot kg^{-1})$	比容/$(L \cdot kg^{-1})$
1.695	4955	638

4) 推进剂在不同温度下的燃烧性能

利用燃速仪,在+50℃、+20℃、-40℃三种不同温度条件下测试了推进剂的燃烧性能,见表6-27,为了更清晰地分析推进剂的燃烧性能,根据表6-27的数据作图6-15。

表6-27　静态燃速实测结果

温度＼压强	燃速 $u/(mm \cdot s^{-1})$								
	6MPa	8MPa	9.81MPa	12MPa	14MPa	16MPa	18MPa	20MPa	22MPa
20℃	29.76	33.90	36.63	38.83	39.68	39.84	39.16	38.31	37.59
n		0.45	0.38	0.29	0.14	0.03	-0.15	-0.21	-0.20
-40℃	28.30	31.97	34.44	36.76	38.40	37.26	36.28	35.41	34.75
n		0.42	0.36	0.32	0.28	-0.23	-0.23	-0.23	-0.20
50℃	31.18	36.72	38.22	40.54	41.26	41.71	41.04	40.05	39.14
n		0.57	0.20	0.29	0.11	0.08	-0.14	-0.23	-0.24

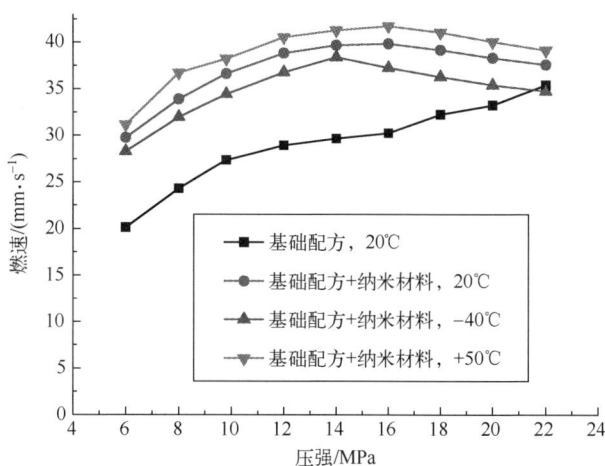

图 6-15 配方的静态燃速曲线图

从图 6-15 可以看出,加入 n-Ni 可以提高基础配方 6~22MPa 范围内的燃速,而且中低压提高的幅度超过高压区,显著降低了推进剂中高压区的压强指数。

5)推进剂力学性能

在+50℃、+20℃、-40℃温度条件下测试了推进剂的抗拉强度、抗压强度、抗冲强度,计算了伸长率、压缩率,测试值见表 6-28。

表 6-28 推进剂的力学性能

温度/℃	抗拉强度/MPa	伸长率/%	抗压强度/MPa	压缩率/%	抗冲强度/(kJ·cm^{-2})
+50	2.25	35.4	10.05	55	不断
+20	9.33	18.4	38.49	46.5	不断
-40	32.34	3.57	181.8	40.4	2.94

6)推进剂安定性

采用维也里法测试了推进剂的热安定性,见表 6-29。

表 6-29 推进剂的化学安定性

测试方法	测试结果/h
维也里法	7~7

7)发动机实验预估

用 SrmStudio 内弹道计算软件预估并设计了装药的外形尺寸。

（1）发动机燃烧室参数：见表6-30。

表6-30　发动机燃烧室参数

燃烧室长度/mm	绝热层厚度/mm	燃烧室壳体内径/mm	燃烧室壳体外径/mm
568.0	2.0	125.0	140.0

（2）推进剂结构和性能参数：设计的推进剂结构和性能参数如图6-16所示，预估用推进剂性能见表6-31。

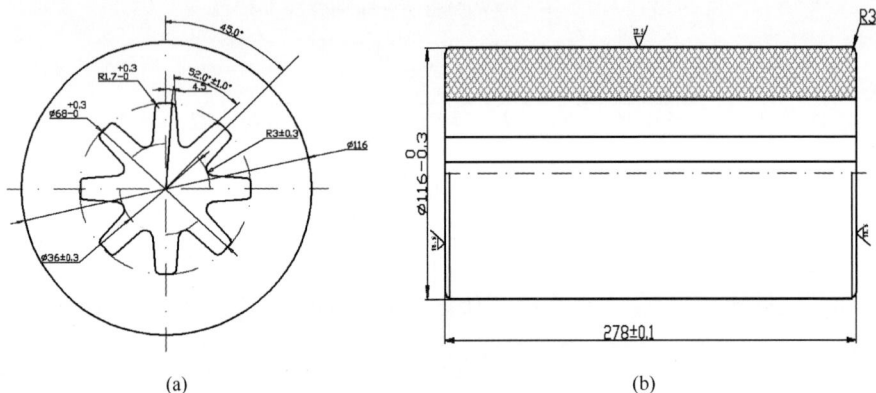

(a)　　　　　　　　　　(b)

图6-16　推进剂结构和性能参数

（a）俯视图；（b）侧面图。

表6-31　预估用推进剂性能

推进剂性能	
密度/$(g \cdot cm^{-3})$	1.7
药柱体积/mm^3	2321566.6
药柱质量/g	3946.7
药柱长度/mm	278
药柱外径/mm	116
星形空间/mm^3	614914.6
特征速度/$(mm \cdot s^{-1})$	1531.6(14.8MPa)
燃速/$(mm \cdot s^{-1})$	34.78（14.8MPa）

（3）内弹道计算。

① 工作压强14.8MPa，燃速取34.8mm/s，燃烧时间0.696s进行压强和推力曲线预估。预估数据见表6-32。

表 6-32　预估内弹道数据

预估数据	
喉径/mm	26.5
工作平均压强/MPa	14.8
最大压强/MPa	16.4
通气参量	43.0
推力系数	1.47
平均推力/N	11200
最大推力/N	13295

预估的压强和推力曲线见图 6-17。

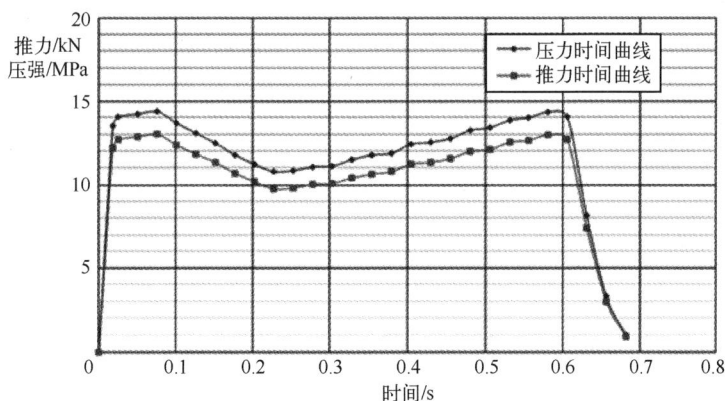

图 6-17　压强和推力曲线

从图 6-17 可以看出,根据推进剂理化性能及设计的装药尺寸模拟的发动机内弹道曲线平整光滑,可以指导后续的研究工作。

② 点火药计算:经计算,发动机实验所需的点火药量见表 6-33。

表 6-33　点火药量

质　量	组　　成
40g	15g 大粒黑+15g 小粒黑+5g 镁粉+5gC_2F_4

8）ϕ130mm 发动机实验结果

根据上述的预估,选定的装药如下:药柱质量为 3.66Kg,药柱长度为 278mm,药柱外径为 116mm,药柱内径为 36mm,发动机内径为 130mm,喷管内径为 26.5mm。在此设定条件下进行了 ϕ130mm 发动机实验,实验结果见表 6-34。

表 6-34　φ130mm 发动机实验结果

温度/℃	平衡压强/MPa	燃速/(mm·s⁻¹)	比冲 I_{sp}/s	压强温度系数/(%·℃⁻¹)
50	15.97	36.43	246.9	50~-40
-40	15.63	34.94	241.1	0.2391

φ130mm 发动机特征速度

$C^* = 1477.64\text{m/s}(+50℃), 1535.03\text{m/s}(-40℃)$

φ130mm 发动机推力系数

$C_f = 1.64(+50℃), 1.54(-40℃)$

可以看出,含 n-Ni 的 Al/RDX-CMDB 推进剂配方燃烧性能优异,解决了高压下压强指数难以调节的难题,甚至出现了高、低、常温下 16~22MPa 压强指数全部小于 0 的情况,这是很少见、很难达到的,对发动机的工作可靠性起着十分重要的作用。推进剂的能量性能同样优异,比冲在 50℃ 达到 246.9s,在 -40℃ 达到 241.1s,能量水平较高。推进剂的安定性能、力学性能均能满足使用要求,初步具备应用的基础。

参考文献

[1] 张端庆. 固体火箭推进剂. 北京:国防工业出版社,1991.

[2] 袁志锋,赵凤起,张教强,等. 纳米金属粉的制备、改性及其在推进剂中的应用. 化学推进剂与高分子材料 2017,15(4):7-14.

[3] 袁志锋,王江宁,张超,等. 纳米材料对双基和改性双基推进剂燃烧性能的影响. 火炸药学报 2013,36(3):69-72.

[4] 袁志锋,赵凤起,张教强,等. 纳米材料对微烟推进剂燃烧性能的影响. 中国化学会第29届学术年会第41分会:燃料与燃烧化学 2014.

[5] 陈雪莉,王瑛,王宏,等. 铝粉含量及粒径对 CMDB 推进剂性能的影响. 含能材料. 2008,16(6):721-3.

[6] Yuan Zhi-feng, Zhao Feng-qi, Yang Yan-jing, et al. Comparative investigation of different nano-metal materials on combustion properties of DB and CMDB Propellants. International Journal of Energetic Materials and Chemical Propulsion 2017,16(3):219-229.

[7] Yuan Zhi-Feng, Zhao Feng-Qi, Zhang Jiao-Qiang, et al. Effect of Nano Combustion Modifier on Combustion Properties of DB and CMDB-propellant. Proceedings of the 2nd Annual International Conference on Advanced Material Engineering (AME 2016) 2016, doi:10.2991/ame-16.2016.45.

[8] 袁志锋,赵凤起,张教强,等. 纳米镍粉对 Al-CMDB 和 CL-20-CMDB 推进剂燃烧性能的影响. 火炸药学报 2016,39(5):99-103.

[9]　Yuan Zhi-feng,Yang Yan-jing,Zhao Feng-qi,et al. Effects of Different Content of Nanoma-terials on the Combustion Performance of RDX-CMDB Propellants[J]. Chinese Journal of Explosives and Propellants,2019,42(6):566-570,582.

[10]　Denisyuk AP,Demidova LA,Galkin VI. The primary zone in the combustion of solid propel-lants containing catalysts. Combustion,Explosion and Shock Waves. 1995. 31(2):161-7.

[11]　Kuo KK. Fundamentals of solid-propellant combustion. American Institute of Aeronautics and Astronautics;1984.

[12]　Denisyuk AP,Margolim AD,Khubaev GV. The role of soot in the combustion of ballistic propellants with lead containing catalysts. Fiz Goreniya Vzryva. 1977,13(4):457-584.

[13]　袁志锋,李军强,舒慧明,等. 纳米镍粉对改性双基推进剂综合性能的影响. 含能材料. 2019,27(9):729-34.

第7章 纳米金属粉在复合推进剂中的应用

7.1 引言

金属燃烧剂作为现代固体推进剂的重要组分之一,在提高推进剂的爆热和密度的同时,燃烧生成的固体金属氧化物微粒可抑制振荡燃烧。相比于微米金属,纳米金属粉具有尺寸小、比表面积大、表面原子配位不全等优点,具有很高的化学反应活性,将其应用于复合推进剂可以提高燃速,降低压强指数,改善推进剂的点火和燃烧性能[1-5]。

本章主要介绍纳米金属粉的点火特性,以及纳米金属粉应用到复合推进剂后对推进剂的点火和燃烧特性的影响。

7.2 纳米金属粉的点火特性

7.2.1 金属粉样品

实验中所使用的金属粉见表7-1,为便于比较选取了三种常用尺寸的微米铝粉。微米铝粉包括三种球形铝粉,D_{50}分别5μm、18μm和29μm。纳米金属粉包括纳米铝粉和纳米钛粉,其中纳米铝粉有两类,一类是由西安近代化学研究所制得的纳米铝粉(n-Al),D_{50}为100~150nm;另一类为市售样品,D_{50}分别为50nm(Jal-50)、150nm(Jal-150)、200nm(Jal-200);纳米钛粉的D_{50}为150nm(Ti-150)。

表 7-1 实验中使用的金属粉

序号	编号	金属粉	粒径 D_{50}	备 注
1		Al	5μm	
2		Al	18μm	
3		Al	29μm	

（续）

序号	编号	金属粉	粒径 D_{50}	备　注
4	N-Al	Al	100~150nm	西安近代化学研究所提供
5	Jal-50	Al	50nm	市售
6	Jal-150	Al	150nm	市售
7	Jal-200	Al	200nm	市售
8	Ti-150	Ti	150nm	市售

称取一定量的金属粉（45~50mg）放入刚玉坩埚（ϕ5mm×5mm）内,将坩埚内的样品振动平实,即制得点火试件。

7.2.2　激光点火实验装置

金属粉的点火实验均在如图 7-1 所示的激光点火实验装置中进行。激光点火实验装置主要由激光能源系统、实验容器、充压装置和测试记录系统四部分组成。其中,激光能源采用最大功率为 120W、输出波长为 10.6μm 的 CO_2 连续激光器（型号 SLC 110）,激光束的光斑直径为 5.0mm;实验容器规格为 ϕ300mm×400mm,设备配有视窗可观察容器内点火过程,内置实验样品放置平台。本实验中采用的激光持续到点火的完成（点火过程中除了实验需要中止外）;测试记录系统由 TEK DPO 4034 型高性能数字示波器、台式计算机和光电测试电路组成,用于实验过程参数的测试、记录及数据处理[6]。

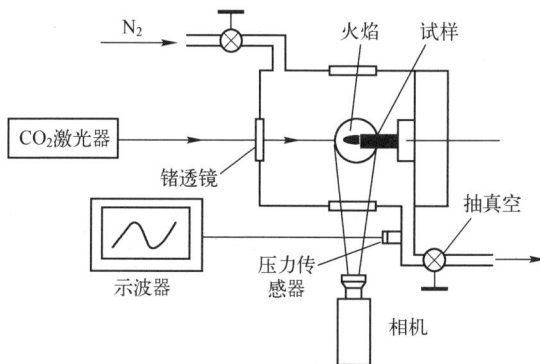

图 7-1　激光点火实验装置图

7.2.3　金属粉的激光点火特性

1. 微米铝粉的激光点火特性

不同粒度的微米铝粉的平均点火延迟时间和点火能量随激光功率密度

$(77.6\sim365.1\mathrm{W/cm^2})$ 变化曲线分别如图 7-2 和图 7-3 所示[7],$5\mu m$ 铝粉的典型点火过程如图 7-4 所示($18\mu m$ 和 $29\mu m$ 铝粉的点火过程与 $5\mu m$ 铝粉相似)。

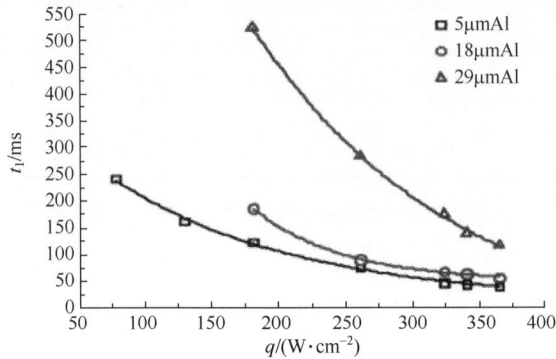

图 7-2　微米铝粉的点火延迟时间随激光功率密度变化曲线

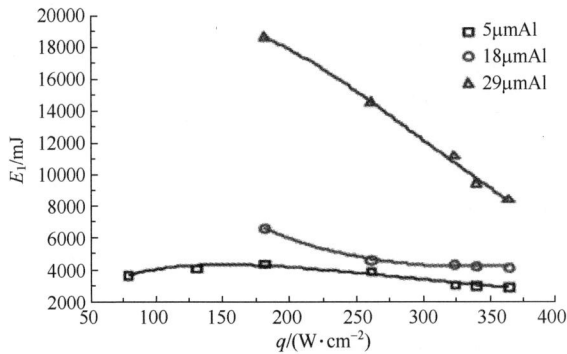

图 7-3　微米铝粉的点火能量随激光功率密度变化

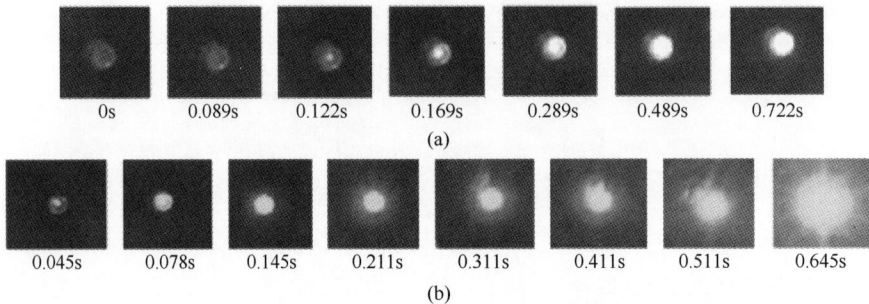

图 7-4　不同激光功率密度下 $5\mu m$ 铝粉的典型点火过程

(a) $q=181.0\mathrm{W/cm^2}$;(b) $q=340.4\mathrm{W/cm^2}$。

从图 7-2 和图 7-3 可以看出,随着激光功率密度的增加,微米铝粉的点火延迟时间呈现递减的趋势,粒径越小,点火延迟时间越短,其点火能量相应越低。5μm 铝粉的点火能量先是随着激光功率密度增加而增加,当激光功率密度达到181.0W/cm²后,点火能量随着激光功率密度继续增加而减小,存在一个最高能量值,约为 4405mJ;而 18μm 和 29μm 铝粉的点火实验在 181.0~365.1W/cm² 的激光功率密度下进行,点火能量随着激光功率密度增加而减少。点火结束后,微米金属粉点火试件样品表面并没有白色物质形成,而是在内部形成凝结的铝块或者铝球,表明虽然铝粉在激光作用下发生发光现象,但其并未发生氧化反应生成白色 Al_2O_3,说明在实验的激光能量范围内,微米铝粉表面的氧化层熔融后颗粒之间更容易发生聚集形成大的铝颗粒,而不是进一步发生氧化反应,这也可能是因为环境里温度较低,发生氧化反应能量不足,表明其反应活性较低。

2. 纳米铝粉和钛粉的激光点火特性

纳米铝粉和钛粉的激光点火特性实验在激光功率密度为 83.0~287.1W/cm² 条件下进行。不同粒度的纳米铝粉和钛粉的平均点火延迟时间和点火能量随激光功率密度变化曲线如图 7-5 和图 7-6 所示,Jal-150 和 Ti-150 的典型点火过程(130.7W/cm²)如图 7-7 和图 7-8 所示。

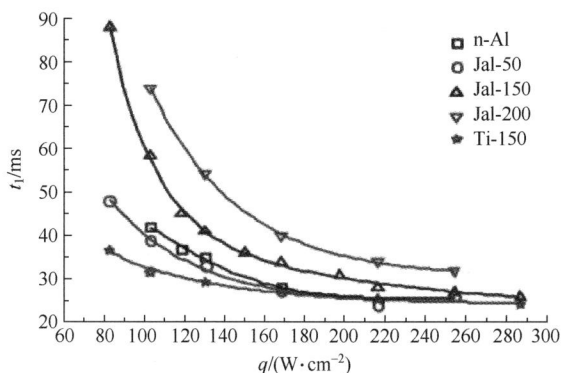

图 7-5　纳米金属粉的点火延迟时间随激光功率密度变化

从图 7.5 可以看出,随着激光功率密度的增加,纳米铝粉点火延迟时间呈现递减的趋势。在实验的激光功率密度范围内,纳米铝粉的点火延迟时间的顺序为 $t_{Jal-50}<t_{n-Al}<t_{Jal-150}<t_{Jal-200}$,图 7-6 显示的点火能量的顺序为 $E_{Jal-50}<E_{n-Al}<E_{Jal-150}<E_{Jal-200}$。在功率密度大于 190.0W/cm²时,点火延迟时间的顺序为 $t_{Jal-50}\approx t_{n-Al}<t_{Jal-150}<t_{Jal-200}$。在较低功率密度时粒度对点火影响较大,基本呈现出粒度越小,点火时间越短的规律。

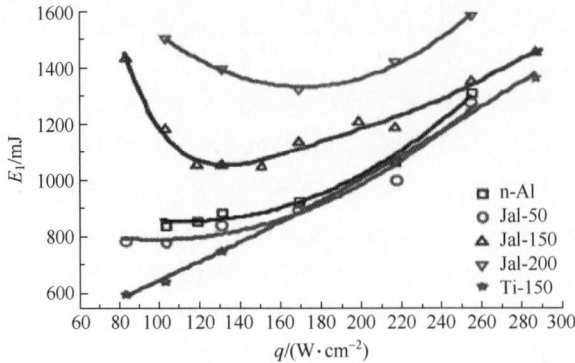

图 7-6　纳米金属粉的点火能量随激光功率密度变化

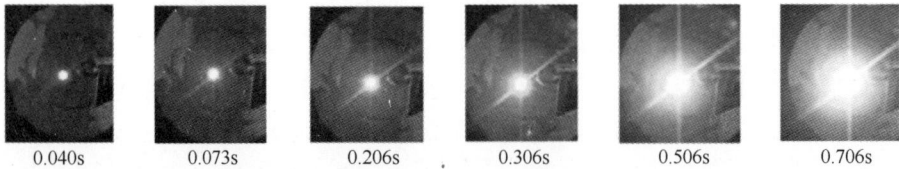

| 0.040s | 0.073s | 0.206s | 0.306s | 0.506s | 0.706s |

图 7-7　Jal-150 的典型点火过程($130.7W/cm^2$)

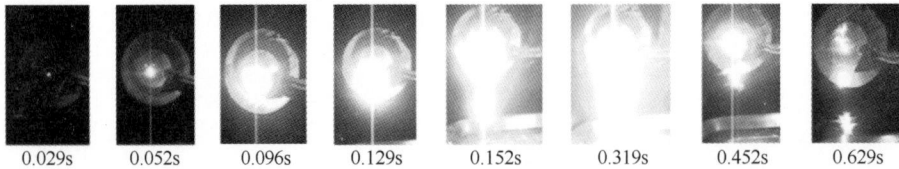

| 0.029s | 0.052s | 0.096s | 0.129s | 0.152s | 0.319s | 0.452s | 0.629s |

图 7-8　Ti-150 的典型点火过程($130.7W/cm^2$)

　　通常认为铝粉的点火是由于表面氧化层破坏,内核已融化的金属铝液体才会与氧化剂接触发生化学反应,含氧化铝壳层的铝粉在加热过程中内部建立起的压力引起壳层破坏,使铝能够和空气中的氧化剂发生化学反应[8,9]。铝粉的点火能量与颗粒的质量近似成正比,当激光辐射到铝粉表面时,若热量大于其本身所需要的点火能,大部分颗粒可以迅速达到点火温度[2],颗粒越大,其所需点火能量越高。因此,在相同的激光功率密度时,颗粒大的铝粉点火延迟时间越长。随着激光功率密度的增加,颗粒本身的差异对点火的影响减弱,从而出现了几种纳米铝粉点火延迟时间逐渐接近的现象。从图 7-7 可知,随着激光作用时间的增加,纳米铝粉的点火反应逐渐变得剧烈,而且在激光中止后试样表面出现小的火星状的铝颗粒继续燃烧。点火实验结束后,纳米铝粉的点火试件表面是白色的 Al_2O_3,也表明点火发生后纳米金属粉均发生了氧化反应。

纳米钛粉的点火延迟时间随着激光功率密度增加呈现递减的趋势,点火能量随增激光功率密度增加而增加,点火延迟时间和点火能量与激光功率密度近似线性关系。与粒度接近的 Jal-150 相比,点火延迟时间 $t_{Ti-150} < t_{Jal-50}$,点火能量 $E_{Ti-150} < E_{Jal-50}$,且点火过程也不同。Ti-150 的点火出现熔融后喷射出样品池,且继续燃烧的现象(图 7-8)。虽然钛的沸点高于铝,但纳米钛粉在常温条件下其表面不像铝粉那样容易被氧化,不存在一定厚度的壳层,因此,部分颗粒在激光能量作用下能够发生熔融,甚至汽化,喷出点火试件继续燃烧,形成燃烧的火花。

7.3 纳米金属粉对 AP/HTPB 推进剂热分解的影响

李凤生等人通过热分析法研究了 n-Cu(90nm)、n-Ni(50nm)和 n-Al(30nm)对 AP/HTPB 推进剂燃烧性能的影响。AP/HTPB 推进剂配方见表 7-2,所用纳米金属粉和复合金属粉的粒度由 XRD 和 TEM 进行表征。

表 7-2 推进剂组分含量及功能

组 分	含量/%	功 能
AP	65	氧化剂
微米铝粉	15	燃料
HTPB	13	黏合剂
DOS	5	塑化剂
TDI	0.6	固化剂
三羟乙基胺	0.1	溶剂
纳米金属粉	1.3	催化剂

7.3.1 纳米金属粉和复合金属粉对 AP/HTPB 推进剂热分解的影响

图 7-9 为 AP 和 AP/HTPB 推进剂的热分解曲线。纯 AP 的 DTA 曲线有 1 个吸热峰和 2 个放热峰,分别对应 AP 热分解的晶型转化过程(247℃左右)、低温热分解过程(热分解的第一阶段)和高温热分解过程(热分解的第二阶段)。研究结果表明,AP/HTPB 推进剂的热分解温度与 AP 相比有明显差别,峰型也有较大变化,这主要是因为 AP/HTPB 推进剂中含有的其他组分的影响。AP/HTPB 推进剂热分解的基本过程和特征如下:

(1) AP/HTPB 推进剂与 AP 的吸热峰峰温基本相同,均为 247℃左右,说明此时 HTPB 和铝粉发生明显反应,热效应主要来自于 AP 的晶型转变。

(2) AP/HTPB 推进剂的低温放热峰温度为 335.9℃,高于 AP 的低温放热峰温度 322.7℃。这是因为在 AP 低温热分解阶段,HTPB 开始受热熔融,从而产生吸热效应,使推进剂的低温放热分解反应温度增高。

（3）AP/HTPB 推进剂的高温放热峰温度为 405.8℃,低于 AP 的高温放热峰温度 477.2℃。在这一温度段,伴随着 HTPB 黏结剂的受热分解和 AP 的高温分解,HTPB 裂解产物与氧化剂分解产物发生反应,产生放热效应,同时加速 AP 的分解反应,使推进剂的高温分解温度大幅提前。

（4）在 500℃以上,是 HTPB 裂解残渣的反应过程。

由图 7-9 和表 7-3 可知,加入纳米金属粉后,推进剂试样放热峰宽度变窄,高度明显增加,即对 AP/HTPB 推进剂的热分解产生明显的影响。纳米金属粉降低了 AP/HTPB 推进剂的低温和高温热分解温度,使推进剂的 DTA 表观分解热明显增大,说明纳米粉体对 AP/HTPB 推进剂的低温和高温热分解具有显著的催化效果。

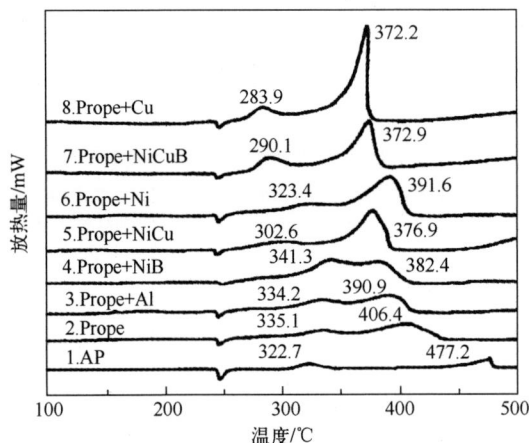

图 7-9　AP 和 AP/金属粉复合物的 DTA 曲线

表 7-3　DTA 放热峰温度(T_{max})和放热(ΔH)

样　品	T_{max}/℃		
	第一个峰	第二个峰	ΔH/(kJ·g^{-1})
AP	322.7	477.2	0.44
Prope	335.1	406.4	1.7
Prope+n-Al	334.2	390.9	1.9
Prope+n-Ni	323.4	391.6	2.8
Prope+n-Cu	283.9	372.2	3.7

含 n-Cu 的推进剂试样的低温放热峰温度为 284.3℃,高温放热峰温度为

372.2℃，与空白推进剂试样相比分别降低了51.6℃和33.6℃。含 n-Cu 的推进剂的 DTA 表观分解热明显增大为3.7kJ/g，较空白推进剂试样(1.7kJ/g)增加了2kJ/g，说明 n-Cu 对推进剂的热分解有十分明显的催化作用，尤其是使推进剂的低温热分解温度降低达51.6℃之多，催化效果十分显著。

　　李凤生等人的研究结果表明，所用纳米粉体降低 AP/HTPB 推进剂热分解温度的强弱次序为:n-Cu>n-Ni≈n-Al。可以看出，n-Cu 对 AP/HTPB 推进剂热分解的催化效果明显强于其他纳米金属粉。在相关文献中，研究了上述纳米金属粉对 AP 热分解的催化作用，结果显示上述纳米金属粉对 AP 热分解的催化效果强弱次序为:n-Cu>n-Ni>n-Al。可见，n-Cu 对 AP 热分解的催化效果强于其他纳米金属粉，这与其对 AP/HTPB 推进剂热分解的催化效果是一致的。由于上述纳米金属粉尤其是 n-Cu 对 AP 热分解催化效果显著，使其有望实际应用于 AP/HTPB 固体推进剂中，提高燃速，改善燃烧性能。

7.3.2　纳米金属粉催化 AP/HTPB 推进剂热分解的机理分析

　　在 AP/HTPB 推进剂中 AP 的含量是最高的，因此 AP/HTPB 推进剂的热分解性质主要受 AP 热分解特性的影响，放热分解峰与 AP 的相对应。由于纳米金属粉对 AP 热分解具有显著的催化效果，因此主要通过催化 AP/HTPB 推进剂中 AP 的热分解，表现出对 AP/HTPB 推进剂较好的催化效果。纳米金属粉催化 AP 低温热分解的作用机理见 4.5 节。

　　在 AP/HTPB 推进剂的热分解过程中，同样会发生上述纳米金属粉对 AP 热分解的催化作用，而 AP/HTPB 推进剂的热分解性质主要受 AP 热分解的影响，因此上述纳米金属粉表现出对 AP/HTPB 推进剂具有较好的催化效果。但是，由于 AP/HTPB 推进剂中除 AP 外其他组分产生的影响，使得纳米金属粉对 AP 和 AP/HTPB 推进剂热分解的催化效果有所不同。

7.4　含纳米金属粉复合固体推进剂的激光点火特性

7.4.1　含纳米金属粉复合固体推进剂点火试件制备

　　复合固体推进剂的基础配方:HTPB +增塑剂和固化剂共14%，AP(1μm+13μm+105μm)71% ，其余为金属粉，具体见表 7-3。复合固体推进剂样品(500g)制备工艺:按上述配方称取相应原料，加入 2L 立式捏合机中充分混合，药浆采用真空浇铸法，70℃固化 3 天。切成 10mm×10mm×3mm 的片，取表面平整均质的片作为点火试件。

表 7-3　复合固体推进剂中金属粉含量

样品编号	5μm 铝粉/%	纳米金属粉	纳米金属粉含量/%
RX-0	15	—	—
HT-1A	5	N-Al	10
HT-3A	5	Ti-150	10
HT-4A	5	Jal-50	10
HT-5A	5	Jal-200	10

7.4.2　含纳米金属粉复合固体推进剂的激光点火特性

实验在功率密度为 72.1~208.5W/cm² 的条件下进行,含不同纳米金属粉的复合固体推进剂的平均点火延迟时间和点火能量随激光功率密度变化曲线如图 7-10 和图 7-11 所示[7],典型点火过程如图 7-12~图 7-16 所示。

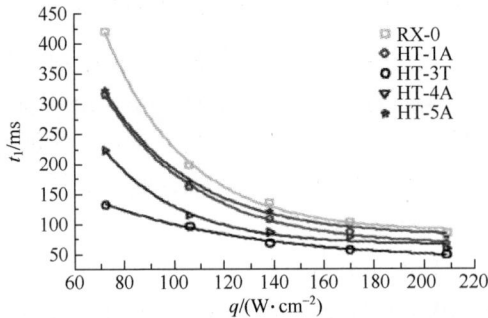

图 7-10　不同复合固体推进剂的点火延迟时间随激光功率密度变化

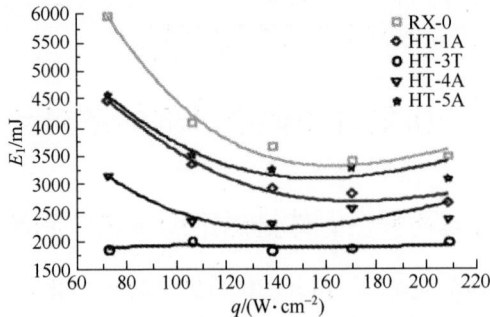

图 7-11　不同配方复合固体推进剂的点火能量随激光功率密度变化

由图 7-10 可知,含纳米金属粉复合固体推进剂的点火延迟时间随着激光

0.425s　　　0.458s　　　　0.144s　　　0.177s　　　　0.077s　　　0.110s
$q=72.1\text{W}\cdot\text{cm}^{-2}$　　　　　$q=137.1\text{W}\cdot\text{cm}^{-2}$　　　　　$q=208.5\text{W}\cdot\text{cm}^{-2}$

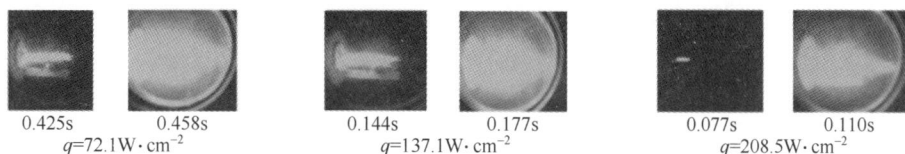

图 7-12　Rx-0 在不同激光功率密度条件的典型点火过程

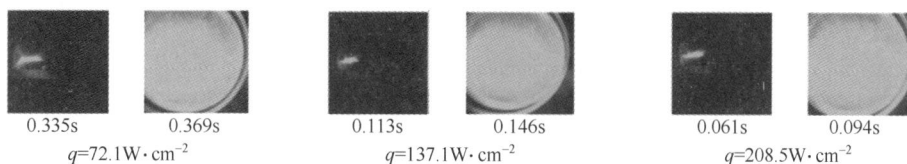

0.335s　　　0.369s　　　　0.113s　　　0.146s　　　　0.061s　　　0.094s
$q=72.1\text{W}\cdot\text{cm}^{-2}$　　　　　$q=137.1\text{W}\cdot\text{cm}^{-2}$　　　　　$q=208.5\text{W}\cdot\text{cm}^{-2}$

图 7-13　HT-1A 在不同激光功率密度条件下的典型点火过程

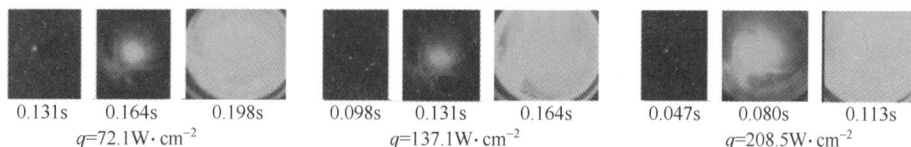

0.131s　0.164s　0.198s　　0.098s　0.131s　0.164s　　0.047s　0.080s　0.113s
$q=72.1\text{W}\cdot\text{cm}^{-2}$　　　　　$q=137.1\text{W}\cdot\text{cm}^{-2}$　　　　　$q=208.5\text{W}\cdot\text{cm}^{-2}$

图 7-14　HT-3T 在不同激光功率密度条件下的典型点火过程

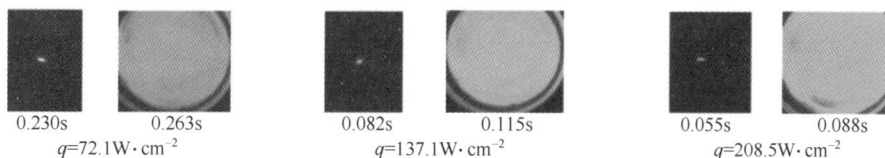

0.230s　　　0.263s　　　　0.082s　　　0.115s　　　　0.055s　　　0.088s
$q=72.1\text{W}\cdot\text{cm}^{-2}$　　　　　$q=137.1\text{W}\cdot\text{cm}^{-2}$　　　　　$q=208.5\text{W}\cdot\text{cm}^{-2}$

图 7-15　HT-4A 在不同激光功率密度条件下的典型点火过程

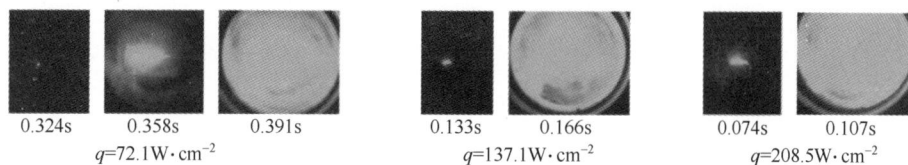

0.324s　0.358s　0.391s　　0.133s　　0.166s　　　0.074s　　0.107s
$q=72.1\text{W}\cdot\text{cm}^{-2}$　　　　　$q=137.1\text{W}\cdot\text{cm}^{-2}$　　　　　$q=208.5\text{W}\cdot\text{cm}^{-2}$

图 7-16　HT-5A 在不同激光功率密度条件下的典型点火过程

功率密度的增加呈现递减的趋势。在相同激光功率密度条件下,含纳米金属粉复合固体推进剂的点火延迟时间顺序为 $t_{\text{RX-0}}>t_{\text{HT-5A}}>t_{\text{HT-1A}}>t_{\text{HT-4A}}>t_{\text{HT-3T}}$,图 7-11 显示的点火能量顺序为 $E_{\text{RX-0}}>E_{\text{HT-5A}}>E_{\text{HT-1A}}>E_{\text{HT-4A}}>E_{\text{HT-3T}}$,表明不同金属粉复合固体推进剂的点火延迟时间与纳米金属粉的点火延迟时间趋势一致($t_{5\mu\text{m}}>t_{\text{Jal-200}}>t_{\text{n-Al}}>t_{\text{Jal-50}}>t_{\text{Ti-150}}$)。由图 7-12~图 7-16 可知,点火均首先在试样表面形

成小的火焰,然后迅速扩展,并可持续燃烧。从火焰初期的明亮程度判断,火焰初期有纳米金属粉的参与。对于 HTPB/AP 体系的复合固体推进剂,纳米金属粉使 HTPB/AP 主要分解过程的放热和气相产物逸出时间缩短,分解速率提高[10]。纳米金属粉的表面效应导致其表面具有很多的催化活性位,催化活性很高,纳米金属粉对 AP/HTP 推进剂热分解的催化效果,主要来源于纳米金属粉对 AP/HTPB 推进剂中 AP 热分解的催化作用[11]。同时,复合固体推进剂点火阈值的大小主要取决于组分的热属性、化学分解动力学以及组分的光学性质等因素,由于纳米金属粉具有宽频带的强吸收,在复合固体推进剂中加入少量的纳米金属粉即可有效地提高推进剂对于热量的吸收,从而进一步改善其点火性能。

7.5 含纳米金属粉复合推进剂的燃烧特性

本节主要介绍纳米金属粉对复合推进剂燃烧特性的影响。采用了多种实验技术对其进行系统的探索研究,包括对样品的燃速压强指数分析、火焰结构、燃烧残余物质、爆热以及热分解特性的测试分析,综合权衡利弊影响,为新型推进剂配方研制提供一定依据。

7.5.1 配方设计

实验样品的基础配方为 AP/Al/HTPB/RDX,四者质量比为 60/5/15/20;含纳米铝粉的配方采用纳米铝粉/普通铝粉分别近似为 4/1 和 1/1 级配(其中纳米铝粉的含量分别为 3.96% 和 2.55%),分别记为 N-0~N-3,见表 7-4。实验中所使用的普通铝粉(g-Al,10μm)、纳米铝粉(n-Al,90nm)、纳米镍粉(n-Ni,60nm)、高氯酸铵(AP,80μm)为工业纯。

表 7-4 推进剂配方

编号	AP	HTPB	RDX	普通铝粉	n-Al	n-Ni	亚铬酸铜(外加)
N-0	60%	15%	20%	5%			2%
N-1	60%	15%	20%	2.45%	2.55%		2%
N-2	60%	15%	20%	1.04%	3.96%		2%
N-3	60%	15%	20%			2%	2%

7.5.2 燃烧特性

1. 实验系统与条件

爆热测试是在德国 C400 绝热量热弹中进行,真空条件,样品为 6.000g 左右,并将其切成小块。

2. 燃速与爆热测试结果

不同压强下的燃速、压强指数以及三次爆热测试结果的平均值均列于表 7-5 中[12]。实验结果表明:

表 7-5　含纳米金属推进剂的燃速与爆热

编号	不同压强下的燃速/($mm \cdot s^{-1}$)					压力指数	爆热/($kJ \cdot kg^{-1}$)
	2MPa	4MPa	6MPa	8MPa	10MPa		
N-0	5.73	7.96	9.96	11.3	12.48	0.485	5315
N-1	5.63	7.57	8.96	9.97	10.81	0.401	5261
N-2	6.24	8.21	9.51	10.90	11.78	0.398	5314
N-3	6.04	8.21	9.51	10.38	10.98	0.360	5238

(1) 与基础配方 N-0 比较,实验所测的各个压强下,配方 N-1 的燃速均有所下降,配方 N-2 的燃烧表现有所改善,2MPa 下燃速增加了 0.51mm/s,4MPa 下增加了 0.25mm/s,随压强的增加,燃速增加值减少,压强超过 8MPa 时,配方 N-2 的燃速低于 N-0,而压强指数(2~10MPa)下降了 0.087。配方 N-3 可获得与 N-2 类似的效果,压强指数比 N-0 下降了 0.125。

(2) 与基础配方 N-0 比较,配方 N-3 的爆热降低了 77kJ/kg,这是由于镍粉的热值低于铝粉所致(在氧气气氛中 Al 的燃烧热为 31MJ/kg,Ni 为 4.1MJ/kg)。

(3) 与基础配方 N-0 比较,配方 N-1 的爆热降低了 54kJ/kg,配方 N-2 的爆热基本上与 N-0 相同。它们爆热的差异仅仅是由铝粉粒度造成的,这可以从以下两个因素的相互影响予以分析:一方面,由于 n-Al 表面惰性氧化物含量以及吸附的惰性气体量较 g-Al 高,使 n-Al 中的活性铝含量或热值低于 g-Al,Shevchenko 的研究指出[13],平均粒径小于 30nm 的铝粉,纯铝含量仅为 0~86%,而平均粒径为 60μm 的铝粉,其纯铝含量为 97.5%。另一方面,在样品的燃烧过程中,存在着铝粒子与氧化剂间的相互作用,氧化剂分解放热,热量传递给铝粉,使用 n-Al 与 g-Al 级配时,在推进剂分解过程中容易形成以 n-Al 为中心的局部热点,n-Al 与氧化剂之间反应充分,产生的热量使推进剂总固相分解反应热提高。在配方 N-1 中,前者为主要因素,导致爆热降低;而在配方 N-2 中,两者的正负作用互相抵消,使 N-2 的爆热基本上与 N-0 相同。

因此,低含量纳米金属粉的加入使爆热稍有下降,同时也降低了燃速压强指数。

3. 燃烧的火焰结构以及燃烧残渣分析

利用近距摄影技术,分别在 2MPa、4MPa 压强下,观察 4 个样品的燃烧过程并进行彩色摄影记录。可以看出,2MPa 下,基础配方 N-0 的燃烧火焰中可见许多大的铝凝滴,添加纳米金属粉使得推进剂的燃烧状况获得很大改善;尤其是配方 N-2 和 N-3,火焰主体呈喷射状,均匀细密,火焰中无明显的铝凝滴,燃面平整,燃烧剧烈。在配方 N-3 的火焰底部可见明显的链状亮点,其原因是由于燃面附近的 n-Ni 促进了凝聚相的分解反应,增强了气相区的热反馈与光辐射,加强了各组分产物之间的相互作用,从而促进了放热反应,提高了燃速。当压强升高至 4MPa 时,各样品燃烧均加剧,火焰亮度明显增强,这是因为压强升高,凝聚相区的分解反应和气相区的分解气体之间的氧化还原反应加快,气相反应加剧。Parr 认为由 AlO 的浓度可以判断铝颗粒的燃烧情况[14]。他通过对火焰中 AlO 浓度的平面激光诱导荧光及可见吸收光谱的观测,发现含普通铝粉的推进剂中,绝大部分铝颗粒以大的凝聚团的形态燃烧离开表面,而含纳米铝粉 ALEX 的推进剂中,具有高浓度 AlO 基团的强火焰在靠近推进剂燃面附近出现,表明纳米铝粉主要在推进剂燃面附近燃烧。这与本书的燃烧火焰结构观测结果一致。

分别在 2MPa、4MPa 压强下,观察样品台底部的残留物,可以发现它们主要有两种形态:一种是白色粉末,较细,这些是铝粉燃烧后形成的 Al_2O_3;另一种是深灰色粉末,较粗,这些大部分是未完全燃烧的铝。而且,配方 N-2 和 N-3 的残渣量总是较少且呈白色,或混杂少量灰色;配方 N-0 和 N-1 的残渣量比它们多且颜色较深。这说明添加适量的 n-Al 或 n-Ni 可以促进燃烧,减少未燃烧铝的含量,提高铝的燃烧效率。

4. 含纳米金属粉复合推进剂的燃烧特性影响的讨论

1) n-Al 的小尺寸效应

在纳米金属粉的小尺寸效应中,n-Al 的热值较 g-Al 下降是配方 N-1 的燃烧受到抑制的主要因素。而小尺寸效应对于燃烧的促进作用在配方 N-2 低压范围的燃烧中起了主要作用。这种促进作用主要表现在:

n-Al 的本征燃速高于 g-Al。金属粉颗粒在氧化性气氛中的燃烧时间,动力学控制下与 d_0(初始颗粒直径)成正比,扩散控制下与 d_0^2 成正比,则纳米金属粉的燃烧时间将是普通金属粉(μm)的 $1/10^3$(动力学控制)或 $1/10^6$(扩散控制)。在含铝推进剂中[15,16],由于铝粒子燃烧温度在 2500K 以上,辐射能力强,发射率 $\varepsilon = 0.1 \sim 0.9$,辐射能对燃面温度贡献大;同时,由于 n-Al 燃烧时间短,热释放速率较高,n-Al 在没有进入火焰之前就已经燃烧完毕,导致对燃面有较高的热反馈,进一步提高了推进剂体系的燃烧性能。

n-Al 具有很低的点火阈值。铝粉的点火阈值随粒度增大呈数量级增大[17],在点火能流密度相同条件下,可以近似认为与 d_0^3 成正比,则纳米金属粉的点火阈值将是普通金属粉(μm)的 1/10⁹。铝粉在燃面上的点火能来自 AP 与黏合剂的扩散火焰,这种火焰在单个 AP 粒子表面的建立与压强有关,压强越高则越容易[18],故在低压下,推进剂中 g-Al 点火较困难,而大的铝凝团倾向于在远离燃面处点火、燃烧,故铝粉燃烧辐射反馈回燃面的能量也相应下降。由于 n-Al 具有很低的点火阈值和很高的氧化反应活性,来自扩散火焰和表面氧化反应传给铝粉的热量将大于 n-Al 本身所需的点火阈值,大部分 n-Al 在燃面就可以迅速达到点火温度,使它倾向于单颗粒燃烧,从而降低了燃面上的铝集聚量,也就减少了铝颗粒间熔联、凝聚的机会,这与燃烧火焰结构以及残渣分析结果是一致的。

从传热学角度考虑,由于纳米金属粉具有宽频带的强吸收[1],它们对于可见光的反射率极其低,在固体推进剂中加入少量的纳米金属粉可以有效地提高推进剂在燃烧过程中对于热量的吸收率,降低反射率。从动力学角度考虑,纳米金属粉与反应体系中反应物分子间扩散距离减小,纳米金属粉巨大的比表面积增强了它与黏结剂以及气态反应物之间反应的机会,这些也都可能是纳米金属粉在低压下促进燃速增大的原因。

而在高压下,一方面,扩散火焰得以在 AP 表面上建立,铝粉点火得到改善,铝凝滴直径下降,铝粉中以单个颗粒进行燃烧的比例增多,在完全燃烧的情况下,g-Al 释放的热量大于 n-Al。另一方面,高压下燃面后退速度较快,使得近燃面气相区的温度梯度很大,所以铝粉把气相热量传递给固相成为主要因素,热传导在热反馈中起到重要作用,而 g-Al 在燃面和近燃面气相区中热传导均大于 n-Al。因此含 g-Al 的基础配方 N-0 在高压下燃速较含 n-Al 的配方 N-2 高。

2) n-Ni 的催化作用

对复合推进剂燃烧表面的研究指出[19],在低压下,黏结剂的分解速率低于 AP 分解速率,AP 颗粒从燃烧表面突出来,n-Ni 主要参与了凝聚态 AP 高温分解产物的氧化还原循环过程,即经历了气—固—气的非均相催化过程,增大了 HClO₄ 的反应速率和初始的分解产物,进而促进了燃烧。在高压下,一方面,由于黏结剂的分解速率高于 AP 分解速率,黏结剂熔化并且流动覆盖住了 AP,使其熄火,而 AP 分解产生的气体压强不足以使得包覆在 AP 周围的黏合剂破裂,使 n-Ni 对于 AP 热分解气体的催化作用减弱;另一方面,由于高压下推进剂的后退速率高,缩短了进行放热反应以及催化反应的时间,使 n-Ni 对于凝聚态 AP 以及紧贴燃面下方 AP 的催化作用减弱。因此,n-Ni 的催化作用随着压强的增大反而减弱,而其低热值对于燃烧的抑制作用成为影响燃速的主要因素,从而出现了压强高于 6MPa 时配方 N-3 燃速反而低于基础配方 N-0 的现象。

7.6　改性纳米铝粉对复合推进剂燃烧特性的影响

　　金属铝粉以其优良的燃烧性能在现代复合固体推进剂中一直扮演着极其重要的角色。普通铝粉和微米铝粉在固体火箭推进剂中可能产生燃烧不完全、增加红外信号、喷管的两相流损失和形成羽烟状的气体排出等缺陷。而纳米铝粉替代普通铝粉和微米铝粉在固体火箭推进剂中的应用可以一定程度上改善以上缺陷,同时还可以提高推进剂的燃速、提高推进剂燃烧稳定性、增加比冲和降低压强指数等性能。

　　但是,纳米铝粒子具有的特殊体积和表面效应,使得其在空气中极易发生氧化,甚至自燃,从而引起纳米铝粒子稳定性下降并丧失其活性,给储存和使用带来很大的困难。因此需对其进行表面处理,以保持其活性。

　　本节重点介绍几种改性纳米铝粉在复合推进剂中的应用情况。利用燃速测定仪,对比研究了不同表面包覆纳米铝粉对复合固体推进剂燃速与压力指数的影响;采用单幅彩色摄影获得了复合推进剂燃烧时的火焰结构照片,对复合推进剂的火焰形貌进行了研究;利用埋入双钨—铼微型热电偶测温技术,测量了复合推进剂燃烧时的燃烧波温度分布,通过燃烧波温度分布判断了复合推进剂的燃烧波结构、燃烧反应区厚度以及其中可能产生的化学热效应等,为揭示含表面改性纳米铝粉复合固体推进剂的燃烧机理提供一定的参考[20]。

7.6.1　推进剂配方及实验方法

1. 推进剂配方

　　本节所涉及的复合固体推进剂的配方为:端羟基聚丁二烯(HTPB)10%,高氯酸铵(AP)70%,微米铝粉5%,纳米铝粉或表面包覆处理后的纳米铝粉10%,增塑剂和固化剂5%,其具体配方见表7-6。

表7-6　含包覆纳米铝粉的复合固体推进剂配方

试样编号	包覆材料	HTPB/%	AP/%	5μm 铝粉/%	纳米铝粉/%	其他/%
11HT-0		10	70	15	0	5
11HT-1	Al_2O_3钝化	10	70	5	10	5
11HT-2	油酸	10	70	5	10	5
11HT-3	全氟十四烷酸	10	70	5	10	5
11HT-4	乙酰丙酮镍	10	70	5	10	5
11HT-5	煤油	10	70	5	10	5

（续）

试样编号	包覆材料	HTPB/%	AP/%	5μm 铝粉/%	纳米铝粉/%	其他/%
11HT-6	凡士林	10	70	5	10	5
11HT-7	硝化棉	10	70	5	10	5

固体推进剂样品的制备工艺：按上述配方称取相应原料，加入 2L 立式捏合机中充分混合，药浆采用真空浇铸法，70℃固化 3 天。

2. 燃速测定

推进剂试样的燃速测定采用靶线法，所用设备为自研燃速仪。先将推进剂制成 5mm×5mm×150mm 的药条，侧面用聚乙烯醇溶液浸渍包覆并晾干，如此反复 6 次，然后按照 GJB 770A 方法 706.1"燃速—靶线法"，在充氮调压式燃速仪中进行燃速测试。测试时环境温度为 20℃，压强范围 4~15MPa。

3. 燃烧火焰结构

单幅放大彩色摄影法用来拍摄推进剂在不同压力下稳态燃烧时的火焰结构照片。实验时把不包覆的 1.5mm×4.0mm×25.0mm 的样品垂直装在点火架上，然后把点火架放入四视窗燃烧室内，充氮气使燃烧室内达到预定压力，并形成自下而上的流动氮气气氛，及时排除燃气以保证照片质量。采用 20V 直流电源作为点火源，通过程序控制器用直径为 0.15mm 镍铬合金丝从样品上端点燃试样，在适当的时候启动相机拍照，即可得到推进剂稳态燃烧时的火焰结构照片。

4. 燃烧波温度分布测试

1) 燃烧波温度分布测试的理论基础

当推进剂稳态燃烧时，燃烧表面是以一定的速度按一定的方向消失，如忽略热辐射，则燃烧是一维传导过程，燃烧波中任意单元体 dx 处于热平衡状态，能量平衡方程为

$$\lambda \frac{d^2 T}{dx^2} - C_p \rho_p v \frac{dT}{dx} + Q = 0 \tag{7-1}$$

式中：T 为燃烧波在任一点处的温度（℃）；x 为燃烧波移动方向上的距离（cm）；v 为燃烧波传播速度（cm·s^{-1}）；C 为比热容（J/(g·℃)）；λ 为热导率（J/(cm·s·℃)）。

$$\lambda_p \frac{d^2 T}{dx^2} - C_p \rho_p r_p \frac{dT}{dx} = 0 \tag{7-2}$$

式中：λ_p 为推进剂凝聚相热导率；C_p 为凝聚相比热容；ρ_p 为凝聚相密度；r_p 为凝聚相消失速率。

设 λ_p，C_p，ρ_p 为常数，考虑到相应的边界条件：$x=0$，$T=T_s$；$T=\infty$，$dT/dx=0$；对方程（7-2）积分得

$$T-T_0 = (T_s-T_0) \exp \frac{r_p \rho_p C_p}{\lambda_p} \tag{7-3}$$

$$\lambda_p = \alpha_p \rho_p C_p \tag{7-4}$$

$$T-T_0 = (T_s-T_0) \exp \frac{r_p}{\alpha_p} \tag{7-5}$$

式中：T_0 为推进剂的初始温度（℃）；T_s 为燃烧表面温度（℃）；α_p 为热扩散系数（$m^{-2} \cdot s^{-1}$）。

式（7-5）表明，凝聚相区的温度是距离的指数函数，曲线呈凹形。

2）燃烧波温度分布测试实验

将"∏"形带状（宽 70mm，厚 5mm）双钨铼微热电偶埋设在推进剂试样（$\phi 5mm \times 25mm$）中间，试样断面用丙酮黏结，在60℃烘箱中烘 6h 取出，待试样冷却后用聚乙烯醇包覆侧面两次，自然晾干待用。将嵌入微热电偶的试样垂直装在点火架上，然后置于四视窗燃烧室中，充氮气加压至设定压力，采用 20V 直流电源点火。推进剂燃烧后自动触发采集系统示波器，记录热电偶输出的电信号。试样燃烧过程中，热电偶逐渐接近燃烧表面，并通过燃烧表面进入气相区，最后通过火焰区，这样热电偶就测得了从推进剂本体到火焰区整个燃烧波的温度分布曲线。信号采集、显示与数据处理采用美国惠普公司的采集系统完成。

7.6.2 改性纳米铝粉对复合推进剂燃烧特性的影响

1. 含包覆纳米铝粉复合固体推进剂的燃速及压强指数特性

表 7-7 是含不同纳米铝粉复合固体推进剂的燃速测试结果，对测得的燃速和对应的压强分别取对数，经最小二乘法拟合运算，求得推进剂配方分别在 4~7MPa、7~10MPa、10~13MPa 和 13~15MPa 范围内的燃速压力指数，见表 7-8。

表 7-7   推进剂燃速数据

试样编号	不同压强下推进剂的燃速/（mm · s⁻¹）				
	4MPa	7MPa	10MPa	13MPa	15MPa
11HT-0	8.14	9.92	11.58	12.69	13.55
11HT-1	12.71	16.08	19.43	20.16	21.40
11HT-2	11.85	16.23	19.74	22.50	24.19
11HT-3	12.07	16.23	19.53	22.69	23.89
11HT-4	13.09	17.73	21.87	24.67	26.13
11HT-5	10.72	13.54	15.02	15.06	15.72
11HT-6	10.85	14.65	16.06	16.09	16.97
11HT-7	12.68	16.38	17.13	18.36	19.95

表 7-8 不同压强范围内的燃速压力指数

试样编号	不同压强范围内的燃速压力指数 n			
	4~7MPa	7~10MPa	10~13MPa	13~15MPa
11HT-0	0.35	0.42	0.36	0.46
11HT-1	0.42	0.53	0.14	0.42
11HT-2	0.56	0.55	0.50	0.51
11HT-3	0.52	0.52	0.57	0.36
11HT-4	0.54	0.59	0.46	0.40
11HT-5	0.42	0.29	0.01	0.30
11HT-6	0.54	0.26	0.01	0.37
11HT-7	0.46	0.13	0.27	0.58

图 7-17 是推进剂试样 11HT-0~11HT-7 的燃速—压力曲线。从表 7-7、表 7-8 和图 7-17 可以看出,与未加纳米铝粉的推进剂燃速相比,加入 10% 的纳米铝粉(或包覆处理后的纳米铝粉)以部分取代复合固体推进剂中相应的微米铝粉可大幅提高推进剂的燃速,如试样 11HT-1 在 10MPa 时,燃速提高约 68%,但燃速压力指数有所增加,增加约 26%。

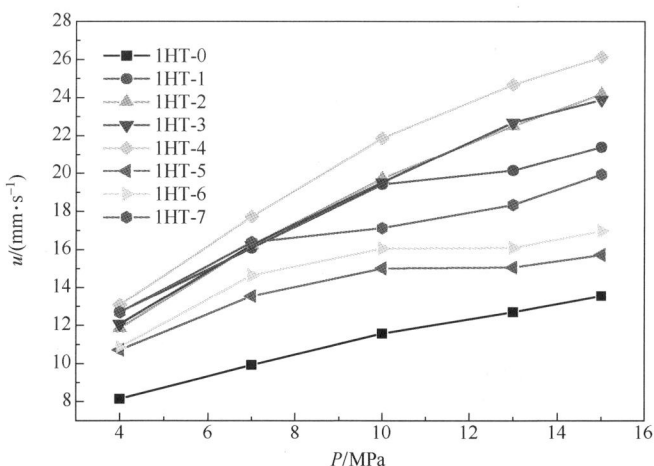

图 7-17 推进剂燃速-压力曲线

从图 7-17 可看出,与未处理的纳米铝粉相比,含煤油、凡士林和硝化棉包覆处理后的纳米铝粉推进剂的燃速都低于含未处理的纳米铝粉的推进剂,且以煤油包覆处理的最低,其次为凡士林,但含煤油或凡士林包覆纳米铝粉的推进剂出现了平台燃烧现象。从表 7-8 可以看出,含这两种物质包覆纳米铝粉的推进剂在 10~13MPa 下的燃速压力指数均为 0.01,在降低燃速压强指数方面效果明显,且在加工过程中这两种推进剂的加工性能都较好。含硝化棉包覆处理后的纳米铝粉的推进剂在 7~10MPa 下燃燃速压力指数也较低,为 0.13。含油酸或全氟十四烷酸包覆纳米铝粉的推进剂在压强为 4~10MPa 下的燃速与未处理的纳米铝粉基本相同,但压力指数都略高。与未处理的纳米铝粉相比,经乙酰丙酮镍包覆后的纳米铝粉对推进剂的燃速提高最明显,在 4~15MPa 范围内,燃速平均提高约 10%,在 13MPa 时,提高超过 20%。

2. 含包覆纳米铝粉复合固体推进剂的燃烧火焰结构

表 7-9 列出了分别含未处理纳米铝粉、油酸包覆纳米铝粉、全氟十四烷酸包覆纳米铝粉、乙酰丙酮镍包覆纳米铝粉、煤油包覆纳米铝粉、凡士林包覆纳米铝粉和硝化棉包覆纳米铝粉的复合固体推进剂在 1MPa、4MPa 下的单幅火焰照片。

表 7-9　含不同纳米铝粉的复合固体推进剂的火焰结构

样　品	1MPa	4MPa
11HT-1		
11HT-2		

（续）

样　品	1MPa	4MPa
11HT-3		
11HT-4		
11HT-5		

（续）

样　品	1MPa	4MPa
11HT-6		
11HT-7		

通过观察和对比所有推进剂燃烧的火焰结构照片,可以得出以下分析结果:

1) 火焰形状

从表7-9中11HT-1~11HT-7的火焰结构照片可以看出,不同推进剂燃烧时,其火焰形状有很大不同。在压强为1MPa时,11HT-1、11HT-2和11HT-6推进剂的火焰比较发散,而且11HT-6推进剂的火焰还出现了分叉现象。从推进剂的燃烧表面来看,一方面可能由于在低压下,推进剂的火焰区远离推进剂的燃烧表面,燃烧表面上的热反馈相对较少,表面获得的热量不均衡,使得各区燃烧速度不一;另一方面,可能由于所用推进剂中的铝粉为纳米铝粉,而纳米铝粉的比表面积很大,极易发生团聚,很难在推进剂中均匀分散,造成推进剂本身的制备缺陷,使得各燃烧区表面燃速不一。11HT-3、11HT-4、11HT-5和11HT-7推进剂的火焰相对比较集中,近似呈圆锥状,但对比可以发现,11HT-5推进剂的火焰长度相对较短,说明其燃烧不充分;11HT-3、11HT-4和11HT-7推进剂的火焰长度都相对较长,且火焰燃烧时亮度高,火焰结构致密,表明其燃烧较充分。

在压强为 4MPa 时,各推进剂的燃烧火焰都更集中,火焰区更靠近推进剂燃烧表面。11HT-4 推进剂的燃烧火焰最集中,火焰长度也较长,而且燃烧表面平整,未发现不均匀燃烧现象,这可能是由于该推进剂中加入的乙酰丙酮镍包覆的纳米铝粉在燃烧过程中,乙酰丙酮镍对复合固体推进剂有燃烧催化作用,使得其燃烧效果更好。

2) 火焰中心区域亮度

火焰中心区域的亮度可以直接反映推进剂放热量的大小和放热的速率,通过比较表中 11HT-1~11HT-7 的火焰结构照片可以看出,不同推进剂、不同压强下的火焰亮度各不相同。总体上讲,随着压强增大,火焰亮度也相应增大,这主要是由于,随着压强增大,推进剂的火焰区更靠近燃烧表面,对燃烧表面的热反馈也就越多,更促进推进剂的固相分解,故燃烧区亮度更高。

与含未处理纳米铝粉的推进剂 11HT-1 相比,除含煤油包覆纳米铝粉的推进剂 11HT-5 外,其他推进剂的火焰中心区域亮度基本相同,但比 11HT-1 样品的亮度高,说明含包覆纳米铝粉体系的推进剂放热量更大,放热更集中,放热速率更快,更利于发挥推进作用。含全氟十四烷酸、乙酰丙酮镍和硝化棉包覆纳米铝粉的推进剂(11HT-3、11HT-4 和 11HT-7)在 4MPa 下的中心火焰区亮度相对更亮,其中 11HT-4 的火焰亮度最亮,这可能是由于全氟十四烷酸在高温分解后的氟化物可与纳米铝粉反应,使纳米铝粉反应更完全,燃烧更剧烈;由于乙酰丙酮镍对推进剂的催化作用,因此其中心区火焰亮度也最高,而硝化棉由于点火温度低,燃速高,因此也更易在推进剂表面附近燃烧,对燃烧表面的热反馈也就越多,故其中心区火焰温度也较高。

7.6.3　含包覆纳米铝粉复合固体推进剂的燃烧波温度分布

图 7-18~图 7-24 是经数据处理后得到的含不同纳米铝粉的复合固体推进剂在 4MPa 和 7MPa 下的燃烧波温度分布曲线。图中 T_s 为推进剂的燃烧表面温度,T_f 为推进剂的火焰温度。

从图 7-19~图 7-24 可以看出,7 种固体推进剂的燃烧波结构均可划分为三个区:固相区、扩散反应区和火焰区。首先,推进剂表面受热升温,氧化剂和黏合剂靠热分解或升华直接由固相转化为气体。它们在燃烧表面并不预先混合,各自以一种“气囊”的方式从燃烧表面逸出。接着,AP 的分解产物在推进剂燃烧表面附近的气相中发生放热反应,形成 AP 火焰(即预混火焰)和富氧气流。最后,在远离燃烧表面的气相中,进行着 AP 分解气体和黏合剂热解气体以及铝粉之间的扩散燃烧,形成扩散火焰,生成最终燃烧产物并放出大量热量。

表 7-10 是对图 7-18~图 7-24 中的燃烧波温度分布曲线经数据处理后得到的

不同压力下的扩散反应区厚度、推进剂燃烧表面温度(T_s)和火焰温度(T_f)结果。

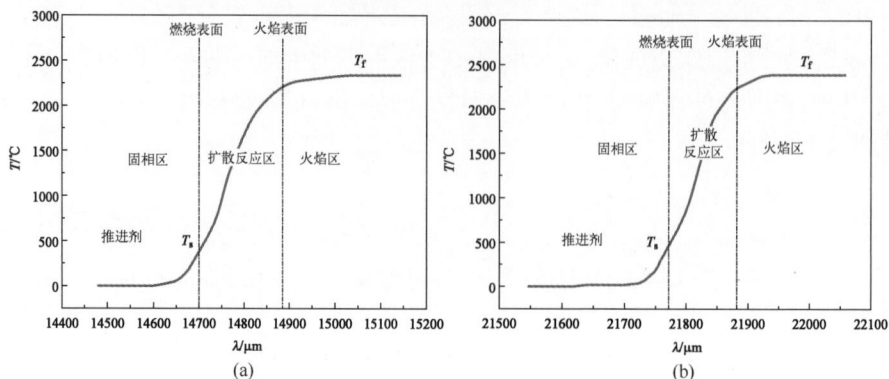

图 7-18　4MPa 与 7MPa 下 11HT-1 推进剂的燃烧波温度分布
(a) 4MPa；(b) 7MPa。

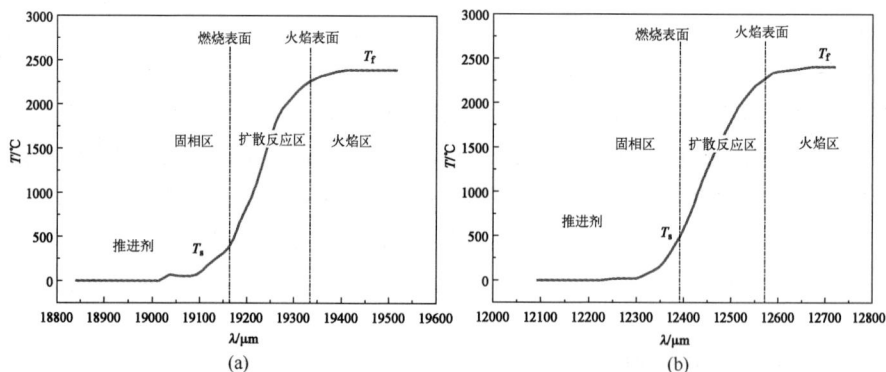

图 7-19　4MPa 与 7MPa 下 11HT-2 推进剂的燃烧波温度分布
(a) 4MPa；(b) 7MPa。

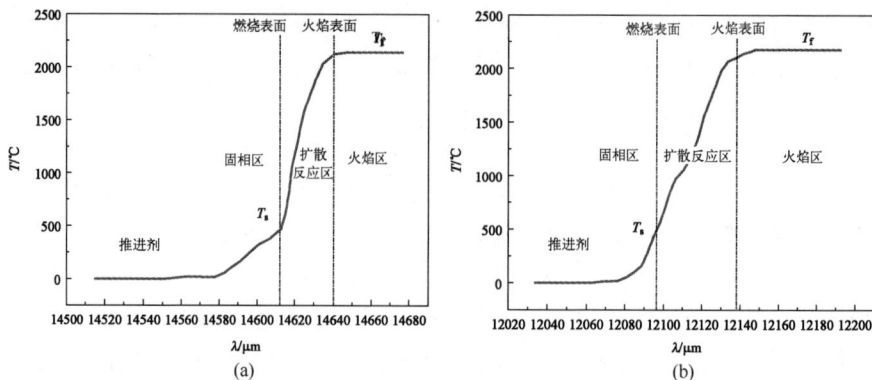

图 7-20　4MPa 与 7MPa 下 11HT-3 推进剂的燃烧波温度分布
(a) 4MPa；(b) 7MPa。

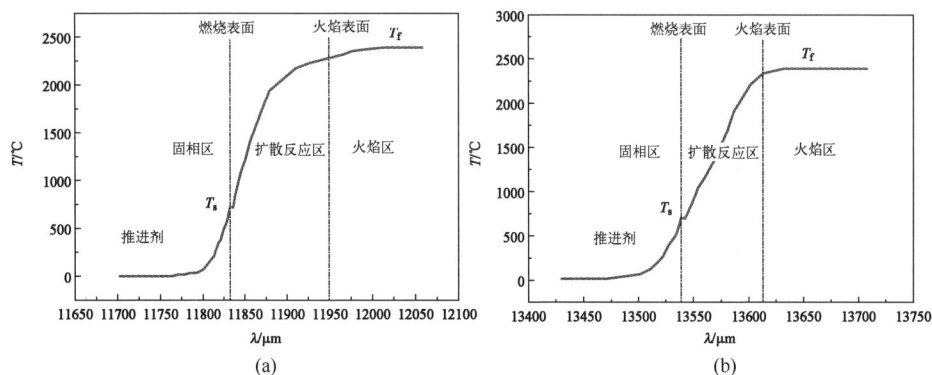

(a)　　　　　　　　　　　　　　(b)

图 7-21　4MPa 与 7MPa 下 11HT-4 推进剂的燃烧波温度分布

（a）4MPa；（b）7MPa。

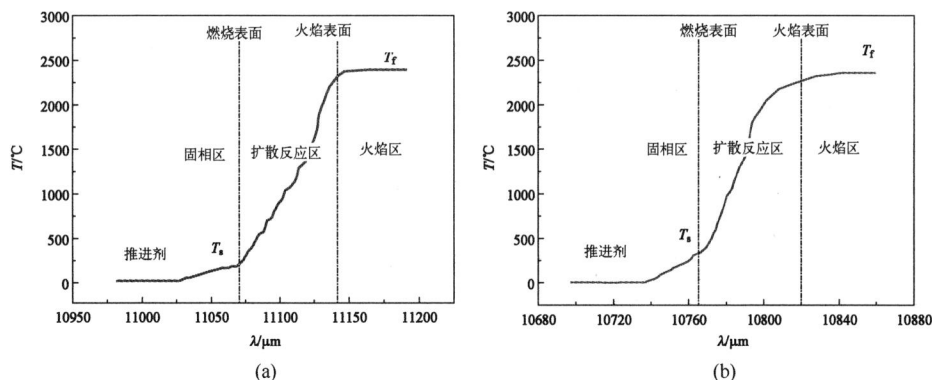

(a)　　　　　　　　　　　　　　(b)

图 7-22　4MPa 与 7MPa 下 11HT-5 推进剂的燃烧波温度分布

（a）4MPa；（b）7MPa。

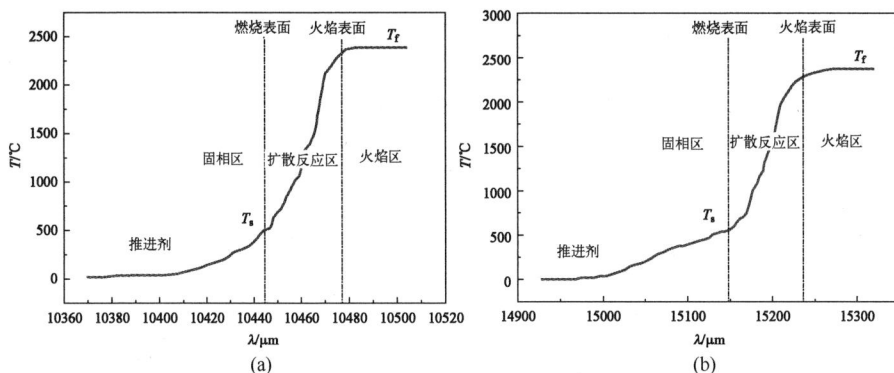

(a)　　　　　　　　　　　　　　(b)

图 7-23　4MPa 与 7MPa 下 11HT-6 推进剂的燃烧波温度分布

（a）4MPa；（b）7MPa。

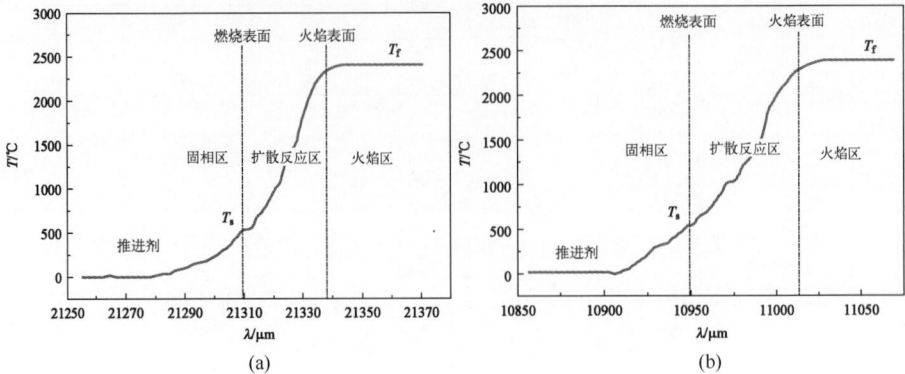

图 7-24　4MPa 与 7MPa 下 11HT-7 推进剂的燃烧波温度分布
（a）4MPa；（b）7MPa。

表 7-10　含不同纳米铝粉复合固体推进剂的燃烧波结构参数

试样编号	扩散反应区厚度/μm		T_s/℃		T_f/℃	
	4MPa	7MPa	4MPa	7MPa	4MPa	7MPa
11HT-1	185.62	109.61	370.3	463.5	2335.3	2389.2
11HT-2	170.90	179.60	392.3	490.9	2389.2	2407.2
11HT-3	27.72	41.94	460.3	485.0	2137.7	2173.6
11HT-4	117.58	84.12	718.6	697.1	2389.2	2385.0
11HT-5	70.6	59.09	175.2	341.3	2354.0	2385.0
11HT-6	32.58	89.0	499.6	543.8	2389.5	2370.4
11HT-7	28.80	64.81	520.1	534.7	2408.8	2385.0

　　从表 7-10 可以看出，7 种固体推进剂的最终火焰温度都基本相同，除了 11HT-3 在 2100℃附近外，其他推进剂试样的火焰温度都在 2300℃以上，说明未处理纳米铝粉及表面包覆纳米铝粉对最终的火焰温度影响不大。在推进剂燃面附近，随着压强升高，燃面温度升高（11HT-4 除外），这可能是由于固体推进剂在高压下燃烧时，其火焰区更靠近燃烧表面，从火焰区向燃烧表面的热反馈增多，从而使燃面温度升高。

　　从表 7-10 还可以看出，推进剂在不同压强下燃烧时的扩散反应区的厚度随所含纳米铝粉的不同会发生明显改变。含全氟十四烷酸包覆纳米铝粉的固体推进剂（11HT-3）在不同压强下的扩散反应区厚度都最小，这可能是由于纳米铝粉表面包覆的全氟十四烷酸发生分解生成的含氟化合物与纳米铝粉发生反应，由于 F 的氧化能力很强，因此反应较剧烈，反应时间也更短，使得扩散反应区厚度减小。含硝化棉包覆纳米铝粉的固体推进剂（11HT-7）在不同压强下的扩散反应区厚度也相对较小,这可能是由于硝化棉燃速快,燃烧时间短,同时其燃烧产物可与纳米铝粉发生反应,从而缩短了铝粉的点火延迟时间,使得扩散反应区厚度减小。对于含乙酰丙酮镍包覆纳米铝粉的固体推进剂(11HT-4),压强对其扩散反应区厚度的影响较大,这可能是由于乙酰丙酮镍对复合固体推进剂有一定的催化作用,从而加速推进剂的分解,使得燃烧反应更剧烈。

参考文献

[1] 高东磊,张炜,朱慧,等. 纳米铝粉在复合推进剂中的应用[J]. 固体火箭技术,2007,30(5):420-423.

[2] 江治,李疏芬,李凯,等. 含纳米金属粉的推进剂点火实验及燃烧性能研究[J]. 固体火箭技术,2004,27(2):117-120.

[3] DeLuca L T,Galfetti L,Severini F,et al. ,. Burning of Nano-Aluminized Composite Rocket Propellants[J]. Combustion Explosion & Shock Waves,2005,41(6):680-692.

[4] Mench M M,Kuo K K,Yeh C L,et al. Comparison of Thermal Behavior of Regular and Ultra-fine Aluminum Powders (Alex) Made from Plasma Explosion Process [J]. Combustion Science & Technology,1998,135(1-6):269-292.

[5] 郝晶晶. 纳米金属粉用于固体推进剂的研究进展[J]. 舰船科学技术,2010,32(12):28-29.

[6] 郝海霞,南宝江,安亭,等. 含 CL-20 改性双基推进剂激光点火特性[J]. 中国激光,2011,38(5):53-59.

[7] 郝海霞,姚二岗,王宝兴,等. 含纳米金属粉 AP/HTPB 复合固体推进剂的激光点火特性[J]. 含能材料,2015,23(9):908-914.

[8] Fedorov A V,Kharlamova Y V. Ignition of an Aluminum Particle[J]. Combustion Explosion & Shock Waves,2003,39(5):544-547.

[9] Rozenband V I,Vaganova N I. A Strength Model of Heterogeneous Ignition of Metal Particles [J]. Combustion Explosion & Shock Waves,1992,28(1):1-7.

[10] 施震灏,刘子如,陈智群,等. DSC-FTIR 联用研究 HTPB/AP 和 HTPB/AP/Al 体系的热分解[J]. 含能材料,2007,15(2):105-108.

[11] 李凤生,刘磊力. 纳米金属粉对 AP 及 AP/HTPB 推进剂热分解的催化性能研究[J]. 含能材料,2004,12(s1):253-256.

[12] 江治,李疏芬,赵凤起,等. 纳米铝粉和镍粉对复合推进剂燃烧性能的影响[J]. 推进技术,2004,25(4):368-372.

[13] Shevchenko V G,Kononenko V I,Latosh I N,et al. Effect of the Size Factor and Alloying on Oxidation of Aluminum Powders[J]. Combustion Explosion & Shock Waves 1994,30(5):635-637.

[14]　Parr P T, Hason-Parr D M A. Flame Structure Studies of Ultrafine-aluminunm Containing propellants[C]. JANNAF 35th Combustion Subcommittee Meeting;1998. pp. 593-603.

[15]　Brewster M Q, Taylor D M. Radiative Properties of Burning Aluminum Droplets[J]. Combustion & Flame,1988,72(3):287-299.

[16]　Roberts T A, Burton R L, Krier H. Ignition and Combustion of Aluminummagnesium Alloy Particles in O_2 at High pressures[J]. Combustion & Flame,1993,92(93):125-143.

[17]　Sambamurthi J K , Price E W , Sigmant R K . Aluminum Agglomeration in Solid-Propellant Combustion[J]. AIAA Journal,1984,22(8):1132-1138.

[18]　郭 KK,萨默菲尔德 M. 固体推进剂燃烧基础,上册[M]. 宇航出版社,1988.

[19]　张立德. 纳米材料和纳米结构[J]. 中国科学院院刊 2001,16(6):444-445.

内 容 简 介

　　本书面向国防科技和武器装备对固体推进剂的实际应用需求,系统全面地介绍了纳米金属粉在固体推进剂中的应用研究进展,包括纳米金属粉的制备、钝化和包覆以及其与推进剂组分的相互作用;此外,还阐述了纳米金属粉对于双基推进剂和复合推进剂性能的影响,分析了其作用机理。

　　本书可为从事固体推进剂研发的专业技术人员提供有益的借鉴,也可作为高等院校相关专业教师和研究生的教学参考书。

　　The book satisfies the practical requirement of defense technology and weapons on solid propellant, and the advances in the applications of nano-metal powders in solid propellant are summarized systematically. The preparation, coating and passivation of nano-metal powders and their interactions with the main ingredients of solid propellants are discussed. In addition, the effects of nano-metal powders on the performances of double base propellants, composite modified double base propellants and composite propellants are investigated and the corresponding mechanisms are evaluated.

　　The book is believed to be beneficial for researchers in the field of solid propellants and it can also be used as a reference book for graduate students who major in energetic materials.